AF325521

Bibliothèque de Philosophie scientifique

G. BIGOURDAN

Membre de l'Institut
Astronome à l'Observatoire de Paris.

L'Astronomie

ÉVOLUTION DES IDÉES ET DES MÉTHODES

50 Illustrations

PARIS

ERNEST FLAMMARION, ÉDITEUR

26, RUE RACINE, 26

L'Astronomie

ÉVOLUTION DES IDÉES ET DES MÉTHODES

Bibliothèque de Philosophie scientifique.

G. BIGOURDAN

MEMBRE DE L'INSTITUT,
ASTRONOME A L'OBSERVATOIRE DE PARIS

L'ASTRONOMIE

Évolution des Idées et des Méthodes

50 ILLUSTRATIONS

PARIS

ERNEST FLAMMARION, ÉDITEUR

26, RUE RACINE, 26

1911

INTRODUCTION

A mesure qu'une science progresse, le nom qui lui a été donné à l'origine prend une signification de plus en plus large, et les distinctions s'imposent. C'est ce qui a eu lieu pour l'Astronomie, confondue d'abord avec l'Astrologie ; ensuite elle s'est proposé de remonter aux lois des mouvements des planètes, et a constitué ainsi une partie de ce qu'on appelle assez vaguement aujourd'hui l'Astronomie de position, l'Astronomie *mathématique*.

Longtemps après, grâce à l'invention des lunettes, on a pu aborder l'étude des surfaces planétaires ; et ainsi naquit l'Astronomie *physique*, dont les grands développements datent surtout du xixe siècle, après l'application de la spectroscopie et de la photographie.

Les étoiles tenaient peu de place dans l'Astronomie primitive : considérées d'abord comme de simples lampes suspendues à une voûte d'acier, ou comme des clous d'or fixés à une sphère de cristal, au nombre de quelques milliers au plus, elles sont pour nous d'innombrables soleils, dont chacun, animé de son mouvement propre, entraine dans sa course tout un cortège de planètes et sans doute de satellites.

Ainsi a été créée une nouvelle branche, l'Astronomie *stellaire*, dite aussi Astronomie sidérale, comprenant, avec l'étude des mouvements propres stellaires, celle des étoiles variables, des étoiles nouvelles, des étoiles doubles ou multiples, des amas et des nébuleuses.

En même temps, l'Univers s'est extraordinairement agrandi : tandis que pour les premiers Grecs la Terre le remplissait à peu près tout entier, nous savons que la lumière, avec sa vitesse de 300.000 kilomètres par seconde, met plusieurs siècles pour aller de l'un à l'autre de certains des astres qui le constituent.

Ces diverses branches, d'abord assez distinctes les unes des autres, se sont mutuellement pénétrées en se développant, et aujourd'hui leurs limites sont souvent confondues. Celle dont nous voulons suivre ici l'évolution ne constitue qu'une partie de l'Astronomie mathématique : c'est l'*Astronomie primitive*, celle qui se proposait de diviser le temps, de connaître la grandeur et la forme de la Terre, de remonter des mouvements apparents aux mouvements réels des planètes et de découvrir les lois de ces mouvements : ses grands ouvriers furent Hipparque, Ptolémée, Copernic, Képler et enfin Newton, qui fonda la Mécanique céleste.

Les corps dont s'occupe surtout cette Astronomie primitive ne tiennent dans l'Univers qu'une place pour ainsi dire imperceptible ; mais pour nous ils ont l'importance du voisinage, qui nous permet de les mieux connaître ; en outre l'étude de leurs mouvements a précédé celle de toutes les autres parties ; aussi, à défaut d'étendue, nous trouvons ici l'ancienneté, car nous pouvons suivre son évolution sur une durée de soixante siècles.

Dans le cours de cet exposé on rencontrera nécessairement un certain nombre de termes techniques, mais dont le sens a généralement été indiqué une fois : la table alphabétique détaillée qui se trouve à la fin du volume permettra aisément d'en retrouver la définition.

La même table renferme les noms cités dans le texte, avec les dates correspondantes : ainsi le lecteur pourra toujours sans peine localiser dans le temps, le personnage, l'idée, la théorie dont il est question, et cela paraît utile pour dominer un sujet qui parfois se développe sur une étendue chronologique ou géographique assez grande.

Signes employés pour désigner les astres :

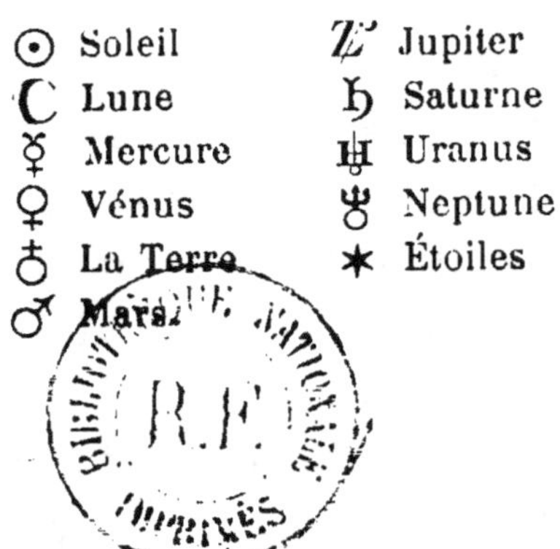

⊙	Soleil	♃	Jupiter
☽	Lune	♄	Saturne
☿	Mercure	♅	Uranus
♀	Vénus	♆	Neptune
⊕	La Terre	✴	Étoiles
♂	Mars		

L'Astronomie

ÉVOLUTION DES IDÉES ET DES MÉTHODES

LIVRE I

LES ORIGINES DE L'ASTRONOMIE

CHAPITRE PREMIER

LES PREMIÈRES OBSERVATIONS CÉLESTES

Quand on remonte aussi haut que possible dans l'histoire des anciens peuples, Égyptiens, Babyloniens, etc., dès la plus haute antiquité on les trouve en possession d'une astronomie relativement avancée; et cela est si frappant, que ces connaissances ont été attribuées à une race antérieure à la nôtre, déjà parvenue à un haut degré de civilisation et soudainement anéantie par un immense cataclysme.

Cette légende célèbre était connue de Platon, dont le *Critias* a conservé le souvenir de la fameuse Atlantide; et Bailly, la développant à son tour, considère l'Astronomie des anciens comme les restes épars de la science d'un peuple perdu qui, suivant l'expression de d'Alembert, nous aurait tout appris, excepté son nom et son existence.

L'hypothèse de Bailly est insoutenable, et tout concourt à montrer que, pour l'Astronomie comme pour bien d'autres sciences, l'étude en a été surtout imposée à l'origine par des besoins d'ordre pratique, par le désir de satisfaire les nécessités ou les commodités de la vie.

Dès les premiers âges de la préhistoire, en effet, l'homme a été forcé de porter son attention sur les phénomènes célestes qui règlent le renouvellement périodique de ses besoins, l'ordre de ses occupations, la succession des saisons; la nécessité de diviser le temps imposait à l'homme l'étude du ciel; et c'est pour cela qu'on trouve les premières notions d'Astronomie chez tous les peuples.

Les premières sciences. — L'histoire nous montre l'Astronomie mêlée dans son développement à la Géométrie et à la Philosophie : c'est que l'Astronomie n'est pas la science primitive; comme les autres, pour faire le moindre progrès elle exige que l'on sache compter. L'*Arithmétique* est donc la plus ancienne des sciences : le premier berger en avait déjà besoin pour compter ses moutons. Aussi, les peuples les plus sauvages ont tous un système de numération, et il a ordinairement *dix* pour base, sans doute parce que l'on commence naturellement de compter sur les doigts, comme Aristote le faisait déjà remarquer.

Après la notion de nombre, c'est la notion de figure qui se présente immédiatement : l'enfant et le sauvage savent à peine compter jusqu'à dix, et déjà ils distinguent les corps d'après leur forme; les mots *rond, pointu,...* se trouvent dans les vocabulaires des langues les plus primitives, et dès l'âge de la pierre on trouve des figures géométriques assez régulièrement tracées. Après l'Arithmétique, la *Géométrie* est donc la science la plus ancienne; et cela doit diminuer notre étonnement de l'étudier encore dans des *Eléments* codifiés par Euclide, il y a 2.200 ans, et auxquels rien d'essentiel n'a été changé.

L'Astronomie est-elle venue la première après l'Arithmétique et la Géométrie? on peut en douter;

peut-être a-t-elle été précédée par les systèmes de *Philosophie*, car le désir et la puissance de raisonner sont précoces dans l'homme; il n'y a, pour ainsi dire, aucune tribu sauvage qui n'ait élevé quelque système de théologie, de cosmogonie : c'est que le philosophe, comme le mathématicien, crée par sa pensée le premier objet de son étude; de là ce lien intime que nous voyons entre les philosophes, les géomètres et les astronomes : en Grèce, par exemple, Thalès, Pythagore, Platon créent les premiers systèmes de philosophie et démontrent les propriétés fondamentales des figures; en outre, les premiers philosophes sont en même temps les premiers astronomes, non pour les questions qui exigent une longue observation, mais pour les idées qui touchent à la constitution de l'Univers.

Aussi, à défaut d'une histoire écrite, que les anciens ne nous ont pas laissée, sur l'origine de l'Astronomie, d'une part l'étude des premiers moyens employés pour diviser le temps, et, de l'autre, l'examen des plus anciennes cosmogonies, seront les deux fils conducteurs qui nous feront pénétrer au plus haut dans les connaissances astronomiques primitives. Il faut y joindre l'Astrologie, qui, de très bonne heure, avait envahi jusqu'à la vie journalière de certains peuples, et qui exerça une influence énorme sur l'étude du ciel.

Mais, avant toute autre chose, nous devons passer en revue les premières observations que les hommes ont dû faire; et comme la tradition est ordinairement muette, nous nous laissons guider par l'ordre logique, appuyé autant que possible sur l'Histoire.

Mouvement journalier du Soleil, de la Lune et des étoiles. — Le mouvement du Soleil, du levant au couchant, fut sans doute le premier phénomène céleste qui attira l'attention des hommes; et la même remarque fut bientôt étendue à la Lune et aux étoiles. Le Soleil offrait ainsi le moyen le plus simple de diviser la durée ; aussi on ne peut douter que les hommes aient compté d'abord par jours ou par nuits.

Mais bientôt ce moyen s'est trouvé insuffisant, car le laboureur, le berger même, a besoin de prévoir le retour des saisons, ce qui nécessite une connaissance approximative de la longueur de l'année. Cette longueur a dû être fournie d'abord par le retour de la saison chaude ou de la saison froide ; toutefois, on a reconnu bientôt que ce retour est trop irrégulier ; on a donc cherché d'autres phénomènes moins trompeurs ; mais avant de trouver ceux qui devaient donner mieux la longueur de l'année on a dû en noter d'autres plus faciles à remarquer et qui d'ailleurs pouvaient aider aussi à la division du temps : ce furent sans doute les *phases* de la Lune et le *mouvement propre* de cet astre.

Phases de la Lun e. — Il est presque impossible de ne point s'apercevoir que la Lune se présente successivement en croissant délié, en demi-cercle, en cercle entier, puis qu'inversement, elle repasse par ces diverses formes pour disparaître pendant quelque temps dans la région où se trouve le Soleil, et reprendre indéfiniment les mêmes aspects successifs : ces diverses formes constituent ce qu'on appelle les *phases* de la Lune. Tout le monde sait d'ailleurs ce qu'on entend par nouvelle lune, premier quartier, pleine lune, dernier quartier. Ces phénomènes ont été sans doute remarqués par le premier homme qui a jeté les yeux sur le ciel, et il n'a pu tarder beaucoup à s'apercevoir que toujours ils embrassent le· même nombre de jours.

Mouvement propre de la Lune. — Jetons les yeux sur les régions du ciel où se trouve la Lune à un jour de distance : on remarque immédiatement qu'elle s'est déplacée parmi les étoiles, en allant de l'ouest vers l'est, en sens contraire du mouvement d'ensemble de tout le ciel. Ce déplacement parmi les étoiles a reçu le nom de *mouvement propre*, et il est surtout frappant quand la Lune se trouve dans le voisinage d'une belle étoile : alors il est aisément sensible au bout d'une heure ou deux, et il peut être remarqué même par un enfant.

Cela constaté, on aura été amené à chercher combien de temps met la Lune à faire le tour du ciel, à revenir soit au Soleil, soit à une même étoile, ce qui a fait donner des noms à ces durées.

Aujourd'hui on appelle *révolution synodique* de la Lune le temps qu'elle met à revenir à la même position par rapport au Soleil; et *révolution sidérale* l'intervalle de deux retours consécutifs à une même étoile.

Ces dénominations s'appliquent d'ailleurs à tous les astres mobiles, aux planètes ; et comme — on le verra — le Soleil marche aussi, et dans le même sens que la Lune et les planètes, les révolutions synodiques sont nécessairement plus longues que les révolutions sidérales.

Fixité relative des étoiles. — Sphère céleste. — Les étoiles gardent les mêmes positions les unes par rapport aux autres : cela se remarque aussi facilement que le mouvement propre de la Lune, mais il faut plus de temps pour le bien constater. Toutefois cette fixité relative a passé si rapidement à l'état de vérité indiscutable, que l'on trouve admise de toute antiquité la notion d'une voûte solide couvrant le ciel, et à laquelle les étoiles seraient fixées : chez les Égyptiens cette voûte était un plafond d'acier, semé capricieusement de lampes suspendues à des câbles puissants, et qui, éteintes ou invisibles pendant le jour, s'allumaient pendant la nuit. Pour les Chaldéens, la coupole du ciel, appuyée sur une muraille qui entourait la Terre, avait été forgée par Mardouk, d'un métal dur et résistant, dont la surface intérieure s'éclairait brillamment pendant le jour aux rayons du Soleil, tandis que la nuit elle ne présentait plus qu'une surface bleu sombre semée d'étoiles.

Constellations. — La fixité relative des étoiles devait conduire immédiatement à distinguer les principaux groupes qu'elles forment, à créer des *constellations*, à donner des noms particuliers aux étoiles les plus brillantes. Même on dut, semble-t-il, commencer par nommer les plus belles étoiles et continuer en délimitant les constellations; ensuite on désigna celles-ci par les noms soit des objets terrestres qui leur ressemblaient, soit de personnages plus ou moins allégoriques; en fait, ces deux phases se trouvent confondues, quelque loin que l'on remonte dans le passé des grandes civilisations, ou quelque profondément que l'on pénètre dans les connaissances des sauvages nos contemporains.

La division du ciel en constellations est si naturelle, qu'elle a dû être réalisée d'une manière indépendante chez les divers peuples; mais il semble certain qu'une partie au moins des noms et symboles que nous employons encore pour les désigner sont d'origine babylonienne.

A vrai dire, on n'est encore parvenu à identifier qu'une partie des noms d'étoiles et de constellations qui ont été trouvés sur les tablettes d'argile des Chaldéens; mais certains des nôtres se trouvent déjà sur des documents antérieurs à la destruction de Ninive. Tels sont *Gud-anna*, le Taureau céleste et peut-être plus spécialement les Hyades; — *Ur-a*, le Lion, avec la belle étoile alors appelée *Lugal* ou *Sarru*, c'est-à-dire le roi, devenue Régulus; — *Gir tab*, le Scorpion, qui ne diffère pas du nôtre. Il est incontestable aussi que la fameuse figure du Capricorne se trouve sculptée sur divers monuments babyloniens d'une haute antiquité, comme des xiie et xie siècles avant J.-C.

Ainsi, quoique nous ignorions et l'époque et la voie de transmission des constellations zodiacales d'un peuple à l'autre, ainsi que l'évolution de leurs noms et de leurs symboles, on ne peut douter de leur origine babylonienne.

Les anciens documents égyptiens renferment beaucoup de noms de constellations, et même la preuve que les constellations étaient enfermées dans des figures; mais au lieu d'être localisées dans la région zodiacale, ces constellations appartiennent à toutes les parties du ciel. Elles ne répondent d'ailleurs point à nos constellations : d'après Biot, le Lion égyptien serait composé de petites étoiles appartenant à la Coupe et à l'Hydre; — l'Hippopotame femelle, qui tient enchaînée la Cuisse, placée au pôle, serait notre Dragon, avec un certain nombre d'étoiles appartenant aux constellations environnantes.

En Grèce, diverses constellations furent distinguées de très bonne heure : l'*Iliade* cite les Pléiades, les Hyades et Orion, ainsi que Sirius; l'*Odyssée* mentionne le Bouvier, gardien de l'Ourse : il semble d'ailleurs qu'à cette époque on associait à l'Ourse les autres étoiles de la même région céleste, et on peut supposer que les constellations homériques étaient plus grandes que les nôtres.

C'est un traité d'Eudoxe, versifié par Aratus, qui a fixé pour toujours l'iconographie céleste, car il indique l'attitude de chaque figure ainsi que les parties du corps du personnage ou de l'animal dans lesquelles se trouvent les principales étoiles : c'est le plus ancien document où il faut chercher nos constellations.

Pôles. — Cercles de la sphère. — En présence de cette voûte tournante, on devait chercher l'*essieu* ou axe autour duquel se fait son mouvement, remarquer sa fixité parmi les étoiles et noter celles qu'il rencontre. On connut donc de très bonne heure quelque étoile polaire, « celle qui ne marche pas », selon la très juste expression des Iroquois. Des documents chinois font remonter cette connaissance à 2.400 ans avant J.-C. Quelques siècles plus tôt, c'est dans le Dragon qu'était l'étoile brillante la plus voisine du pôle, mais son caractère chinois ne désigne pas une polaire;

à cette époque reculée on n'aurait donc pas encore remarqué en Chine l'étoile qui ne marche pas.

De la voûte solide à la sphère la transition était facile : aussi voyons-nous l'origine de la sphère se confondre avec celle même de l'Astronomie ; les Grecs en attribuaient l'invention à Atlas, un des fils d'Uranus.

Ainsi la notion d'axe et de pôles de la sphère céleste est extrêmement ancienne. Dans la suite, l'examen de la marche des astres a dû conduire à la notion des *cercles* (équateur, parallèles, méridiens), à moins d'admettre que la pratique du tour, entre les mains du potier par exemple, avait déjà conduit à les considérer.

On sait qu'on appelle *équateur* céleste un grand cercle de la sphère qui a tous ses points à égale distance des deux pôles. On peut le considérer aussi comme l'intersection de la surface de la sphère par un plan mené par le centre, perpendiculairement à la ligne des pôles. Et les *parallèles* sont des petits cercles parallèles à l'équateur. Enfin les *méridiens* ou *cercles horaires* sont des cercles dont les plans contiennent la ligne des pôles.

Connaissance approchée des points cardinaux. — Orientation des plus anciens monuments. —

La découverte du pôle, la connaissance d'une étoile polaire, eut une importance pratique énorme, et dut se répandre rapidement, à moins qu'un intérêt commercial en ait fait garder le secret. Dès lors, en effet, on put se guider avec sécurité dans les longs déplacements, et ainsi eut lieu une des premières et capitales applications de la science des astres à celle des voyages.

La connaissance des points cardinaux en dut résulter naturellement ; et nous savons qu'elle remonte à une extrême antiquité, car des monuments qui existent encore, plus ou moins ruinés, en portent l'empreinte depuis plus de 60 siècles : ce sont les pyramides d'Égypte et des monuments récemment mis à jour en Chaldée.

D'après le rituel funéraire des Égyptiens, les tombeaux devaient être orientés ; et il en est ainsi, en effet, des pyramides que des pharaons de IVᵉ dynastie firent élever pour protéger leur dernier repos. Or la construction de ces monuments remonte à peu près à 4.000 ans avant J.-C. : ainsi à cette époque on savait déjà s'orienter, même assez exactement. Mais on peut croire que dans la vallée du Nil ces connaissances étaient encore assez récentes, car la pyramide à degrés de Saqqarah, antérieure d'un petit nombre de siècles, est inexactement orientée : l'erreur atteint 4'35'.

On sait que les pyramides ont leurs faces exposées aux quatre points cardinaux. En Chaldée, ce sont, au contraire, les angles qui sont tournés vers les mêmes points. La ville d'Eridou (aujourd'hui Abou-Sharein), métropole religieuse de la basse Chaldée, possédait un temple dédié au dieu poisson En-Ki, et dont la construction peut être reportée à plus de 3.000 ans avant J.-C.; ses ruines, fouillées récemment, présentent des faces regardant non les quatre points cardinaux, mais les quatre directions intermédiaires.

La même orientation a été reconnue dans le palais de Goudéa, à Lagash (aujourd'hui Tello), remontant à la même époque, ainsi que dans les ruines d'Ourouk ou Erech (aujourd'hui Warka).

Ainsi 3.000 ans avant J.-C. les Sumériens de la basse Chaldée savaient déterminer avec précision non seulement les points cardinaux, mais encore les directions intermédiaires. Quant à une orientation approximative, on peut la faire remonter bien plus haut encore, puisque le traité d'Astrologie dont la compilation remonte à Sargon Iᵉʳ (3.800 ans av. J.-C.), mentionne déjà les pays du Nord, du Sud, de l'Est et de l'Ouest.

Oscillation annuelle des points de lever et de coucher du Soleil. — Solstices. — Le retour de

quelque saison bien marquée, chaude ou froide, a dû
faire connaître d'abord une valeur approximative de la
durée de l'année; mais on n'a pu tarder à sentir l'insuffisance de ce moyen pour fixer les travaux agricoles.

L'homme des champs, pour qui les moments du
lever et du coucher du Soleil offrent tant d'importance, s'est vite aperçu que le point de l'horizon où le
Soleil se lève ou se couche change constamment.

Examinons ce phénomène plus attentivement.
Supposons-nous placés dans la région tempérée de
notre hémisphère, en un lieu dégagé. Au printemps,
par exemple, notons pendant assez longtemps le
point A (fig. 1) de l'horizon où se couche le Soleil,

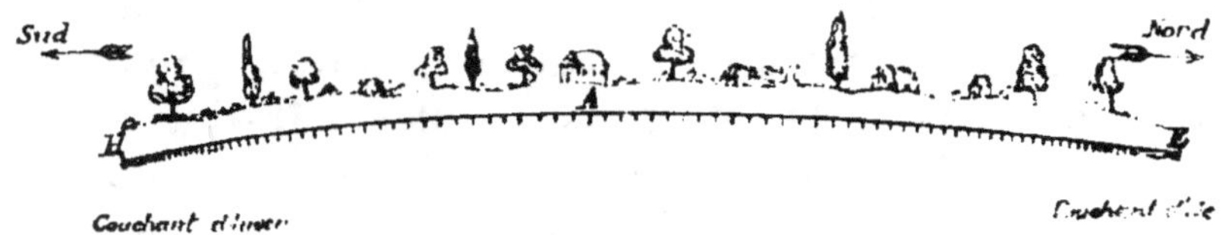

Fig. 1. — Oscillation annuelle des points où se couche le Soleil.

par rapport aux objets que l'on aperçoit, collines,
arbres, maisons. etc.

Immédiatement on voit que ce point de coucher
s'avance graduellement vers le Nord, d'abord assez
rapidement, puis de plus en plus lentement jusqu'à
devenir stationnaire en un certain point E. Il rétrograde ensuite vers le Sud à une allure inverse, c'est-
à-dire très lentement d'abord et avec une vitesse
croissante qui passe par un maximum, pour diminuer
de nouveau jusqu'à un second arrêt H qui se produit
en hiver. Dès lors il revient vers le Nord, et ainsi de
suite indéfiniment, oscillant sans cesse, mais avec la
plus parfaite régularité ; le premier observateur de ce
mouvement doit être aussi le premier qui a donné,
la longueur de l'année avec une précision suffisante
pour les travaux agricoles.

Aux points E, H, le Soleil s'arrête donc (*Sol stat*)

pour changer de direction ; aussi on a donné le nom de *solstices* aux époques correspondantes de l'année : celui de la saison chaude, des longs jours, c'est le *solstice d'été*, tandis que celui de la saison froide, des jours les plus courts, est le *solstice d'hiver*.

Ce mouvement d'oscillation des points de lever et de coucher du Soleil a dû être remarqué dès une haute antiquité, particulièrement par les Egyptiens et les Chaldéens ; mais nous n'en trouvons pas de mention dans les inscriptions et les écrits que nous possédons de ces peuples. L'indication la plus ancienne est peut être celle qu'on trouve dans l'*Odyssée* pour indiquer la position de l'île Syria (aujourd'hui Syra, une des Cyclades), vers l'Ouest-Nord-Ouest de celle d'Ortygie (l'île des Cailles, Délos). Homère dit qu'elle est plus au Nord que le *tournant* du Soleil, τροπαί ἠελίοιο ; on voit dans son expression l'origine du mot *tropique*, nom donné par la suite aux deux cercles parallèles à l'équateur qui limitent la route oblique du Soleil parmi les étoiles, et que le Soleil atteint en effet aux époques de son *tournant*.

Il est donc probable que c'est par l'observation des stations des points de lever et de coucher du Soleil qu'on aura d'abord connu avec quelque précision la longueur de l'année : celui qui aura eu l'idée de compter combien de jours séparent deux solstices d'été successifs ou deux solstices d'hiver, aura vu sans peine que l'intervalle est toujours le même.

Il n'est d'ailleurs pas indispensable de se régler sur les solstices et on peut choisir un moment quelconque, ainsi qu'on l'a fait de très bonne heure ; car, disent les livres sanscrits, pour déterminer la longueur de l'année, il suffit de marquer la direction du Soleil à un certain jour et au moment de son lever ou de son coucher : lorsque cette direction sera redevenue la même, le Soleil marchant dans le même sens, une année se sera écoulée.

On savait même que l'observation est d'autant plus

précise que le jour choisi est plus éloigné des solstices, parce qu'alors le point se déplace plus rapidement.

La connaissance de cette oscillation des points de
lever et de coucher du Soleil fit remarquer sans
doute que si la Lune présente quelque chose d'analogue, il n'en est pas de même des étoiles ; pour la
Lune l'oscillation est plus rapide et plus complexe,
tandis que chaque étoile, observée constamment d'un
même point, se lève toujours dans la même direction,
et se couche de même. Mais pour les étoiles cela se
trouve dit pour la première fois par Euclide, dans un
ouvrage intitulé *Phénomènes*, qui doit contenir toutes
les connaissances que l'on avait en Grèce 300 ans
avant J.-C.

Equinoxes. — Dès que l'on a connu les solstices,
avec l'inégale longueur des jours correspondants et
le passage graduel des uns aux autres, on a dû concevoir l'existence des *équinoxes*, c'est-à-dire des
époques de l'année où le jour et la nuit son égaux ;
mais on n'avait pas de moyen facile pour en déterminer les moments, car le déplacement du point de
coucher du Soleil le long de la ligne EH (fig. 1, p. 10),
est complexe, et le moment des équinoxes ne correspond pas à celui où le Soleil se couche au milieu de
la longueur EH. Képler pensait qu'Hipparque avait
reconnu les équinoxes à ce que les points de lever et
de coucher du Soleil sont diamétralement opposés.
Mais cela est contraire à tout ce que dit Ptolémée.

Les Egyptiens avaient à leur disposition un moyen
beaucoup plus simple de reconnaître les équinoxes,
mais nous ignorons s'ils en ont fait usage ; ces moments arrivent en effet quand le Soleil se lève et se
couche dans la direction des faces Nord et Sud de leurs
pyramides. Et J.-B. Biot, qui attribuait à ce peuple de
profondes connaissances astronomiques, voulut montrer combien la détermination des équinoxes était

facile pour les prêtres égyptiens : sur ses indications, Mariette fit en effet cette observation en 1853, au moyen de la grande pyramide, et trouva le moment de l'équinoxe vernal à moins de 30 heures près, malgré la dégradation actuelle de ce monument, dont les faces et les arêtes sont maintenant fort irrégulières.

En résumé, partout et toujours l'alternative des jours et des nuits, la succession des phases de la Lune, le retour des saisons et celui de l'année, ont dû être l'objet de l'attention et de la réflexion du chasseur, du berger, du laboureur, qui aussitôt ont dû entrevoir là un moyen de favoriser leurs travaux ; et c'est ainsi que l'Astronomie prit naissance. Aussi, comme partout les besoins ont été à peu près les mêmes, on doit trouver chez tous les peuples des traces plus ou moins profondes de connaissances astronomiques primitives ; et c'est ce que nous voyons en effet.

Il n'y a donc pas lieu de se demander à quelle époque et en quel pays l'Astronomie a pris naissance. Elle ne fut pas inventée par Atlas, comme le veut la fable classique, ni enseignée à Achille par le centaure Chiron ; elle ne fut pas plus inventée par Thoth, Bélus, Uranus..., comme l'ont prétendu les Égyptiens, les Babyloniens, les Atlantes... : chaque peuple l'a créée sous la forme la plus appropriée à ses besoins, à son propre type intellectuel ; et les premières notions d'Astronomie doivent être considérées comme le patrimoine commun des primitives générations humaines, au moins de celles qui se sont élevées au-dessus de l'état sauvage.

Quant aux personnages plus ou moins mythologiques auxquels les anciens peuples ont attribué l'invention de l'Astronomie, ils coordonnèrent sans doute les notions qu'ils trouvaient répandues autour d'eux, et en tirèrent soit les premières règles du calendrier, soit les notions cosmologiques plus ou moins défigurées que l'histoire nous a transmises parfois. Et comme leur science parut extraordinaire, on leur attribua une nature surhumaine, on les divinisa.

D'ailleurs quelque simples et rudimentaires que fussent les notions qu'ils fixaient ainsi, elles n'en constituaient pas moins un commencement de science astronomique : l'homme primitif qui examinait le retour périodique des phases de la Lune ou comptait les jours d'une lunaison, exécutait une opération nettement scientifique et astronomique, au moins au même titre que celle de l'astronome moderne qui détermine la révolution d'une planète ou la période d'une étoile variable.

Ces premières connaissances astronomiques n'ont pas fait chez tous les peuples un égal progrès ; et l'étude comparative des points de vue variés sous lesquels a été considérée l'Astronomie, par des nations de caractère et de mentalité si divers, présente un véritable intérêt, à la fois historique et ethnographique. A vrai dire, l'intérêt serait encore beaucoup plus grand si chacun de ces systèmes rudimentaires avait évolué d'une manière logique et naturelle, indépendamment de tous les autres ; mais il en est bien peu qui soient dans ce cas : certains peuples ont eu leur développement naturel brisé violemment, comme il est arrivé en Amérique et en Polynésie ; ailleurs le passage des idées primitives à un stade plus complexe et plus perfectionné s'est fait sous l'influence d'une culture supérieure ; et, en somme, la science du ciel dans l'antiquité ne présente guère que deux systèmes qui aient pris naissance et se soient développés chez des peuples bien différents et par des moyens à la fois originaux et en grande partie indépendants : ce sont, d'un côté le système astronomique des Chaldéens, révélé surtout par des recherches récentes, et de l'autre celui des Grecs, qui est devenu le nôtre.

CHAPITRE II

LES PLANÈTES ET LE ZODIAQUE

Distinction des planètes d'avec les étoiles. —
Les étoiles sont fixes les unes par rapport aux autres,
sur la sphère céleste. Mais quelques astres qui leur
ressemblent, que rien de saillant ne distingue au
premier abord, se déplacent plus ou moins parmi
les constellations stellaires : les anciens leur ont donné
le nom de *planètes,* c'est-à-dire d'astres errants.

Ces planètes furent distinguées partout à des époques très anciennes; du moins il en fut ainsi pour
Vénus qui, de tout temps, attira l'attention par son
éclat. Elle était déjà connue d'Homère, précédé de
beaucoup par les Egyptiens et les Chaldéens : déjà en
Chaldée, du temps de Nabuchodonosor Ier et de
Mérodach-Baladan Ier (1200 à 1100 av. J.-C.), la Lune, le
Soleil et Vénus constituaient une triade astronomique
fréquemment représentée; ce qui supposerait même
que, dans ses apparitions du matin et du soir, Vénus
n'était plus considérée comme deux astres distincts.

Pour les planètes à marche lente, ou pour Mercure
qui est difficile à voir, il fallut bien plus de temps
pour les reconnaître. Cependant on a retrouvé en
Chaldée beaucoup de monuments anciens, surtout
des cylindres gravés employés comme sceaux, où
l'on rencontre fréquemment des représentations du
Soleil, de la Lune et de sept astres mineurs; on a
conjecturé que ceux-ci représentaient les Pléiades,

ou les Hyades, ou les sept étoiles de la Grande Ourse, etc., etc. Mais, étant données les idées astrologiques des Chaldéens, il est plus logique d'y voir les sept planètes, en comptant Vénus et Mercure chacune pour deux, parce qu'à l'origine on n'avait pas reconnu l'identité de l'astre du soir avec celui du matin.

Il est vrai que ces sept astres mineurs sont encore reproduits par la sculpture et la gravure jusque dans les derniers temps de Ninive, ainsi qu'on peut le voir dans les étonnantes scènes de guerre et de chasse d'Assurnazipal, retrouvées dans les ruines de Kalah ; mais c'est sans doute parce qu'on se bornait à copier les anciennes représentations. On connait d'ailleurs un superbe bas-relief d'Assar-Haddon sur lequel les sept astres mineurs sculptés d'abord furent ensuite réduits à cinq.

En Grèce, les planètes furent distinguées beaucoup plus tard : on attribuait à Pythagore la connaissance de toutes à l'exception de Vénus; et Sénèque dit que Démocrite ne connaissait encore ni leur marche, ni même leur nombre.

Déplacement du Soleil parmi les étoiles. — La connaissance du mouvement propre de la Lune a dû préparer la découverte d'un mouvement analogue dont le Soleil est animé, et dont la connaissance a été un progrès important. Mais ce mouvement est plus caché que celui de la Lune, parce que la lumière du Soleil empêche de voir les étoiles qui sont dans son voisinage; aussi le mode d'observation doit être changé.

Le soir, par exemple, regardons vers l'horizon, du côté du point où le Soleil vient de disparaître, et notons les belles étoiles qu'on y aperçoit. En répétant cette observation quelques jours de suite, on reconnaît que ces étoiles sont de plus en plus près de leur coucher quand on commence de les apercevoir, comme si elles allaient se plonger lentement dans la lumière du Soleil; et au bout de quelques jours on ne les voit plus, c'est-à-dire qu'elles ont déjà disparu quand l'affaiblissement de la lumière répandue dans l'atmosphère laisse apercevoir les autres étoiles qui sont aussi vers le couchant.

Si ensuite, quelques jours plus tard, mais le matin, on regarde le ciel vers l'Orient, là où le Soleil va se lever, on revoit les mêmes étoiles qui maintenant précèdent le Soleil au lieu de le suivre. Ces étoiles semblent donc avoir passé d'un côté à l'autre du Soleil; mais comme cela se produit ainsi successivement tout autour du ciel, on en conclut que c'est le Soleil qui se déplace parmi les étoiles. On a reconnu plus tard que ce déplacement se fait suivant un grand cercle oblique à l'équateur, et qui a reçu le nom d'*écliptique*.

Levers et couchers héliaques. — Cette disparition d'un astre dans les rayons du Soleil a reçu le nom de *coucher héliaque;* et de même sa réapparition le matin est un *lever héliaque* ou épitole, comme l'appelle Ptolémée.

Ces levers et couchers, trop vagues par eux-mêmes, ont aujourd'hui disparu de notre Astronomie, mais ils ont joué un grand rôle chez les Anciens, et leurs auteurs les mentionnent très fréquemment, ainsi que d'autres moins connus, comme les levers et couchers *cosmiques* et *acronyques.*

Le mouvement propre du Soleil, qui produit les levers et couchers héliaques, a été connu de très bonne heure par les Egyptiens, qui réglaient le commencement de leur année sur le lever héliaque de Sirius : nous verrons qu'on peut faire remonter cette connaissance chez eux aux environs du xxviiie siècle avant J.-C.

Zodiaque. — Les Chaldéens comparaient volontiers les planètes à des moutons capricieux, échappés du troupeau des étoiles pour aller paître au gré de leur humeur vagabonde. Cependant on s'aperçut avec le temps qu'elles restent toujours dans une zone peu étendue de part et d'autre de l'écliptique, et qui est devenue le *zodiaque;* nous avons déjà cité quelques-unes des constellations que les Chaldéens y avaient placées. Depuis on a fixé à 16° la largeur totale de cette zone, dont l'écliptique occupe le milieu.

Longtemps on a revendiqué l'invention du zodiaque pour les Egyptiens; et des textes nombreux semblent la leur accorder. Ainsi Macrobe, au v° siècle, explique en détail comment s'y prirent les Egyptiens pour diviser le zodiaque en douze parties égales au moyen de clepsydres; mais ce procédé, bon pour l'équateur, ne l'est pas pour l'écliptique, en raison de son obliquité; cela prouve seulement que Macrobe était étranger au problème des ascensions obliques, le tourment des astrologues, et dont nous aurons l'occasion de parler. Et les autres textes invoqués appartiennent aussi généralement à des scoliastes de la basse époque, dont les suppositions montrent seulement la naïve ignorance.

Les documents portent plutôt à penser que notre zodiaque vient des Chaldéens, dont les constellations connues avaient été placées dans cette partie du ciel, tandis que les célèbres décans égyptiens, employés dans la vallée du Nil pour régler et subdiviser l'année, ne se trouvent pas systématiquement au voisinage de l'écliptique.

La découverte de zodiaques à Denderah et à Esnéh, lors de l'expédition française de 1798, parut d'abord confirmer les vues de ceux qui, avec Bailly et Dupuis, attribuaient une très haute antiquité au zodiaque égyptien; ces zodiaques, en effet, placent l'équinoxe loin de sa position actuelle. Cette question, portée sur un terrain brûlant, excita les controverses les plus vives jusqu'à ce que Letronne, en 1824, eût montré que ces représentations sont de l'époque romaine et librement tirées du zodiaque grec.

Il semble même que les Égyptiens n'ont pas eu de zodiaque proprement dit, car ils suivaient peu la marche des planètes ; et nous venons de dire que leurs décans, employés pour régler et subdiviser l'année, ne sont pas pris systématiquement au voisinage de l'écliptique.

Au contraire, de très bonne heure on trouve en Chaldée le germe d'un zodiaque dont nous avons cité quelques constellations ; mais on n'a pas encore découvert leur série complète.

La position présumée de ces constellations semble indiquer, dans leurs noms, des allusions à la température des parties correspondantes de l'année solaire. Ainsi, trente siècles avant notre ère l'équinoxe du printemps était dans le Taureau, et le Taureau était le symbole de Mardouk, le Soleil du printemps. De même, les signes qui correspondaient alors à l'hiver sont tous aquatiques, à partir du Scorpion, qui correspondait à l'équinoxe d'automne. Ainsi il semble que dès cette époque très reculée on avait en Chaldée une ébauche du zodiaque.

Longtemps après, cette ébauche se trouve plus avancée dans une tablette d'Assurbanipal donnant les étoiles qui, par leurs levers héliaques, indiquaient les commencements des mois et des décades. Cette tablette est divisée en douze secteurs égaux, un pour chaque mois, et son tour circulaire comprend 240 divisions ; aussi faut-il y reconnaître un acheminement vers l'invention d'un vrai zodiaque, dont l'usage se manifeste chez les Babyloniens à l'époque de la conquête perse (538 av. J.-C.).

Du temps des Sargonides de Ninive (viiie et viie siècles av. J.-C.), les rapports des astrologues de la Cour donnent les positions de la Lune et des planètes en marquant la constellation où elles se trouvent, en indiquant les étoiles brillantes dont elles sont voisines, mais sans donner de chiffres. On dut sentir le besoin de ramener ce procédé à une forme régulière, et alors la zone céleste dans laquelle circulent le Soleil, la Lune et les planètes fut divisée en parties égales ou *signes* au nombre de douze : c'est là ce qui constitue la véritable invention du zodiaque, et on peut la fixer vers 600 avant J.-C. En effet, d'un côté des documents antérieurs à la destruction de Ninive (607 av. J.-C) présentent déjà quelques tentatives pour réduire à un système uniforme l'ensemble des constellations des mois, et de l'autre une tablette de la septième année de Cambyse montre l'usage du zodiaque réduit à une pratique courante : chacun des douze signes porte les noms qui furent employés dans les siècles suivants jusqu'à notre ère, et chaque signe est divisé en trois parties, antérieure, moyenne et postérieure, suivant l'ordre de leur lever et de leur coucher; ces subdivisions valaient donc chacune 10°, ce qui permettait de définir la position d'un astre en longitude avec une erreur inférieure à 5°.

Dans ce zodiaque, le premier signe est désigné par la syllabe *ku* et comprenait le premier des groupes mensuels, *Dil-gan* ou le Bélier ; et cette disposition fut constamment conservée dans les siècles postérieurs. Ainsi, pour les astronomes babyloniens, le premier point de l'écliptique, origine des longitudes, n'était pas mobile comme dans notre Astronomie, mais invariable parmi les étoiles; cela ne peut surprendre, puisqu'ils ne connurent pas la précession des équinoxes, et cette fixité ne présentait pour eux que des avantages.

Les Chaldéens employaient les longitudes et les latitudes célestes dans leurs calculs; mais, dans la pratique des observations, ils rapportent différentiellement l'un à l'autre les astres voisins, appréciant la position de l'écliptique parmi les étoiles et indiquant de combien de coudées et de doigts l'un précède l'autre en longitude, ou se trouve plus boréal ou plus austral. Cela suppose que, pour avoir les positions des mêmes astres, par rapport à l'écliptique et à son origine (ce que nous appelons les positions absolues). on disposait d'une sorte de catalogue d'étoiles fondamentales : grâce aux travaux du P. Epping, nous connaissons environ 30 de ces étoiles et leurs noms babyloniens ; mais on n'a pas encore rencontré de document qui indique leurs positions en longitude et latitude : un tel catalogue devait exister du temps de Cambyse, comme il résulte de la tablette déjà citée, qui est datée de la septième année de son règne.

Les Babyloniens rapportaient donc les astres à l'écliptique; parfois aussi ils en indiquent les positions par rapport à l'horizon, mais ils ne parlent jamais de l'équateur.

Les Grecs paraissent avoir emprunté aux Chaldéens l'idée du zodiaque, ainsi que celle des configurations animales : eux-mêmes reconnaissaient les poissons de l'Euphrate dans leur signe des Poissons. Mais, dans la suite, ils rattachèrent toutes ces constellations à leur mythologie nationale, et rendirent ainsi méconnaissables les caractères exotiques primitifs qui en auraient décelé l'origine. Toutefois, on réclame parfois pour eux la construction de l'anneau zodiacal régulier, géométriquement tracé à travers les constellations, ainsi que la division idéale en douze parties égales : on peut bien leur accorder cette division en douzièmes, qui se retrouve partout, mais les documents aujourd'hui connus montrent que les Babyloniens avaient, de leur côté, créé le zodiaque, et il semble difficile que les Grecs puissent réclamer la priorité. Le zodiaque grec n'a même été complété qu'assez tard : les constellations du Bélier et du Sagittaire furent ajoutées par Cléostrate de Ténédos, et celle de la Balance est due probablement à Hipparque.

Quant à la division du zodiaque en 360 parties égales ou degrés, Eudoxe ne la connaissait pas encore, et on la trouve pour la première fois en Grèce dans un traité d'Hypsiclès, qui emploie aussi les minutes et les secondes de degré. Hipparque, peu après, emploie constamment cette division, de sorte qu'on le considère comme en ayant le premier fait usage d'une manière abstraite, c'est-à-dire appliquée à un cercle quelconque. Mais cette division est d'origine chaldéenne; même la division de la révolution diurne en 360° de temps se rencontre déjà dans des documents contemporains de Cambyse.

Avant d'employer cette division en 360°, les Grecs estimaient les arcs par leur rapport à la circonférence : c'est ainsi qu'Eratosthène dit que la distance de l'équateur aux tropiques est égale au côté du pentédécagone, ou 24°.

Marche et périodes des planètes. — Stations et rétrogradations.

— Quand on suit la marche d'une planète sur la sphère céleste, on lui voit parcourir une ligne sinueuse telle que A B C D E (fig. 2), toujours

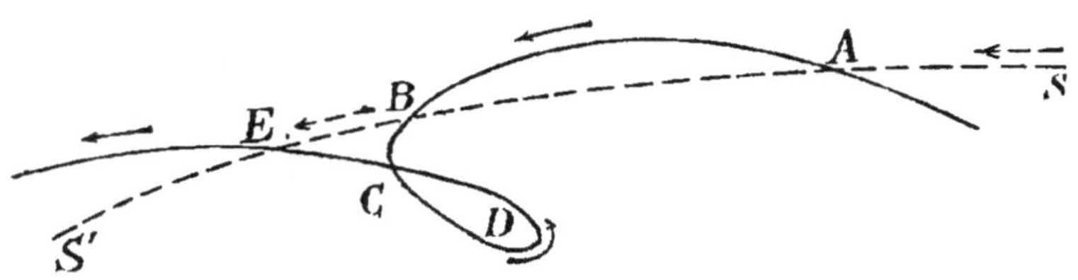

Fig. 2. — Stations et rétrogradations des planètes. A B C D est la route de la planète, avec ses stations en C, D. Sa rétrogradation de C en D. — S S' est la route du Soleil, en écliptique.

voisine de la route S S' du Soleil et passant tantôt d'un côté, tantôt de l'autre. Le mouvement, marqué par des flèches, est de même sens général que celui du Soleil, indiqué de même, mais il ne s'effectue pas toujours avec une égale vitesse; même il change parfois de sens, comme dans la partie B C D de sa course.

On nomme *stations* les points B et D où la planète s'arrête pour changer le sens de son mouvement, et *rétrogradations* les parties C D de sa course où elle marche, en effet, en sens contraire de son mouvement général, en sens contraire de celui du Soleil.

Les Chaldéens avaient déjà remarqué ce mouvement sinueux des planètes antérieurement à la chute de Ninive, comme le prouve une tablette (K 2894 du British Museum) tirée des ruines de cette ville et dont le contenu peut se traduire ainsi :

« Mars à sa plus grande puissance devint splen-
« dide et resta ainsi plusieurs semaines successives ;
« puis, pendant autant de semaines il devint rétro-
« grade pour reprendre ensuite son cours habituel,
« et il parcourut ainsi deux ou trois fois la même
« route. La grandeur de la rétrogradation ainsi par-
« courue trois fois (deux dans un sens et une dans
« l'autre) fut de 20 *kasbu* (c'est-à-dire 20°). » Et cela est, en effet, exact.

CHAPITRE III

L'ASTROLOGIE : SON INFLUENCE CAPITALE SUR LE DÉVELOPPEMENT DE L'ASTRONOMIE

Chez beaucoup des anciens peuples on rencontre des traditions et des pratiques superstitieuses dérivées de l'observation du ciel. Cette partie de l'art divinatoire, fondée sur l'étude des mouvements célestes, porte seule aujourd'hui le nom d'*Astrologie*; mais elle a été confondue longtemps avec l'*Astronomie* proprement dite, sur la propagation et les progrès de laquelle son influence a été considérable. Longtemps les deux noms d'Astrologie et d'Astronomie ont donc été à peu près synonymes : ils n'ont commencé d'être opposés l'un à l'autre que dans les premières années de notre ère.

C'est encore une question de savoir quel est le peuple qui a créé l'Astrologie, mais on ne peut hésiter qu'entre les Chaldéens et les Egyptiens. D'autre part, les principes, les doctrines et les méthodes que l'on rencontre chez ces deux peuples ne permettent pas d'admettre que l'un et l'autre aient constitué l'Astrologie d'une manière indépendante; et aujourd'hui on pense généralement que les Chaldéens l'ont enseignée aux Egyptiens. Les uns et les autres, Egyptiens et Chaldéens, furent considérés par les Grecs et par leurs successeurs comme les maîtres de cette science; le nom même de Chaldéen devint pour eux un synonyme d'Astrologue.

Les doctrines astrologiques des Egyptiens et celles
des Chaldéens s'introduisirent en Grèce presque en
même temps, peu après l'époque de l'expédition
d'Alexandre : celles de l'Egypte avec un ouvrage de
Manéthon, celles de la Chaldée avec Bérose qui, après
avoir quitté la Babylonie, vers 280 avant J.-C., vint
ouvrir une école dans l'ile de Cos. Il est vrai que longtemps avant cette époque on trouve chez les Grecs
de nombreuses croyances superstitieuses, comme celle
des jours favorables ou défavorables ; mais dans cette
distinction il n'entrait aucune raison astrologique.

En passant en Grèce, l'Astrologie changea de caractère : tandis qu'en Egypte et en Chaldée elle était
surtout le privilège d'une caste, en Grèce elle se popu-
larisa et subit l'épreuve de la discussion. De là, elle
passa bientôt en Italie, puisqu'un édit de l'an 139 av.
J.-C. expulsa les astrologues de Rome : ils durent
alors se dissimuler un peu, ce qui excita davantage
la curiosité, et, dans la suite, les plus hauts personnages, même les empereurs, eurent recours à eux
pour tirer leurs horoscopes ; à partir d'Auguste on
vit les parvenus utiliser l'Astrologie pour se faire
légitimer : c'est l'époque où Manilius en exposait les
règles dans ses *Astronomiques.*

Combattue par le Christianisme, l'Astrologie se
mêla aux vestiges des cultes orientaux, s'associa aux
pratiques de la Magie, de l'Alchimie, et devint une
science occulte, souvent cultivée en même temps que
la Médecine ; les Juifs et les Arabes en furent longtemps dépositaires et se firent une industrie de l'art
de tirer un horoscope.

Au xive siècle, l'Astrologie était encore en grand
honneur ; les rois avaient leurs astrologues officiels,
qu'ils consultaient fréquemment : c'est ainsi que le
célèbre Nostradamus fut l'astrologue de Catherine de
Médicis et de Charles IX ; et c'est pour servir à l'examen du ciel que fut construite la colonne de la Halle
au blé, qui est sans doute le plus ancien monument

astronomique de Paris. Les plus célèbres astronomes avaient foi dans l'astrologie, et beaucoup lui devaient leur subsistance ; Képler en fait ainsi l'aveu naïf :

« Les philosophes, dit-il, tout en se vantant de leur « sagesse, devraient ne pas blâmer avec tant d'amer- « tume la fille de l'Astronomie ; c'est cette fille qui « nourrit sa mère. Combien, en effet, serait petit le « nombre des savants qui se dévoueraient à l'Astro- « nomie, si les hommes n'avaient pas espéré lire les « événements futurs dans le ciel ! »

Et toute sa vie, moyennant salaire, il tira des horoscopes suivant les règles de l'art, toutefois en prévenant les clients que ses conclusions devaient être tenues pour incertaines.

Plus tard encore, à ce que nous apprend la correspondance manuscrite de Boulliau, ce furent les prétendus besoins de l'Astrologie, la nécessité d'avoir l'heure exacte de la naissance des grands personnages, qui firent répandre rapidement les nouvelles horloges, perfectionnées par l'application du pendule.

Mais l'établissement définitif du sytème de Copernic, qui montrait la petite place occupée par la Terre dans l'Univers, vint porter à l'Astrologie le coup mortel ; cependant elle eut des adeptes nombreux au xviiie siècle, et Boulainvilliers s'en occupait encore au siècle suivant. Son règne est encore vivace en Orient, et on dit même que ses adeptes n'ont pas tous disparu en Occident.

Ainsi l'Astrologie a exercé une influence considérable sur la propagation de l'Astronomie ; mais en Chaldée elle s'est identifiée avec elle, et c'est là que nous allons l'étudier plus spécialement.

Bases de la doctrine Astrologique. — Il est impossible de dire, autrement que par conjecture, quel a été dans le principe l'origine de l'Astrologie, de la science de divination par les astres, car l'Histoire est muette.

Comme facteurs généraux, on peut citer les causes qui ont provoqué la naissance des nombreuses branches de l'art divinatoire ; tel est, par exemple l'éternel désir de surprendre le secret de la destinée humaine. A cela s'ajoute, pour l'Astrologie en particulier, la répercussion manifeste de beaucoup de phénomènes astronomiques sur nous, comme l'action diurne et annuelle du Soleil, l'influence vraie ou supposée de la Lune, etc. D'ailleurs, les astres étaient des personnifications de certaines divinités : de là une cause de confusion qui était aussi de nature à faire croire facilement à l'influence des astres sur les hommes. Comme nous le voyons encore aujourd'hui, il a suffi de quelques coïncidences pour fixer l'attention ; un concours de cataclysmes, survenant au moment de quelque phénomène astronomique remarquable, aura fait soupçonner une relation de cause à effet, et dès lors on aura continué de noter les coïncidences, on aura généralisé après un petit nombre de répétitions, et l'opinion sera dès lors fondée, mais sans base suffisante ; et ainsi un procédé qui pouvait d'abord avoir une origine scientifique dégénère en système arbitraire.

Astrologie chaldéenne. — Quoi qu'il en soit de l'origine, l'Astrologie chaldéenne remonte à une très haute antiquité ; on a, en effet, retrouvé à Ninive les fragments d'un grand traité d'Astrologie compilé pour Sargon Ier, dont la vie se place vers 3800 ans av J.-C. Ainsi dès cette extraordinaire antiquité les Chaldéens avaient pris l'habitude d'observer le ciel, et même d'enregistrer sur leurs tablettes d'argile l'aspect des constellations, les moments de leurs levers... et en général tous les phénomènes célestes. En outre, ils en tiraient des pronostics pour les événements humains.

Les documents retrouvés jusqu'ici ne permettent pas encore de suivre le développement que l'Astrologie prit dans la suite, mais nous savons que plus tard, en Chaldée, on tirait des présages d'une infinité de circonstances par elles-mêmes bien communes, ou fort indifférentes. Non seulement on trouvait matière à prévision dans les événements rares ou prodigieux, ou regardés comme tels, tremblements de terre, comètes, naissance de quelque monstruosité…, mais encore dans l'apparition d'un animal en un lieu et à un moment déterminés, dans son attitude, dans les caractères physiques d'un nouveau-né, d'un malade, dans la simple rencontre de telle personne…… Avec le temps, ces superstitions s'étaient accumulées, variant les circonstances à l'infini et donnant lieu à mille et mille préceptes dont la vie journalière se trouvait complètement encombrée.

Il se forma ainsi à Babylone des arts spéciaux et lucratifs, pratiqués par des interprètes de songes, par des augures qui examinaient le vol des oiseaux, par des aruspices qui étudiaient les entrailles des victimes dans les sacrifices, etc.

L'Astrologie fut un rameau de cette science divinatoire et, comme le reste de cette science, elle eut un énorme développement sous la dynastie Sargonide (722 à 607 av. J.-C.). Par l'importance que l'on attribuait à tant d'événements ordinaires, on peut juger de celle que l'imagination donnait aux phénomènes du ciel et de l'atmosphère, qui, observables par tous et sur une grande étendue de pays, devaient donner lieu à des pronostics d'effet général.

Aussi, dans l'amas énorme de présages retirés des ruines de Ninive, une partie notable se rapporte aux prédictions astrologiques.

Ces documents peuvent se diviser en deux classes :

Les *rapports astrologiques* ;

Les *répertoires d'interprétation*.

Dans les *rapports*, ordinairement envoyés au roi, les astrologues de la cour de Ninive avaient consigné leurs observations, ainsi que les conséquences qu'on en pouvait déduire. Ils sont conservés au British Museum, et plus de trois cents ont été transcrits, traduits et publiés, notamment par R.-C. Thompson[1]. En premier lieu, ils comprennent les présages tirés des astres, puis ceux tirés des nuages, des halos, des orages, des trombes et des tremblements de terre. Très souvent ils sont signés d'un ou de plusieurs astrologues, mais la plupart ne sont pas datés, sans doute parce qu'ils étaient présentés au roi immédiatement après chaque observation ou chaque événement. Le petit nombre de ceux dont on peut assigner l'époque appartiennent tous au règne d'Assurbanipal (668 à 626 ans av. J.-C.), et il est probable que les autres étaient, pour la plupart sinon tous, adressés à ce roi ou à son prédécesseur Assar-Haddon. Voici quelques-uns de ces rapports, presque tous signés de l'astrologue, et qui donnent une idée de l'ensemble :

« Deux ou trois fois, ces derniers jours, nous avons « cherché Mars, mais nous n'avons pu le voir. Si le « roi mon maître me demande : cette invisibilité « présage-t-elle quelque chose ? je réponds : Non.
                « *Istar-suma-iris* » (Thompson, n° 21).

« Quand un halo entoure la Lune et que Jupiter est « dans son intérieur, le roi d'Accad sera assiégé.
                « *Nirgal-itir* » (Thompson n° 92).

« Quand la Lune et le Soleil sont vus en même temps « le seizième jour du mois, la guerre doit être déclarée « au roi. Le roi sera assiégé dans son palais pendant un « mois. L'ennemi envahira la terre et sa marche sera « triomphante. Quand, le quatorzième et le quinzième « jour de Tammuz, la Lune n'est pas visible en même « temps que le Soleil, le roi sera assiégé dans son « palais. Quand elle est visible le seizième jour, féli- « cité pour l'Assyrie, malheur pour Accad et pour « l'Occident.
                « *Akkullanu* » (Thompson n° 166).

---

1. *The Reports of the Magicians and Astrologers of Niniveh and Babylon in the British Museum.* London, 1900. 2 vol. in-8°.

« Mercure est visible. Quand Mercure est visible au
« mois de Kislou, il y aura des voleurs dans le pays.
         « *Nirgal-itir* » (Thompson, n° 224).

« Mars est entré dans les limites de la constellation
« *Allul*. Cela ne compte pas comme présage. »

Aux prédictions des astrologues de Ninive se joi-
gnaient parfois les rapports de ceux qui apparte-
naient aux écoles de Babylone. de Borsippa, d'Erech,
de Sippara et de Nippour : on en trouvera un
exemple un peu plus loin.

Ces présages n'étaient point composés arbitrairement. et d'ailleurs ils n'étaient point le résultat d'une
pure et simple imposture, contrairement à ce qu'on
pourrait croire; il y avait un ensemble de règles
fixes pour l'interprétation de tout événement, déduites,
pensait-on, de l'expérience. Ces règles formaient de
vastes *répertoires d'interprétation*, transmis dans les
diverses écoles d'une génération à l'autre, et probablement corrigés et améliorés en passant de main en
main. Pour chaque phénomène qui pouvait donner
lieu à un présage, on trouvait dans ces répertoires de
longues listes d'indications, d'où l'astrologue tirait celle
qui répondait à chaque cas particulier. En voici un
exemple, relatif aux effets de l'apparition de Vénus
dans les différents mois de l'année :

Mois de *Nisannu*	Dévastation du pays;
— *Airu*	Guerre dans le pays;
— *Sivanu*	Défaite des barbares du Nord;
Etc.	

Une grande collection astrologique, dite *Lumière de
Bélus* et trouvée à Ninive, est en grande partie composée de documents de ce genre. Sa traduction aurait
formé un gros in-4°, mais ce qui reste n'est guère que
le quart de l'ensemble. L'étude des inscriptions
prouve que toute cette collection fut formée du temps
de Sargon II (722 à 705 av. J.-C.) dans la cité de Kalah,
qui fut, avant Ninive, la capitale de l'Assyrie.

Cet immense répertoire servait aux astrologues de Ninive pour satisfaire non seulement aux questions du roi, mais aussi à celles de tous. Sous Assar-Haddon (681 à 668 av. J.-C.) et sous Assurbanipal (668 à 626 av. J.-C.), l'exercice de l'Astrologie fut plus florissant que jamais, et son prestige extraordinaire ne pouvait que tourner au profit de l'Astronomie. De quel crédit devaient jouir des hommes qui savaient lire dans le ciel les décrets du destin !

Cet état de choses ne changea pas à la chute de l'empire d'Assyrie ; la destruction totale de Ninive fut l'origine d'une nouvelle et splendide floraison pour Babylone qui, sous Nabuchodonosor (606 à 561 av. J.-C.), revit, après quatorze siècles, les beaux jours d'Hammourabi. Cette splendeur ne cessa point lorsque Babylone passa, non par violence, mais comme par reddition volontaire, sous le sceptre des Achéménides ; et on peut juger des progrès que fit l'Astronomie babylonienne, durant les 80 ans qu'elle fut la capitale de l'empire néo-chaldaïque, en comparant les documents de Ninive avec ceux de l'époque de Cambyse ; mais c'était déjà une véritable Astronomie, et nous aurons l'occasion d'y revenir ; ici nous voulons montrer seulement que l'Astrologie a contribué à la diffusion et au prestige de l'Astronomie, et aussi qu'elle a conduit à la solution de divers problèmes importants ; deux exemples tirés des éclipses et du problème des ascensions obliques mettront ces faits en évidence.

La prédiction des éclipses. — Les éclipses de Soleil et de Lune ont toujours été un sujet d'effroi pour les peuples primitifs. Si l'on en croit des documents chinois, fort suspects il est vrai, plus de 2.000 ans avant J.-C. on aurait observé et peut être su prédire les éclipses en Chine, car on place à vingt-deux siècles avant J.-C. l'épisode bien connu de Hi et Ho : ces astronomes, qui étaient en même temps gouverneurs de provinces, négligèrent de donner avis d'une éclipse de Soleil, et furent pour cela punis de mort.

Les anciens Chaldéens prétendaient avoir des séries d'observations remontant, dit-on, à 470.000 ans et même à 720.000 ans ; il est inutile de faire ressortir l'énorme exagération de ces chiffres, due peut être en partie à la manière de compter le temps ; mais ce qui est aujourd'hui tout à fait croyable, c'est ce que dit Simplicius que, lors des conquêtes d'Alexandre, Callisthènes avait recueilli et envoyé à son oncle Aristote des observations dont les plus vieilles remontaient alors à 1.903 ans : ce que nous ont appris les fouilles récentes faites en Chaldée et en Assyrie montre qu'on peut admettre l'existence d'observations remontant à 2.300 ans avant J.-C. et même plus haut encore.

Nous savons d'ailleurs, par la grande collection de rapports astrologiques et de présages, que les Chaldéens observaient attentivement les nouvelles lunes et aussi les pleines lunes ; celles-ci étaient normales quand elles tombaient le quatorzième ou le quinzième jour après la nouvelle lune ; ils notaient aussi avec soin si alors le Soleil et la Lune étaient ou n'étaient pas en même temps au-dessus de l'horizon. Comme les éclipses lunaires ont toujours lieu à la pleine lune, ils devaient laisser échapper peu d'éclipses quand elles étaient visibles dans leur pays, et on s'explique bien qu'ils eussent conservé la mémoire d'éclipses relativement faibles.

Mais savaient-ils prédire les éclipses? Question intéressante, agitée depuis longtemps et à laquelle nous pouvons aujourd'hui donner une solution partielle. On peut affirmer, en effet, que durant la période des Sargonides (722 à 607 av. J.-C.) les astrologues Chaldéens tentaient de prédire les éclipses de Lune, et que même ils y réussissaient parfois, comme le prouvent nombre de textes cunéiformes, tels que ceux-ci :

« Une éclipse de Lune aura lieu le 14 Addaru. Quand

« le 14 Addaru la Lune s'éclipse dans la première
« heure de la nuit, une décision sera prise. »

« Le 14 du mois aura lieu une éclipse ; malheur aux
« pays d'Elam et de Syrie, mais félicité au roi. Le roi
« sera tranquille, Vénus ne sera pas visible, mais je
« dis à mon maître qu'il y aura une éclipse.
        « *Irassilu l'ancien*, serviteur du roi. »

« Le 15 du mois de Ulùlu la Lune a été visible en
« même temps que le Soleil ; l'éclipse n'a pas eu lieu… »
                    (Thompson, n° 271 A).

« Au roi mon maître, j'ai écrit : une éclipse aura
« lieu. Maintenant elle a eu lieu en effet. C'est un
« signe de paix pour le roi mon maître… »
                    (Thompson, n° 274 F).

« Au roi mon maître, son serviteur Abil-Istar….
« Relativement à l'éclipse de Lune sur laquelle le
« roi m'a interrogé, dans les cités d'Accad, de Bos-
« sippa et de Nippour les observations furent faites…
« et l'éclipse a eu lieu… Mais pour ce qui concerne
« l'éclipse de Soleil, nous avons observé et elle n'a
« pas eu lieu. Je mande au roi ce que j'ai vu de mes
« yeux… »
        (G. Smith, *Assyrian Discoveries*, Chap. xx)

Ainsi les Chaldéens essayaient de prédire les
éclipses de Lune et y réussissaient parfois. Par quels
moyens y parvenaient-ils ?

Depuis Halley on a cru généralement que c'est au
moyen du cycle de 223 lunaisons (18 ans 11 jours),
mal désigné par le nom de *Saros*, et qui, en effet,
ramène à peu près les éclipses de Soleil et de Lune
dans le même ordre. Mais cette opinion, plausible au
premier abord, n'est pas confirmée par une étude
attentive, et il est bien peu probable qu'un tel cycle
ait pu être découvert à Babylone par l'examen d'une
succession d'éclipses réellement observées.

Cela est manifeste pour les éclipses de Soleil,

observables seulement d'une assez faible partie de la Terre, de sorte que 7 sur 10 peuvent être invisibles d'un pays donné; en outre, beaucoup d'éclipses partielles n'attirent pas l'attention, et. en raison de l'éclat du Soleil, elles sont toujours difficiles à constater. Il paraît donc impossible qu'avec les observations solaires faites en un seul pays on ait pu reconnaître le cycle de 18 ans.

Pour les éclipses de Lune, les accidents atmosphériques ou autres pouvaient en masquer plus de la moitié, et alors la périodicité du phénomène se trouve cachée.

Nous savons d'ailleurs que les Babyloniens connurent un autre cycle plus parfait, celui de 669 lunaisons; mais on n'en trouve aucun indice avant le second ou le troisième siècle avant J.-C., et il était alors facile de conclure ce cycle des moyens mouvements du Soleil, de la Lune et de son nœud. Mais à l'époque des Sargonides on était beaucoup moins avancé : on ne connaissait pas encore le cycle métonien de 19 ans, si utile pour le calendrier, beaucoup plus facile d'ailleurs à découvrir que celui de 223 lunaisons.

En réalité, le problème de la prévision des éclipses de Lune pouvait être résolu par des moyens plus simples :

Chaque éclipse de Lune, en effet, appartient à une série qui se reproduit à intervalles réguliers; le nombre des éclipses de chaque série est alternativement de 5 et de 6, et l'intervalle de deux éclipses consécutives est de 6 mois lunaires, ou 177,2 jours en moyenne. — Chaque série commence tantôt par une, tantôt par deux éclipses partielles; le milieu de la série est presque toujours formé par deux éclipses totales, et la série se termine tantôt par une, tantôt par deux éclipses partielles. — Les diverses séries sont séparées l'une de l'autre par un long intervalle sans éclipse de Lune et qui embrasse toujours 17 lunaisons.

Cet ordre ne ressort pas avec évidence de notre

calendrier, fondé sur l'emploi d'un . ois convention-
nel, mais il devait se manifester aisément dans le
calendrier babylonien, dont la véritable unité fondamentale était le mois lunaire. D'ailleurs cette succession ne se produit pas en tout temps, mais elle a eu
lieu ou se produira dans les périodes suivantes : .

755 à 432 avant J.-C. — 198 avant J.-C. à 154 après
J.-C. — 388 à 711 — 957 à 1391 — 1607 à 1948, etc.

Dans ces conditions, une série étant commencée,
de six mois en six mois on devait attendre une éclipse
de Lune toutes les fois que la pleine Lune était visible ;
et si la pleine Lune était alors sous l'horizon ou cachée
par les nuages, l'éclipse n'était pas observable, mais
l'astrologue savait se rendre raison du fait et n'avait
aucun motif pour douter qu'elle se fût réellement produite.

On pouvait donc ainsi faire des prévisions à courte
échéance qui expliquent bien ce qu'on trouve dans les
tablettes.

Quand, de progrès en progrès, on fut parvenu à la
prédiction confirmée des éclipses de Lune, les astrologues sentirent assurément quelle puissance morale
la nouvelle découverte mettait entre leurs mains ; et
les gouvernants, si intéressés à connaître les présages
longtemps à l'avance, durent augmenter encore les
moyens d'action de leurs astrologues. Les observations
furent continuées plus systématiquement, on trouva
des périodes de plus en plus exactes, on essaya de
prévoir les positions des planètes et on vit apparaître
des éphémérides perpétuelles ; c'était le véritable
commencement d'une Astronomie théorique, et l'Astrologie avait puissamment contribué à la faire naître.

Le problème des ascensions obliques.— On connaît le genre de prédictions des Chaldéens : ce sont
des pronostics visant à brève échéance les pays, les
peuples, le souverain ; mais dans les documents
signalés jusqu'ici nous ne connaissons pas d'applica-

tion à de simples particuliers. Dans la suite, il se forma une branche spéciale de l'Astrologie, branche qui se proposait de prévoir par les astres l'avenir de chacun, et qui constitue ce qu'on appelle la *génethliologie*, la science des horoscopes. On y admet que toute la vie de chacun dépend de la position des astres au moment de sa naissance (quand on raffina on fit intervenir également le moment de la conception), de sorte qu'avant toute chose il fallait connaitre ces positions pour le moment considéré.

On voit sans peine combien une telle croyance dut pousser aux progrès de l'Astronomie, car il fallait perfectionner les moyens d'avoir l'heure et arriver à connaitre à tout instant la position des astres, ne fût-ce qu'en vue des naissances survenues de jour ou par temps couvert.

Pour l'heure, les anciens employaient sans doute le gnomon, les sabliers, les clepsydes, ou bien on la déterminait par les levers ou couchers des astres; il fallait donc deux opérateurs; du moins Sextus Empiricus, dans une attaque contre les astrologues, suppose à l'œuvre une équipe de deux Chaldéens, dont l'un surveille la naissance, prêt à frapper sur une cymbale pour avertir le confrère placé sur une hauteur.

Le point de départ était l'*horoscope* : on appelait ainsi le point du zodiaque, plus exactement de l'écliptique, qui se levait à l'heure même de la naissance. Rigoureusement parlant, ce point n'est pas observable, mais on pouvait le déterminer à peu près, soit directement, soit au moyen de la configuration des étoiles voisines; souvent on se bornait à noter en bloc le signe zodiacal qui se trouvait à l'horizon, d'où l'expression vulgaire « naître sous tel signe ».

L'horoscope étant connu, il fallait déterminer les autres *centres*, et ici on rencontrait une véritable difficulté qui a provoqué les progrès du calcul astronomique. On appelait centres les quatre points de l'écliptique qui, au moment de la naissance, se trouvaient deux à l'horizon et deux en culmination supérieure ou inférieure. Ces quatre centres, en allant dans le sens du mouvement diurne, étaient donc :

1° L'horoscope ou Levant ;

2° La culmination supérieure ou *medium cœlum*;

3° Le Couchant ;

4° La culmination inférieure ou *imum cœlum*.

Nous n'avons pas ici à parler de la vertu des centres, pas plus que des vertus des signes et des planètes, mais seulement à dire comment, l'horoscope étant connu, on déterminait les trois autres centres.

Au premier abord on put croire que ces quatre points sont à 90° l'un de l'autre; mais cela n'a lieu qu'aux instants où les équinoxes sont à l'horizon; en général il n'en est pas ainsi parce que le zodiaque est oblique au méridien; en outre, comme il tourne autour de l'axe du monde, oblique à son plan, certains signes du zodiaque se lèvent plus vite que d'autres, ces mêmes signes descendant au contraire plus lentement lors de leur coucher.

De là un problème qui n'a été bien résolu qu'après l'invention de la Trigonométrie, et qui est intimement lié à un autre dont nous allons parler.

Les pronostics concernant la durée de la vie étaient fondés sur la longueur des arcs du zodiaque en temps, autrement dit sur la vitesse dont ils sont animés par suite du mouvement diurne. Un problème fondamental était donc celui des *ascensions* (ἀναφοραί) des signes du zodiaque, et pour connaître les durées de ces ascensions il fallait projeter les arcs de l'écliptique sur l'équateur : les durées d'ascension étaient dans le même rapport que ces projections. On le voit, les astrologues babyloniens avaient à résoudre le même problème que les astronomes d'aujourd'hui quand ils transforment les longitudes célestes (ou degrés d'ascension oblique) en arcs de l'équateur (ou d'ascension droite); et ils l'avaient résolu d'une manière originale par le moyen des progressions arithmétiques souvent utilisées par eux. Cette méthode, retrouvée sur leurs tablettes, et qui est un des traits originaux de leur Astronomie, avait même passé en Grèce par l'intermédiaire d'Hypsiclès : Nous verrons en quoi elle consiste.

D'autres exemples pourraient montrer encore la profonde influence de l'Astrologie sur les progrès de l'Astronomie; mais il ne paraît pas utile d'insister davantage sur ce sujet.

CHAPITRE IV

LES ANCIENNES COSMOGONIES

A l'origine, les hommes, à la manière des enfants, prêtaient leurs sentiments à tout ce qui est doué de mouvement, aux animaux en particulier. Et, comme ils ne connaissaient pas de loi physique naturelle, ils attribuaient à des êtres invisibles, capables de vouloir et de raisonner, tout phénomène dont ils ne se sentaient pas eux-mêmes la cause.

Aussi chez les anciens peuples, Égyptiens, Chaldéens, Grecs... tout dans la nature était animé, sinon divinisé ; le ciel, les astres étaient mis en mouvement, pensait-on, par des dieux, assujettis cependant à une sorte de fatalité suprême contre laquelle ils n'osaient s'insurger.

Quant aux moyens par lesquels ces astres-dieux effectuent leurs mouvements, c'est toujours le plus apprécié du pays : une barque en Égypte, un char en Chaldée, l'un et l'autre en Grèce.

La Terre, partout entourée d'une mer mystérieuse, d'un fleuve qui sépare le domaine humain de celui réservé aux dieux, est conçue comme une table plate et allongée par les Égyptiens, plate et ronde par les Grecs, tandis que, pour les Chaldéens, elle va en s'exhaussant des bords vers le centre, qui forme ainsi une montagne où l'Euphrate prend sa source.

Sur les bords inaccessibles de la Terre, ou sur de grandes colonnes dont on ne peut approcher, s'appuie la coupole du ciel, toujours supposée de métal, qui réfléchit la lumière solaire pendant le jour et qui, le soir, s'illumine d'innombrables étoiles. A chaque astre est préposé un dieu qui, pensaient les Egyptiens, doit rester éternellement à son poste, sans liberté de s'en éloigner jamais, et sans autre faculté que de remplir à heure fixe la fonction dont il est chargé.

Quant au support commun de la Terre et du ciel, quand il est indiqué, ce sont les eaux éternelles (Chaldéens).

Dès qu'il s'agit d'expliquer les mouvents des astres, on trouve plus de diversité.

I

Mouvements du Soleil. — Explications primitives des éclipses de Soleil. — Le ciel chaldéen, d'épaisseur indéfinie, était supposé creusé d'une grande caverne circulaire qui communiquait avec l'intérieur par deux portes, situées l'une à l'Orient, l'autre à l'Occident. Le Soleil, sur un char traîné par des onagres, entrait chaque matin par la porte de l'Orient, montait vers le Midi, puis descendait à la porte d'Occident, par où il pénétrait dans la caverne qui le ramenait pour le lendemain à la porte du Levant : le disque flamboyant aperçu d'ici-bas par les mortels était une des roues du char.

Pour les Égyptiens, le Soleil était porté par une barque qui voguait sur un fleuve céleste ; et la nuit il devenait invisible, parce qu'il se trouvait dans la partie du fleuve cachée par les montagnes du Nord. Dans le jour, il montait obliquement de l'Orient vers le Sud, puis redescendait du Sud vers le Couchant, mais en restant plus bas en hiver et montant plus haut en été, ce qu'on expliquait par une comparaison prise du Nil : la barque solaire devait toujours côtoyer, disait-on, sur le fleuve céleste, celle des berges qui est la plus voisine des hommes ; or, au moment où ce fleuve débordait, gonflé comme le Nil par la crue annuelle, la barque sortait du lit et se rapprochait de l'Égypte ; puis, au retrait des eaux, la barque se retirait avec elles.

Chez les Grecs, aucun document digne de foi ne permet de remonter au delà de l'époque d'Homère, qui, entre la Terre et la voûte céleste, place la région de l'air, avec les nuages, et, au-dessus, l'*éther*, qui confine à la voûte. Jupiter et les dieux parcourent à leur gré le ciel, c'est-à-dire les hautes régions de l'éther ; c'est là, au-dessous de la voûte solide, que les astres se meuvent : l'Aurore, précédée de l'étoile du matin, est suivie du Soleil qui chaque jour sort à l'Orient du fleuve Océan, atteint au milieu du jour le milieu du ciel, puis redescend vers l'Occident où il se plonge dans l'Océan au-dessous de la Terre. Que devient-il pendant la nuit? Ni Homère, ni Hésiode n'en disent rien, mais Eschyle les complète : chaque nuit, il navigue de l'Ouest vers l'Est, dans une coupe d'or, le long du fleuve Océan.

Les Égyptiens primitifs avaient remarqué les éclipses de Soleil et les attribuaient à un dragon : la barque solaire, entraînée par un courant toujours égal, glissait pacifiquement sur le fleuve céleste. Parfois, cependant, Apôpi, serpent gigantesque, analogue à ceux qui se cachent encore dans le Nil, sortait du fond des eaux et se dressait sur le chemin de Râ, le dieu incarné dans le Soleil ; l'équipage alors courait aux armes, engageait la lutte : tant que le combat se prolongeait, les humains voyaient Râ défaillir, et le Soleil disparaissait ; aussi, quoique fort éloignés, ils cherchaient à le secourir, et, pour cela, comme font encore les peuplades sauvages, ils criaient, s'agitaient, frappaient avec vigueur sur tout ce qui pouvait faire grand bruit, afin d'effrayer le monstre : après quelque temps, le Soleil l'emportait et reprenait sa course, tandis qu'Apôpi se recouchait dans l'abîme.

4.

Mouvements de la Lune, des planètes, des étoiles. — Explications primitives des phases de la Lune et de ses éclipses. — Les mouvements de la Lune, des planètes et des étoiles s'expliquaient, dans chaque contrée, à peu près comme les mouvements du Soleil. En outre, les Égyptiens avaient essayé d'expliquer les phases de la Lune et ses éclipses.

La Lune, œil gauche du dieu Horus, portée par une barque, voguait sur le même fleuve que le Soleil et passait par les mêmes portes franchies par lui le matin et le soir. Elle avait également ses ennemis, qui la guettaient sans cesse : le crocodile, l'hippopotame, la truie. C'était surtout dans son plein, vers le 15 de chaque mois égyptien, qu'elle courait les plus grands périls : la truie, fondant sur elle, la précipitait dans le fleuve, où elle s'éteignait graduellement, et s'y perdait pendant quelques jours ; mais son jumeau, le Soleil, partait à sa recherche et la rapportait à Horus. Ainsi s'expliquaient ses phases, et chacune de ces crises mesurait un mois aux habitants du monde.

Parfois, l'accident était plus grave encore : la truie, profitant d'une distraction des gardiens, avalait gloutonnement la Lune, qui disparaissait rapidement, au lieu de s'affaiblir par degrés. Ces éclipses, qui effrayaient les hommes au moins autant que celles de Soleil, ne duraient jamais bien longtemps, car les dieux obligeaient le monstre à vomir l'œil d'Horus avant qu'il l'eût digéré.

Chez les Chaldéens, mais à une époque bien moins reculée, on trouve une explication scientifique des mêmes phases : ils considéraient la Lune comme un disque arrondi, plat et mince, qui se présentait à la Terre tantôt par la tranche (nouvelle lune), tantôt de face (pleine lune) et graduellement dans les positions intermédiaires.

A quelle époque faut-il faire remonter les idées cosmogoniques primitives qui viennent d'être indi-

quées? Comment se sont-elles transformées ensuite?
Nous ne pouvons répondre à ces questions que pour
les Grecs, chez qui ces idées se modifièrent et prirent
une allure plus scientifique avec la première école
philosophique, celle d'Ionie, où l'on trouve l'idée
d'une explication naturelle et universelle, substituée
aux explications partielles et surnaturelles.

II

LES IDÉES COSMOGONIQUES DE L'ÉCOLE D'IONIE

Dès une haute antiquité, les Grecs formèrent de
très nombreuses colonies, particulièrement sur les
côtes de l'Asie Mineure, de l'Italie (Grande-Grèce) et
de la Sicile.

C'est dans certaines de ces colonies que l'esprit
scientifique et philosophique de la Grèce commença
de se développer, et que naquirent d'abord les premières écoles philosophiques, celles qui, prenant poui
point de départ les conceptions que nous venons d'ex
poser, ou d'autres analogues, créèrent ce que l'on
pourrait peut-être appeler déjà les premières hypo
thèses astronomiques.

La plus ancienne de ces écoles, fondée par Thalès
(env. 639-568 av. J.-C.), est celle d'Ionie ; elle tire ce
nom de la province où se trouve la ville de Milet,
patrie de Thalès, et cette école a compté surtout
des philosophes nés dans la même ville, comme
Anaximandre (610-546 env.), Anaximène, Archélaüs,
ou dans la même région, comme Anaxagore de
Clazomène et Héraclite d'Ephèse.

Il ne reste absolument rien qui émane directement
de *Thalès* : pas un ouvrage, pas un fragment ; et
peut-être n'a-t-il jamais rien écrit. Son enseignement,
comme sa vie, n'est connu que par des traditions.

De son temps, les voyages remplaçaient les livres :

on admet qu'il visita l'Egypte, la Crète et une partie de l'Asie, mais on ignore quelles connaissances il en rapporta. Il est, en Grèce, le fondateur de la Géométrie, de l'Astronomie et de la Physique : en Géométrie, ses connaissances paraissent lui avoir permis de mesurer la hauteur des pyramides par leur ombre.

Il pensait que l'eau avait été l'origine de toutes choses, et il admettait que la Terre entière flotte sur l'eau comme un navire ; les agitations de l'eau causaient les tremblements de terre. Quant aux autres astres, il les croyait de nature terreuse, mais incandescents.

Thalès savait que la Lune est moins éloignée que le Soleil, et qu'elle l'éclipse quand elle passe entre lui et nous. Il savait aussi, dit-on, qu'elle brille d'une lumière empruntée au Soleil et qu'elle s'éclipse dans l'ombre de la Terre ; mais il est bien plus probable que cette découverte fut faite par Anaximène, car elle est inconciliable avec l'hypothèse d'une mer immense dans laquelle les astres se plongeraient à leur coucher.

On peut encore moins ajouter foi à la légende qui fait prédire à Thalès la célèbre éclipse qui mit fin à la guerre des Mèdes et des Lydiens ; il aurait pu faire cette prédiction, a-t-on prétendu, au moyen de la période chaldéenne appelée Saros ; ce que l'on sait à ce sujet ne permet guère d'admettre aujourd'hui cette hypothèse.

Anaximandre, plus jeune que Thalès d'environ trente ans, et son successeur à la tête de l'école d'Ionie, faisait sortir toutes choses d'une substance infinie, étendue, éternelle et divine, intermédiaire entre l'air, l'eau et les autres éléments. La Terre a pour lui la forme d'une pierre taillée en fût de colonne, d'un cylindre terminé par deux faces planes, dont l'une est celle sur laquelle nous marchons. Il imagine cette Terre isolée au milieu de l'Univers, où elle se tient sans support, parce que sa situation est la même par rapport à toutes les extrémités du monde : idée nouvelle, heureuse et hardie, car aucun philosophe n'avait encore considéré la Terre comme isolée et comme n'ayant pas besoin de support.

On a prétendu, mais probablement à tort, qu'Anaximandre faisait mouvoir la Terre autour du centre du monde, ce qui ferait de lui un précurseur de Copernic. Pline lui attribue la découverte de l'obliquité du zodiaque.

Il passe pour l'inventeur des sphères solides dont la conception joua, dans la suite, un si grand rôle dans l'explication des mouvements des planètes.

Anaximène (env. 565 à 500 av. J.-C.), disciple et successeur d'Anaximandre, admet l'air comme principe de toutes choses ; il supporte la Terre qui aurait la forme d'un disque mince et large ; par suite, on peut concevoir que la course quotidienne des astres, au lieu de se briser à leur coucher, s'accomplit tout entière dans un même plan.

Le Soleil, la Lune et les planètes sont pour lui libres dans l'espace, mais leur forme est aussi celle de disques minces, comme la Terre, et, comme elle, flottant dans l'air ; c'est la résistance opposée par l'air à leur mouvement qui courbe leur orbite et leur donne la forme circulaire. Quant au ciel, il le croit de nature cristalline, et les étoiles sont enfoncées dans ce cristal comme des clous d'or, voulant, sans doute, indiquer par là qu'elles occupent toujours le même point du ciel, et que le ciel les emporte dans sa révolution quotidienne autour de la Terre.

Anaxagore, de Clazomène, apporta le premier, d'Ionie à Athènes, la philosophie naturelle ; il compta parmi ses disciples : Périclès, Euripide, et, dit-on, Socrate lui-même ; de sorte que, si la place ne nous était mesurée, il y aurait quelque intérêt à exposer en détail son système, qu'on peut regarder comme le tableau des connaissances astronomiques au siècle le plus brillant de la Grèce.

Il fait la Terre large, mince et soutenue par l'air ; un tourbillon qui l'enveloppe la retient au centre du monde. Le Soleil, la Lune et les planètes sont des masses pierreuses, retenues également par des tourbillons. Il croyait la Lune habitable et comparait sa grandeur à celle du Péloponèse, celle du Soleil étant bien supérieure. Comme sa théorie de l'Univers ignorait le polythéisme hellénique, il fut accusé d'athéisme, quoiqu'il passe pour le premier Ionien qui ait considéré une intelligence divine comme un principe distinct et immatériel. La cause réelle de cette accusation est qu'il avait enseigné à Périclès l'art de gouverner la multitude avec fermeté ; au sein d'une démocratie jalouse, sa liaison avec ce grand homme lui fit de puissants ennemis, et il fut condamné à mort : le crédit de Périclès parvint seulement à changer cette terrible sentence contre l'exil. Anaxagore se retira à Lampsaque, sur la rive sud de l'Hellespont, où il ouvrit une école et où il mourut vers 428 avant J.-C., âgé de soixante-douze ans.

III

L'ÉCOLE PYTHAGORICIENNE

Pythagore, né à Samos vers 580 avant J.-C., entreprit, dit-on, de longs voyages et dépassa tous ses contemporains par sa passion d'apprendre comme par ses vastes connaissances.

Vers l'âge de quarante ans, il fonda à Crotone, dans le sud de l'Italie, une corporation à la fois morale, religieuse, scientifique et politique, dont les membres étaient liés par le secret et par le serment, au moins quant à certaines parties de l'enseignement ; ils se reconnaissaient entre eux à des signes secrets.

Cette association, devenue puissante, rencontra de violentes résistances, surtout démocratiques, et Pythagore fut forcé de s'éloigner : il se retira dans une autre ville de la Grande-Grèce, à Métaponte, où il mourut vers 500 avant J.-C.

Alors, ou dans la suite, la persécution atteignit aussi ses disciples qui furent expulsés ou même massacrés : vers 250 avant J.-C., et même avant, la philosophie pythagoricienne était éteinte en Italie, ou ne s'y maintenait tout au plus que chez quelques individus isolés.

Pythagore n'a rien écrit, non plus que ses disciples immédiats ; et Philolaüs, réfugié en Grèce vers 400 avant J.-C., a écrit le premier ouvrage laissé par un pythagoricien proprement dit ; aussi est-il fort difficile de distinguer ce qui appartient en propre à Pythagore d'avec les idées de ses disciples ; et, dans ce qui suit, on devra constamment avoir égard à cette incertitude. Toutefois, on a des raisons de rapporter à Pythagore lui-même au moins les idées fondamentales du système auquel il a donné son nom.

Pythagore, l'un des premiers, ayant foi dans l'ordre du monde, comprit qu'il faut expliquer par des causes régulières, par des lois constantes, l'apparente irrégularité des phénomènes de la nature : c'est en suivant cette voie nouvelle que ses disciples et les mathématiciens des âges suivants créèrent la science astronomique.

C'est à lui que remonte le principe, si universellement admis ensuite pendant 2.000 ans, jusqu'aux temps modernes, que *le mouvement circulaire uniforme est le plus parfait de tous*, et doit être celui des astres.

Pythagore se représentait le monde comme une sphère. Est-ce de là que vint l'idée de regarder la terre comme sphérique aussi ? du moins on s'accorde à considérer Pythagore comme l'auteur de cette idée géniale, si opposée au témoignage de nos sens, et qui va, avec le principe du mouvement circulaire uniforme des astres, faire naître en Grèce l'astronomie mathématique. Mais il ne faisait pas mouvoir la Terre autour du Soleil, et on peut croire que son système à ce sujet était celui exposé par Philolaüs, son disciple.

Quelques auteurs disent que Pythagore imagina le premier l'*obliquité du zodiaque*. L'expression de *zodiaque* ne peut être celle de Pythagore, puisque de son temps les Grecs n'avaient pas encore noté, sur la route annuelle du Soleil, onze ou douze constellations, rattachées à des figures d'êtres vivants ; sans doute, il faut entendre que le premier, en Grèce, il eut la notion de la route annuelle du Soleil, et qu'en même temps il reconnut son obliquité par rapport aux routes journalières des étoiles. Mais savait-il que cette route est plane ? on peut en douter, puisque Anaxagore, longtemps après, attribuait à la résistance de l'air froid le retour du Soleil vers l'équateur.

Pythagore s'occupa aussi des révolutions lentes des planètes dans le sens opposé au mouvement diurne. Jusqu'à lui, et même longtemps après, les philosophes grecs n'attribuaient au Soleil, à la Lune et aux planètes, qu'un mouvement diurne d'orient en occident, mais un peu plus lent et moins régulier que celui des fixes ; lui les fit mouvoir dans des circonférences parcourues d'un mouvement uniforme, et il considéra les stations et rétrogradations des planètes comme de fausses apparences qu'il s'agissait d'expliquer. On a même prétendu qu'il avait tenté cette explication par le moyen des excentriques et des épicycles ; mais alors le système d'Eudoxe n'aurait sans doute jamais vu le jour : ce perfectionnement, dont il sera question plus loin, est d'origine alexandrine.

Toutefois, les Pythagoriciens, peut-être à l'exemple du fondateur de leur école, sont les auteurs ou au moins les principaux représentants de la théorie des sphères qui va prendre tant d'importance dans l'astronomie grecque.

Pythagore passe pour avoir reconnu que l'étoile du

matin et l'astre du soir sont la même planète, Vénus, et on dit aussi qu'il emprunta cette connaissance aux Égyptiens.

Quant aux distances des astres, il place les étoiles au delà de toutes les planètes, puis, en se rapprochant de la Terre, il adopte l'ordre suivant : Saturne, Jupiter, Mars..., et enfin la Lune, qui était la septième et dernière. Mais sur les rangs assignés par les pythagoriciens à Mercure et à Vénus, dont les révolutions vues de la Terre ont la même durée *moyenne* que celle du Soleil, les témoignages sont discordants : selon les uns, ils plaçaient Mercure et Vénus au delà du Soleil, et en deçà suivant d'autres, comme Pline et Censorin.

Depuis les premières spéculations sur les distances relatives des astres, les planètes ont été supposées généralement d'autant plus éloignées que leur mouvement propre est plus lent; mais Pythagore paraît être le premier qui ait indiqué non seulement les rapports de leurs distances entre elles, mais encore leurs distances absolues. Comme les idées fondamentales de son système étaient que tout est nombre, et que tout est régi par l'harmonie, il avait transporté dans le ciel ce qu'il avait trouvé pour la gamme, et il considéra les sept planètes comme les cordes d'or de l'heptacorde céleste ; il comparait à un ton la distance de la Terre à la Lune et faisait cette unité égale à 126.000 stades; alors les distances des astres dans le système pythagoricien sont celles données dans le tableau suivant :

Planètes	♁	☽	☿	♀	☉	♂	♃	♄	✳
Intervalles en tons . . .	1	½	½	1½	1	½	½	½	
en milliers de stades . . .	126	63	63	189	126	63	63	63	
Distances absolues en milliers de stades.	0	126	189	252	441	567	630	693	756

Les pythagoriciens, qui avaient considéré les cinq solides réguliers, y voyaient des rapports avec la constitution du monde ; ainsi le dodécaèdre serait la forme première de la sphère céleste ; le cube, celle de la Terre : ces idées restèrent aussi extrêmement longtemps dans l'Astronomie et, chose curieuse, elles conduisirent Képler à la troisième de ses lois, celle qui établit la proportion des carrés des temps des révolutions avec les cubes des grands axes des planètes.

L'harmonie des sphères est une partie fameuse du système des pythagoriciens. Ils savaient que tout corps mû rapidement engendre un son ; le même phénomène doit se produire, disaient-ils, pour les corps célestes. Or, ils pensaient que la hauteur tient uniquement à la vitesse du mouvement, et celle-ci, à son tour, à la distance des différents astres ; et, comme les intervalles des astres correspondaient à ceux des sons dans l'octave, on concluait que les astres, par leurs révolutions, produisaient une série de sons constituant une octave, ou, ce qui était la même chose, une *harmonie*. Les sons étaient même très forts et avaient été entendus exceptionnellement par le maître ; pourquoi il n'en est pas de même pour les mortels ordinaires, on en donnait une raison tirée du cas des habitants d'une forge : comme nous entendons le même bruit depuis notre naissance, sans aucune interruption, nous ne sommes jamais en état de le remarquer par le contraste du silence.

Pour compléter ce qui concerne la cosmogonie pythagoricienne, il nous reste à faire connaître le système de Philolaüs qui vivait vers la fin du ve siècle avant J.-C., et qui, le premier, exposa par écrit l'enseignement de l'école italique, jusque-là purement oral : ce système remarquable, qui doit être celui de Pythagore plus ou moins modifié, a été présenté souvent comme identique à celui de Copernic ; même au xviie siècle,

Ismaël Boulliau prétendait enseigner l'*astronomie phi-
lolaïque* en exposant à sa manière le nouveau système
du monde.

IV

SYSTÈME DE PHILOLAÜS

Voici le principe de ce système, d'après les fragments qui nous restent :

Les nombres sont la cause permanente de l'ordre
du monde. L'unité est le principe des nombres et de
tout ce qui existe, et elle est identique à Dieu. Le
monde est un, et le principe de l'ordre qui y règne est
au centre, siège de l'unité. Dieu, ouvrier du monde,
a placé au centre de la sphère de l'univers un *feu*,
dans lequel réside le principe du commandement. Le
nombre *dix*, somme des *quatre* premiers nombres
$(1 + 2 + 3 + 4 = 10)$, depuis *un* jusqu'à *quatre*, est le
nombre parfait, que Dieu fait régner dans tout l'Univers.

En comptant le Soleil, la Terre et la Lune, les
anciens ne connaissaient que huit planètes. Pour compléter le nombre sacré, *dix*, les pythagoriciens y comprennent la sphère des fixes, sur toute l'étendue de
laquelle était répandu le *feu d'en haut*, et imaginent une
anti-terre ou *Antichtone*. Au centre de l'Univers, ils
placent le feu qui, par son action, fait tourner unifor-
nément, et suivant des cercles, d'occident en orient,
les dix corps divins qui occupent l'ordre suivant :

*Antichtone, Terre, Lune... Jupiter, Saturne, Sphère
les étoiles;* la place de Mercure et de Vénus, par rapport au Soleil, reste pour nous toujours incertaine.

On expliquait pourquoi nous ne voyons jamais
l'anti-terre, en admettant qu'elle tourne autour du
feu central dans le même plan et dans le même temps
que la Terre, de manière à se trouver toujours entre
le feu central et nous. En outre, la Terre n'a qu'un
hémisphère habité, et il est opposé à l'Antichtone,

et, par suite, au feu central que, pour cette raison, il n'est pas davantage possible de voir : cela revenait à supposer à la Terre, autour du feu central, un mouvement analogue à celui que la Lune exécute réellement autour de la Terre, c'est-à-dire une durée de rotation sur elle-même égale à sa durée de révolution, soit ici un jour : et ainsi s'expliquait l'apparence du mouvement diurne, la succession des jours et des nuits.

Les saisons s'expliquaient, sans doute, par l'obliquité de la route du Soleil par rapport au plan de l'orbite de la Terre, et, de même, les changements des planètes en déclinaison devaient résulter des obliquités de leurs orbites particulières.

Le Soleil était supposé de nature vitreuse et en forme de globe qui envoyait de toutes parts, et par réfraction, le feu d'en haut, enveloppant l'Univers tout entier : cette manière de concevoir l'action du Soleil ne doit pas étonner chez Philolaüs, car, dès le v⁰ siècle avant J.-C., des verres réfringents étaient d'un usage vulgaire chez les Grecs pour allumer le feu, comme le prouvent divers passages des *Nuées* d'Aristophane.

La Lune était, pour Philolaüs, un corps de nature terreuse, et habitée sur tout son contour par des animaux; ainsi, il ne considérait pas cet astre, comme la Terre, divisé en deux hémisphères placés dans des conditions tout à fait différentes; par suite, il ne devait pas savoir qu'elle a toujours la même face tournée vers nous. Pour ce qui est des animaux lunaires, il leur attribuait quinze fois la grandeur et la force des nôtres; et un autre pythagoricien, Néoclès de Crotone, disait que les femmes de la Lune sont ovipares et quinze fois grandes comme les femmes terrestres : ces idées se rattachaient évidemment à la doctrine de la puissance des nombres, car il faisait le jour lunaire égal à quinze jours terrestres, ce qui tend à prouver qu'il faisait exécuter à la Lune deux rotations sur elle-même pour une révolution autour du feu central. Et cela n'empêchait pas les phases de s'expliquer toujours de la même manière, par la variabilité de position de la Terre par rapport à l'hémisphère éclairé.

Il en était de même pour les éclipses de la Lune, dont Philolaüs et ses disciples connaissaient la cause ; le feu central pouvait intervenir, il est vrai, mais il suffisait de lui supposer une lumière faible, et on avait ainsi l'avantage d'expliquer la lumière cendrée.

Quant aux éclipses de Soleil, on n'attribue à Pythagore, à Philolaüs et à leurs disciples aucune doctrine spéciale.

Dans le système de Philolaüs, le mouvement de la Terre explique la rotation journalière du ciel ; et cependant cette sphère des fixes est animée aussi d'une révolution, qui complète le nombre sacré, et qui paraît inutile. Mais les pythagoriciens doivent avoir envisagé une révolution beaucoup plus lente, imperceptible en comparaison du mouvement diurne. Ont-ils été conduits à cette idée par l'observation ou par des suppositions dogmatiques sur la nature des étoiles ? c'est ce que l'on ne peut décider. Mais ils semblent avoir déterminé une grande année d'après la période attribuée à la révolution de la sphère des fixes.

On a prétendu que cette révolution servait à expliquer la précession des équinoxes ; mais on s'accorde généralement à regarder Hipparque comme le premier qui ait reconnu ce mouvement, apparent aussi, de la sphère céleste.

Ainsi le système pythagoricien expliquait les principaux phénomènes : le jour et la nuit ou la rotation du ciel, les saisons, les phases et les éclipses de la Lune. Mais il soulevait des objections capitales :

La Terre n'étant pas au centre du mouvement, le Soleil, la Lune auraient dû présenter un diamètre apparent variable périodiquement dans l'intervalle d'un jour ; les planètes auraient dû présenter également une variation de même période, tandis que leurs

5.

stations et rétrogradations se produisent à des intervalles beaucoup plus grands. D'après Aristote, les pythagoriciens avaient essayé de prévenir cette objection, du moins pour la Lune, car, disaient-ils, même en supposant la Terre au centre du monde, ses habitants, qui sont à la surface, devraient voir changer son diamètre, lui trouver une parallaxe ; celle-ci peut donc être insensible, quoique nous soyons à une distance du centre égale au rayon de l'orbite de la Terre. Ce faux raisonnement montre que la parallaxe de la Lune passait alors pour insensible, et à plus forte raison celle du Soleil.

Tel est ce célèbre système pythagoricien, où les hypothèses se tiennent et s'enchaînent étroitement les unes aux autres, quoique avec trop peu d'égards pour les phénomènes observés, comme le disait déjà Aristote. Mais en supposant la Terre isolée dans l'espace, il supprime le grand problème tant cherché des Ioniens, celui de la racine de la Terre. Vienne, avec Héraclide du Pont, la suppression de l'anti-terre, l'identification du feu central avec celui de la Terre, alors la succession des jours et des nuits sera correctement expliquée.

En donnant à la Terre une rotation, Pythagore ébranle le préjugé de son immobilité et prépare ainsi la voie des penseurs qui, dans la suite, ont découvert sa rotation annuelle autour du Soleil. Enfin, en posant le principe du mouvement circulaire et uniforme des corps célestes, il va permettre d'appliquer le calcul à la science des astres et faire naître l'astronomie mathématique.

De tels résultats supposent une grande puissance de génie, et le système des pythagoriciens restera une des plus brillantes étapes sur la route qui a conduit à la connaissance de l'Univers.

LIVRE II

LA MESURE DU TEMPS ET LE CALENDRIER

CHAPITRE I

LES GRANDES DIVISIONS DU TEMPS : ANNÉE, MOIS, DÉCADE ET SEMAINE

On a vu comment les premiers bergers et les premiers laboureurs ont pu déterminer approximativement la longueur de l'année. L'exactitude obtenue suffisait pour régler leurs travaux ; mais à mesure que les relations se sont étendues, les besoins sont devenus plus nombreux, et il a été nécessaire de faire des conventions pour compter le temps, il a fallu créer un calendrier. Un tel projet suppose connue une valeur déjà assez exacte de la longueur de l'année, et a dû provoquer les moyens de la déterminer avec plus de précision.

Quels sont ceux qu'on a employés? Si l'on en croit les Chinois, ce serait le gnomon, qui paraît bien être le plus ancien de tous les instruments : Delambre conjecture qu'il put servir du temps de Hoang-Ti (vers 2600 av. J.-C.) pour découvrir la période d'intercalation de dix-neuf ans, et Laplace admet que du temps de Yao (2357 av. J.-C.) on observait les ombres méridiennes aux solstices. Mais les documents chinois sont si suspects, que nous n'insisterons pas. Partout, d'ailleurs, et de tout temps, on a pu noter que le Soleil monte plus haut en été qu'en hiver, et employer les ombres pour suivre commodément sa course.

Le Gnomon. — On appelle ainsi un objet quel-conque, colonne, style, simple bâton placé sur un sol horizontal et pouvant donner une ombre nette.

Suivons d'abord l'ombre d'un bâton vertical A B (fig. 3) dans le cours d'une journée, en marquant de temps à autre l'extrémité de son ombre, en C, D,.... Cette ombre, naturellement opposée au Soleil, se déplace aussi, mais d'un mouvement contraire au sien, c'est-à-dire de l'ouest à l'est ; d'abord fort longue, quand le Soleil vient de se lever, elle diminue graduellement à mesure que le Soleil s'élève, passe par un minimum vers le milieu du jour, quand le Soleil est au plus haut,

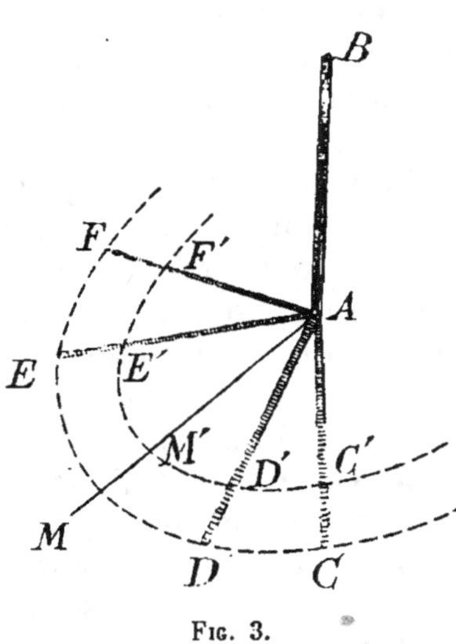

Fig. 3.

puis à partir de là s'allonge peu à peu jusqu'au soir.

A la simple inspection de la courbe CDEF ainsi tracée, on est frappé de sa symétrie ; elle montre que le Soleil en descendant décrit une route toute semblable mais opposée à celle de sa montée, et l'attention est naturellement appelée sur la direction A M de l'ombre la plus courte et qui correspond au milieu du jour.

Répétons la même observation quelques jours après : on obtiendra une nouvelle courbe diurne C'D'E'..... et on verra que la nouvelle ombre minima A M' a la même direction que celle obtenue déjà : d'où la notion de la méridienne, de la ligne nord-sud, connue peut-être déjà par la découverte du pôle.

En suivant pendant assez longtemps l'extrémité de cette ombre méridienne, on l'aura vue osciller entre deux points extrêmes toujours les mêmes, comme les points de lever et de coucher du Soleil, on aura vu que ses stations coïncident avec celles du Soleil, avec les tropiques, et dès ce moment on aura préféré l'emploi du gnomon pour déterminer la longueur de l'année.

Les obélisques auraient, dit-on, servi de gnomon aux Égyptiens ; mais leur forme trop aiguë aurait rendu les observations fort incertaines. On a remarqué, d'ailleurs, qu'ils étaient trop voisins des temples pour servir à cet usage.

Chez les Grecs, l'invention du gnomon est parfois attribuée à Anaximandre (610 à 547 av. J.-C.), mais Hérodote dit que les Grecs le reçurent des Babyloniens : Anaximandre ne fit, sans doute, que l'introduire en Grèce, où il se répandit rapidement pour diviser le jour. Ce n'est qu'un peu plus tard que le gnomon fut employé pour fixer la longueur de l'année, par l'observation des solstices ; on peut penser que Phaeinos, le maître de Méton, utilisa dans ce but la montagne du Lycabette comme un immense gnomon ; mais les plus anciennes observations des solstices qui nous soient parvenues sont celles de Méton, faites à Athènes en 432 avant J.-C., au moyen d'un *héliotropion*, que l'on suppose être une sorte de gnomon avec des repères : ce solstice est le plus ancien point de départ connu ; dès lors, par le fait qu'on suppose constante la longueur de l'année, la durée de celle-ci fut connue avec une précision de plus en plus grande : Hipparque, Ptolémée, les Arabes, etc., n'eurent pas d'autre point de départ plus éloigné à comparer à leurs propres observations. C'est par ces déterminations des solstices que Méton fit, avec Euctémon, cette découverte capitale que les équinoxes et les solstices ne divisent pas l'année en quatre parties égales ; on ne nous dit pas, d'ailleurs, comment ils déterminaient les moments des équinoxes.

Subdivision de l'année : le mois. — L'année, pour la mesure du temps, est imposée par la nature même; mais elle contient un trop grand nombre de jours pour être employée comme unité directe, c'est-à-dire sans quelque sous-multiple ; et, en effet, chez presque tous les peuples on rencontre le *mois*, dont l'origine est visiblement lunaire : sa durée, sensiblement égale à celle d'une lunaison, suffit pour l'indiquer ; d'ailleurs, chez plusieurs peuples le nom même de Lune sert à désigner le mois.

Cela se conçoit aisément, puisque les phases de la Lune, avec la variété d'illumination qui en résulte pendant la nuit, constituent le phénomène astronomique le plus frappant et le plus régulier après le mouvement journalier des astres. Aussi, chez les Indiens d'Amérique, par exemple, on a trouvé que lorsque plusieurs tribus devaient se réunir pour une entreprise commune, le rendez-vous était fixé à une pleine lune désignée longtemps à l'avance.

De ces deux unités, année et mois, quelle est la plus ancienne ? C'est une question à laquelle il paraît impossible de répondre ; et les choses ont dû se passer différemment d'un pays à l'autre, suivant que les saisons se trouvent plus ou moins accentuées. Tantôt l'opposition de la saison froide et de la saison chaude est extrêmement marquée, tantôt, au contraire, la variation des saisons est à peine sensible ; dans ce dernier cas, l'année ne s'imposait nullement : ainsi les habitants de Tahiti, quoique parvenus à un commencement de civilisation, ne mesuraient le temps que par mois.

Subdivision de l'année par les levers et couchers héliaques des étoiles. — Longtemps la subdivision de l'année par mois a été insuffisante, à cause par exemple des intercalations de mois ; aussi a-t-on employé, pour diviser l'année, les levers et les couchers héliaques de certaines étoiles ; c'est ce que firent les Égyptiens, les Chaldéens et plus tard les Grecs : ils distinguèrent un certain nombre de belles

étoiles et observèrent combien de temps elles se
levaient ou se couchaient héliaquement après le commencement de leur année.

Ainsi, en Égypte, on distingua spécialement les
trente-six *décans*, constellations ou étoiles dont Sothis
était la reine : chacun d'eux présidait une décade, et
son lever héliaque se produisait quand cette décade
commençait. On attribuait aussi aux décans un pouvoir mystérieux, et leur rôle a été surtout astrologique, mais ils n'en constituaient pas moins un moyen
pratique de subdiviser l'année.

En Chaldée, il y avait aussi des étoiles indicatrices
des mois, par le moyen de leurs levers héliaques. On
connaît plusieurs listes de ces étoiles, peu en accord
d'ailleurs, ce qui prouverait l'état d'enfance de l'Astronomie quand elles furent dressées ; et cette époque
est certainement antérieure de plusieurs siècles à la
destruction de Ninive, parce que la plus complète et
la mieux ordonnée que nous possédions se trouve
sur une tablette du trésor d'Assurbanipal : elle ne
renferme pas moins de trente-six noms d'étoiles ou de
constellations, soit trois pour chaque mois comme en
Égypte, et elle forme une sorte de figure circulaire à
laquelle on a voulu donner le nom d'*astrolabe ;*
d'autres y ont vu un grossier planisphère.

Chez les Grecs, ce moyen de diviser l'année, par
les levers et couchers héliaques, se trouve déjà dans
Hésiode ; il est donc bien antérieur à la formation
d'un calendrier un peu perfectionné. Plus tard, quand
l'Astronomie fut devenue savante, on distingua entre
les vrais astronomes, qui s'occupent des mouvements planétaires, et ceux qui, à la manière d'Hésiode,
observent les levers et les couchers des astres pour
l'usage des laboureurs et des marins. Mais les indications de ces levers et couchers n'en restèrent pas
moins le fond des parapegmes ou calendriers grecs,
et passèrent de là jusque chez les auteurs latins, où on
les trouve en grand nombre.

La décade et la semaine. — La semaine est aujourd'hui en usage chez presque toutes les nations civilisées. Sa durée de sept jours pourrait être rattachée facilement aux phases de la Lune ; et, à la suite de Bailly, Montucla, Laplace, on a répété longtemps que son usage a été universel chez les peuples anciens. Rien n'est moins exact cependant ; on ne la trouve que chez les Juifs, d'où elle passa chez les Alexandrins. Au contraire, presque tous les anciens peuples, Egyptiens, Grecs, Chinois... comptèrent par périodes de dix jours ou décades.

Ce qui a pu induire en erreur à ce sujet, ce sont les idées superstitieuses attachées partout au nombre 7. A ce point de vue, les Babyloniens avaient une sorte de semaine, mais dont l'usage était limité à certaines personnes ; ainsi les jours 7, 14, 21, 28 de chaque mois étaient considérés comme néfastes ; on devait y éviter certains actes et observer certains rites, comme il est ainsi indiqué au calendrier rituel :

« Le pasteur des grands peuples (c'est-à-dire le roi)
« ne mangera ni viande rôtie, ni pain préparé avec
« du sel ; il ne changera pas le vêtement de son corps,
« il n'endossera pas un vêtement blanc et ne pourra
« faire de sacrifice. Il ne montera pas sur son char
« et ne prononcera aucun décret. Le prophète ne
« rendra pas d'oracle, le médecin ne posera pas la
« main sur le malade. Ce n'est pas un temps pro-
« pice aux exorcismes. »

La même règle s'appliquait au dix-neuvième jour du mois, considéré comme le quarante-neuvième à partir de la nouvelle Lune du mois précédent : ce jour était considéré comme spécialement néfaste, non seulement pour le roi, les prêtres et les médecins, mais pour tous en général. Et, pour éviter ce nombre 19 de mauvais augure, dans les contrats et les actes civils faits à la date du 19, on avait l'habitude d'écrire la date : 20 *moins* 1.

CHAPITRE II

LE CALENDRIER

Quand les hommes veulent mesurer des longueurs, par exemple, ils sont libres de choisir leur unité ; longtemps on a mesuré en toises, aujourd'hui on mesure en mètres ; de simples conventions suffisent pour qu'on puisse s'entendre. Mais il n'en est pas de même pour la durée : le jour et l'année sont des unités imposées par la nature, et il en est en partie de même pour le mois. C'est donc à l'observation qu'il faut demander les rapports de ces unités ; de là, pour la division du temps, autrement dit pour la formation du *Calendrier*, cette longue recherche de périodes luni-solaires, renfermant à la fois un nombre exact de jours, de mois et d'années, et qui pendant longtemps a formé presque toute l'Astronomie des anciens peuples.

Cette question du calendrier est vaste et variée : nous ne la considérons ici que sommairement, dans sa partie astronomique en quelque sorte, et principalement pour montrer, ainsi que nous l'avons déjà dit, que l'étude de l'Astronomie fut imposée par des besoins d'ordre pratique.

Les principaux calendriers se rattachent à trois types : *solaire*, *lunaire*, *luni-solaire*, suivant qu'ils sont basés uniquement sur les mouvements du Soleil, de la Lune, ou sur une combinaison de ces deux mouvements.

L'Histoire nous montre que le genre de calendrier adopté primitivement par un peuple a exercé une grande influence sur le développement de son Astronomie ; avec un calendrier simplement solaire, par exemple, il suffit de connaître approximativement la longueur de l'année pour pouvoir fixer pour une longue période la division du temps ; et de même avec un calendrier purement lunaire il suffit d'avoir une longueur un peu exacte de la lunaison. Mais avec un calendrier luni-solaire, il faut connaître beaucoup plus exactement l'une et l'autre de ces périodes, car la moindre inexactitude se met rapidement en évidence : on en verra un exemple avec le calendrier grec. On peut même dire d'une manière presque absolue que les seuls peuples anciens qui ont adopté un calendrier luni-solaire sont aussi les seuls chez lesquels l'Astronomie se soit véritablement développée.

La période qui règle le retour des saisons est ce qu'on appelle l'*année tropique* : c'est le temps qui s'écoule entre les commencements de deux printemps consécutifs[1]. On la connaît aujourd'hui avec une grande précision et on sait qu'elle diminue de 0^s53 par siècle ; on peut donc la calculer exactement pour des époques très reculées, ce qui permet d'apprécier les valeurs obtenues par les anciens. Sa valeur pour le commencement de 1900 est la suivante :

$$365^j 5^h 48^m 46^s,045 = 365^j,242.199.6$$

De même on connaît la durée théorique du mois lunaire, appelé aussi *lunaison* ou *révolution synodique* de la Lune ; sa valeur est pour le commencement de 1900 :

$$29^j 12^h 44^m 2^s,9 = 29,530.589$$

Les calendriers primitifs ont supposé à l'année des valeurs assez différentes de la véritable. En Égypte,

---

1. Rigoureusement parlant, l'année tropique est le temps qui sépare deux passages consécutifs du soleil *moyen* à l'équinoxe du printemps.

on a cru trouver des traces d'une année primitive de 12 mois, composés chacun de 30 jours, soit pour l'année entière 360 jours, auxquels on ajouta ensuite 5 jours complémentaires ou *épagomènes*.

En Grèce, il paraît en avoir été de même.

Pour Rome, les auteurs anciens disent que l'année de Romulus se composait de 10 mois de 30 ou 31 jours, soit au total 304 ou 305 jours; mais une telle année est tellement inexplicable, qu'on a été jusqu'à dire que l'explication la plus probable est qu'une telle année n'a jamais été employée. On attribue la réforme de ce calendrier à Numa, qui se serait inspiré de ce qu'on faisait en Grèce pour composer une année de 12 mois comprenant 355 jours, avec addition, tous les deux ans, d'un treizième mois intercalaire de 20 ou de 21 jours.

Par contre, les Chinois prétendent avoir connu déjà vers 2600 avant J.-C. l'année de 365 jours $1/4$.

Origine de l'année de 365 jours 1/4. — La longueur de l'année est de 365 jours $1/4$, moins 11 à 12 minutes, qui font un jour en 130 ans; c'est dire que, pratiquement, l'année de 365 jours $1/4$ a pu être considérée par les anciens comme suffisamment précise.

La question a été beaucoup agitée de savoir quel est le peuple qui, le premier, a connu cette durée de l'année; elle paraît tranchée en faveur des Égyptiens. En effet, des documents qui remontent à la XIIe dynastie, vers 3000 avant J.-C., mentionnent les 5 jours épagomènes, de sorte qu'à cette époque reculée la vallée du Nil employait pour le moins l'année de 365 jours. On ne peut dire si l'on y connaissait déjà celle de 365 jours $1/4$, mais un phénomène local, le débordement du fleuve, l'a pour ainsi dire imposée, puisqu'en moyenne il se reproduit tous les ans régulièrement et qu'il présente d'ailleurs, pour les travaux agricoles, une importance absolument capitale.

Les Égyptiens remarquèrent aussi de très bonne

heure que le débordement coïncide à peu près avec le lever héliaque de Sirius ou Sothis, ce qui leur apprit un moyen de fixer la longueur de l'année et de prévoir l'arrivée de l'inondation.

Malgré cela, il est constant que les Égyptiens employèrent toujours, pour les usages civils et religieux, une année renfermant exactement 365 jours, et qu'on appelle une année *vague*; cela s'explique naturellement par le fait que lorsque l'année égyptienne avait primitivement cette durée de 365 jours on y rattacha les fêtes, les cérémonies; et quand on s'aperçut qu'elle n'était pas assez longue, il était trop tard pour y introduire des changements : la religion et les habitudes acquises l'avaient marquée de leur cachet ineffaçable.

D'un autre côté, un pays essentiellement agricole comme l'Egypte ne peut régler ses travaux sur une année de 365 jours, car une telle année anticipe sur les saisons d'environ un jour en 4 ans, d'un mois en 120 ans et, au bout de 700 ans, placerait en hiver les travaux de l'été pour s'accorder de nouveau avec les saisons au bout de 1.460 ans. Aussi admet-on que, concurremment avec l'année civile de 365 jours, on se servait en Égypte d'un moyen pour mettre cette année en concordance avec les besoins de la vie agricole; et ce moyen était précisément l'année de 365 jours $1/4$, réglée sur le lever héliaque de Sothis ou Sirius pour la latitude de Memphis ; de là le nom de période *sothiaque* donné à cette période de 1.460 ans qui ramenait en coïncidence les commencements des deux années civile et agricole.

On sait qu'une telle coïncidence eut lieu en l'an 139 de J.-C.; elle avait donc eu lieu également dans les années juliennes proleptiques — 1322, — 2782, — 4222..... A la première de ces dates (1323 av. J.-C.), le lever héliaque de Sirius était certainement connu, et depuis assez longtemps; aussi on adopte généralement la seconde (2783 av. J.-C.) pour l'époque où les Egyptiens avaient déjà commencé de faire usage de l'année de 365 jours $^1/_4$, réglée sur le lever héliaque de Sirius.

Quant aux subdivisions de l'année agricole, elles devaient se faire au moyen des décans, dont nous avons eu déjà l'occasion de parler.

L'Année chaldéenne. — Les pays qui bordent le Tigre et l'Euphrate paraissent avoir connu l'année de 365 jours $^1/_4$ beaucoup plus tard que les Égyptiens. Tandis que ceux-ci n'avaient aucun égard aux mouvements de la Lune, les Chaldéens employaient un calendrier luni-solaire, et bien longtemps ils rencontrèrent d'énormes difficultés pour le maintenir en accord avec les mouvements du Soleil et de la Lune.

On trouve un calendrier luni-solaire dès les premiers temps connus, dans les pays de Sumer et d'Accad : l'année est divisée en lunes ou mois, ordinairement au nombre de 12, auxquelles on ajoutait parfois une treizième lune intercalaire, afin de maintenir à peu près un moyen accord avec les saisons.

Mais quelle règle suivait-on pour cette intercalation ? A l'origine, on devait avoir recours à l'observation directe de la nouvelle lune, et on faisait sanctionner l'intercalation par décret royal : on connaît un décret de ce genre dû à Hammourabi (vers 2000 av. J.-C.); et il semble bien que l'on procédait encore ainsi du temps de Nabuchodonosor et de ses successeurs, dans le nouvel empire chaldéen, car les deux années consécutives 537 et 536 avant J.-C. furent intercalaires l'une et l'autre.

Toutefois, quand nous parlons d'observation directe il ne faudrait pas croire qu'elle se faisait au moment même, car, pour les besoins de l'administration, le paiement des impôts, etc., le décret qui décidait l'intercalation devait nécessairement être connu assez tôt jusque dans les provinces les plus éloignées. C'était une raison impérieuse de plus, jointe aux besoins astrologiques, pour faire chercher de bonne heure la durée de la lunaison : cette durée étant connue, de l'observation directe d'une nouvelle lune on pouvait déduire les suivantes pendant un temps suffisant, et avec toute la précision nécessaire pour décider s'il y avait lieu ou non à intercalation.

Les Chaldéens s'aidèrent aussi des levers héliaques des étoiles, et, sachant qu'ils reviennent après 365 jours environ, tandis que 12 lunaisons font 354 jours, on pouvait décider s'il y avait lieu d'intercaler un treizième mois. Cela explique une tablette du British Museum commençant ainsi : « L'astérisme Dilgan (la tête du Bélier) fait son lever héliaque au mois de Nisannu, Chaque fois où cet astérisme restera invisible, que son mois soit omis » ; et cela est répété pour les étoiles ou les astérismes correspondant aux autres mois. Cela signifie que lorsque l'étoile ou l'astérisme correspondant à un mois ne devient pas visible dans ce mois, ne se lève pas héliaquement, ce mois conservait son nom, mais n'entrait pas en compte pour un des douze mois de l'année.

Une autre tablette indique, pour la détermination de l'année intercalaire, la règle suivante, qu'il est facile de vérifier : Lorsque le premier jour de *Nisannu* l'astérisme *Mulmul* (les Pléiades) et la Lune se trouvent ensemble, l'année sera commune. Lorsque le troisième jour de *Nisannu*, l'astérisme *Mulmul* et la Lune seront ensemble, l'année sera *pleine*, c'est-à-dire intercalaire. Et cette méthode d'apparence grossière était exacte, pour la latitude de Babylone, pendant un assez grand nombre de siècles avant et après l'an 800 avant J.-C.

C'est seulement sous les successeurs de Cyrus que l'intercalation paraît avoir été soumise à une règle fixe[1].

---

1. Cela paraît en opposition avec le fait bien connu que nous possédons des observations babyloniennes parfaitement datées et remontant à 721 avant J.-C. C'est que les dates de ces observa-

Vers l'an 400 avant J.-C., on trouve à Babylone l'usage du cycle de 19 ans, déjà proposé par Méton. Les Babyloniens l'avaient-ils emprunté des Grecs ? cela est possible, mais peu probable, car ce cycle, abandonné ensuite en Grèce, resta d'un usage constant à Babylone ; aussi à partir de l'ère des Séleucides (311 av. J.-C.) il a été possible de ramener au calendrier julien proleptique toutes les dates babyloniennes échelonnées sur les trois siècles qui ont précédé notre ère ; et il n'en est pas de même pour les dates grecques et romaines de la même période.

Le Calendrier grec. — Les efforts qui ont été faits par les Grecs pour constituer leur calendrier luni-solaire nous sont beaucoup mieux connus que ceux des Égyptiens et des Chaldéens ; et pour eux, surtout, qui longtemps ignorèrent l'Astrologie, on peut dire que la formation du calendrier a été l'origine de leur astronomie ; pour cette raison aussi, ils n'ont considéré longtemps que les mouvements du Soleil et de la Lune.

Chez les Grecs, les mouvements de la Lune servirent, dès l'époque la plus reculée, à subdiviser le temps ; et le *mois* resta toujours pour eux de la plus haute importance, parce que les fêtes, les solennités, étaient réglées sur les phases de la Lune.

D'autre part, la nécessité de prévoir le retour des saisons, tant pour les besoins de la navigation que

tions sont indiquées dans une ère spéciale, celle de Nabonassar, qui n'a peut-être jamais été employée dans les usages civils, mais dans laquelle Hipparque et Ptolémée ont traduit les dates vulgaires de ces observations, au moyen de documents qui ne nous sont point parvenus.

Aussi, retrouvât-on aujourd'hui, dans les tablettes, des observations d'éclipses par exemple, on peut craindre qu'elles soient inutilisables, pour l'astronomie et peut-être même pour la chronologie, parce qu'on ne pourrait en indiquer les dates dans un calendrier continu.

pour ceux de l'agriculture, les obligea nécessairement à mettre leurs mois en harmonie avec la durée de l'année, car on se proposait de faire tomber les fêtes, sacrifices, cérémonies, non seulement dans les mêmes saisons, mais aux mêmes dates des divers mois ; nous allons résumer les efforts prolongés qui ont été faits pour résoudre ce problème astronomique.

Hésiode, on l'a dit, rapporte les travaux annuels des champs aux levers et couchers héliaques des diverses constellations ; ce qui montre l'absence de calendrier, ou pour le moins son insuffisance. On paraît avoir adopté de très bonne heure l'année de 360 jours, et cette année si inexacte serait restée en usage jusque fort tard, car on la trouve mentionnée du temps de Thalès, de Pythagore et même d'Hérodote. Les mois commençaient à la nouvelle lune et furent d'abord tous de 30 jours, c'est-à-dire trop longs de plus de 11 heures. Quoique une telle erreur se mette rapidement en évidence, Solon aurait été le premier à la reconnaître ; peut-être y a-t-il seulement remédié en établissant des mois de 29 jours, qui furent appelés *mois caves*, par opposition à ceux de 30 jours qui furent dits *pleins*.

Il est probable que longtemps on détermina la nouvelle lune, le commencement du mois, par observation directe, mais anticipée peut-être, comme chez les Chaldéens, quand on connut la durée de la lunaison. Et, comme les 12 mois de 30 jours ne formaient pas l'année complète, il fallut intercaler un mois complémentaire au bout de périodes de deux, quatre, huit... ans.

La période de deux ans ou *diétéride* se composait de 25 mois ; on ignore combien de temps elle resta en usage. Il est probable que la concordance avec l'année naturelle était rétablie d'une manière arbitraire, par l'intervention d'un pouvoir législatif ou autre.

Après la diétéride, on employa la *tétraétéride*, période qui devait comprendre à peu près quatre fois

365 jours $^1/_4$; toutefois, on ignore comment elle était exactement constituée ; il n'est même pas certain qu'elle ait été d'un usage officiel.

Dans la suite on répartit trois mois complémentaires sur une période de huit ans ou *octaétéride*, comprenant un total de 99 mois qui étaient alternativement pleins et caves, sauf les trois complémentaires, qui étaient tous pleins. L'octaétéride comprenait donc 2.922 jours, ce qui donne 365 jours $^1/_4$ pour l'année.

Cléostrate de Ténédos écrivit le premier sur l'octaétéride, mais cette période paraît avoir été connue avant l'ère des Olympiades (776 avant J.-C.); ainsi la connaissance de l'année de 365 jours $^1/_4$ remonterait en Grèce au VIIIe siècle avant J.-C. Avait-elle été empruntée à l'Egypte? du moins on a dit qu'elle avait été communiquée à Thalès et à d'autres philosophes voyageurs.

Chez un peuple qui n'aurait pas eu un calendrier luni-solaire, l'octaétéride aurait pu être employée assez longtemps sans erreur bien apparente puisque l'écart, par rapport au Soleil, n'est que d'un jour en 130 ans. Mais en comptant 99 lunaisons dans 2922 jours, on attribuait à la lunaison une valeur trop courte, et la Lune se trouvait en retard par rapport au mois; au bout de 10 octaétérides seulement, le retard était d'environ 15 jours, de sorte que la Lune se trouvait pleine quand le calendrier l'indiquait nouvelle, et les fêtes ne tombaient plus au moment de la lunaison auquel on avait voulu les rattacher.

Cette erreur elle-même faisait connaître la correction qu'il fallait appliquer à la durée adoptée de la lunaison ; le calendrier fut donc réformé encore, et on employa la période de 19 ans ou *ennéadécaétéride*, ordinairement attribuée à Méton.

Cette période célèbre fut-elle connue en Grèce avant cette époque? on l'a prétendu, et on ajoute qu'elle était en usage dès 496 avant J.-C. ; mais alors on ne s'expliquerait pas que 70 ans plus tard le calendrier eût présenté les désordres qui ont excité la verve satirique d'Aristophane.

Il paraît plus probable que cette période de 19 ans ne fut pas en usage dans le calendrier civil avant 330 avant J.-C. ; et cela suffit à juger la valeur de la légende qui montre les Grecs, remplis d'allégresse par la découverte de Méton, faisant inscrire son cycle en chiffres d'or sur les monuments publics.

Le cycle de Méton comprend 6.940 jours distribués en 235 mois, dont 110 sont caves et dont l'ensemble forme 19 années. Son inventeur le fit connaître au public sous forme de *parapegme* ou calendrier, dont il paraît avoir eu le premier l'idée : pour toutes les 19 années de la période, cet ancêtre de nos almanachs indiquait les équinoxes, les solstices, les divers levers et couchers des fixes, la température habituelle, enfin l'ensemble des phénomènes astronomiques pouvant régler la navigation, l'agriculture et l'hygiène.

Ce cycle de 19 ans fait l'année de 365 jours $5/_{19}$ et la lunaison de 29 jours $25/_{47}$, trop longs l'un et l'autre : au bout de cinq cycles, l'erreur sur le commencement du mois atteignait près de 2 jours et devait être rendue sensible aux yeux du public par les phases de la Lune. Aussi Callipe proposa une nouvelle période : il remit l'année à 365 jours $1/_4$, ce qui la rendait de $1/_{76}$ de jour plus courte que celle de Méton, et il proposa une période de 76 ans contenant $4 \times 6.940 - 1$ ou 27.759 jours, avec la même distribution dans les mois, ce qui donnait à la lunaison la valeur beaucoup plus exacte de 29 jours $499/_{940}$. Aussi cette période, qui ne passa jamais officiellement dans les usages civils, fut accueillie avec faveur par les astronomes grecs, qui ont généralement rapporté leurs observations aux années des périodes callipiques : c'est ce que fait Ptolémée, par exemple, et ses données permettent de fixer l'origine de cette période à l'an 330 avant J.-C., le soir du 28 au 29 juin du calendrier julien proleptique.

Dès lors, l'année grecque se trouvait définitivement fixée. Cependant deux siècles plus tard Hipparque trouve que l'année de la période callipique est trop longue de $^3/_{100}$ de jour, de sorte qu'en 300 ans Méton comptait cinq jours de trop et Callipe un. Aussi proposa-t-il une nouvelle période renfermant $4 \times 76 = 304$ ans, 3.760 lunaisons et $27.759 \times 4 - 1$ ou 111.035 jours. Cette période, qui n'a été employée ni dans la vie civile, ni par les historiens ou les astronomes, donne, pour l'année tropique et surtout pour la lunaison, les valeurs, beaucoup plus exactes que les précédentes, de : $365^j 5^h 55^m 15^s$ et $29^j 12^h 44^m 2^s,5$.

Calendrier romain. — On connaît l'inexplicable année que des auteurs anciens attribuent à Romulus. C'est chez les Étrusques qu'il faut aller chercher l'origine du calendrier de Rome : le mot *Idus*, désignant le jour qui partage le mois romain en deux parties égales à peu près, vient d'une racine étrusque signifiant *diviser*; et le mot *Calendas*, nom du premier jour de chaque mois, paraît venir d'une racine analogue.

Le calendrier romain a toujours présenté le plus grand désordre, même après la réforme célèbre de l'an 304 de Rome (450 av. J.-C.), faite par les décemvirs chargés de fixer les principes du droit : ses travaux furent préparés par une commission d'études qui séjourna deux mois en pays grec et qui ramena, pour lui aider, Hermodore d'Ephèse.

Dans la suite, on trouve l'année civile en désaccord complet avec les saisons, et, vers l'an 48 avant J.-C., elle avançait de trois mois pleins sur l'année solaire. C'est alors que César, devenu dictateur, dessaisit les Pontifes du privilège de régler le calendrier, et, avec le secours de Sosigène d'Alexandrie, l'établit sur les bases fixes.

Réforme Julienne. — On n'a pas de renseignements sur les données astronomiques utilisées lors de cette réforme; fut-elle précédée ou accompagnée de quelques déterminations d'équinoxes, de solstices? nous l'ignorons, comme aussi la raison qui empêcha d'adopter la longueur de l'année trouvée par Hipparque. Cette réforme présentait d'ailleurs des difficultés plus grandes qu'il ne paraît au premier abord, car il fallait éviter de heurter les idées reçues et même diverses superstitions. Les mois furent composés du nombre de jours que chacun a aujourd'hui encore, ce qui donne 365 jours à l'année ordinaire. Et, pour tenir compte du quart de jour, on décida qu'une année sur quatre aurait un jour de plus, — que ce jour complémentaire serait ajouté au mois de février, — et enfin placé entre le 23e et le 24e jour de ce mois, afin de ne rien changer à la dénomination des jours qui terminaient ce mois. Comme le 24e jour de janvier s'appelait *sexto-calendas*, le jour complémentaire reçut le non de *bis-sexto-calendas*, d'où est venu celui d'année *bissextile* donné à chaque année de 366 jours.

Réforme grégorienne. — L'année julienne de $365^1 1/4$ était trop longue de $11^m 8^s$, ce qui fait un jour en 128 ans. Par suite, le moment de l'équinoxe arrivait de plus en plus tôt par rapport à un jour de même date de ce calendrier; si, par exemple, une année, l'équinoxe du printemps tombait le 21 mars, au bout de 128 ans il arrivait le 20, et au bout de 2, 3, 4... de ces périodes, il arrivait successivement le 19, le 18, le 17..., de sorte qu'inversement la date du 21 mars s'avançait d'autant vers l'été.

Or, le concile de Nicée, tenu en 325, fixa la fête de Pâques au premier dimanche après la pleine lune qui suivrait le 21 mars, date où tombait alors l'équinoxe du printemps. Par suite cette fête se déplaçait de plus en plus vers l'été ; et en 1582 l'anticipation était de 10 jours : c'est alors que Grégoire XIII décida la réforme qui porte son nom et qui comprit deux parties : 1° la suppression immédiate des 10 jours d'anticipation ; 2° la suppression de la cause de l'anticipation en décidant qu'on enléverait trois bissextiles en 400 ans, savoir les années dont les deux premiers chiffres ne seraient pas divisibles par 4, comme 1700, 1800, 1900, 2100.....

Au lieu de 365ᶨ25, valeur de l'année julienne, l'année grégorienne est de 365ᶨ,2425, peu différente de l'année tropique, mais encore un peu plus longue cependant. Il en résulte que la fête de Pâques s'avancera encore graduellement vers l'été, mais d'une quantité qui n'atteint pas un jour en 4.000 ans. On aurait pu tenir compte de cette différence, qui était connue, en décidant par exemple que les années 4000, 8000..., ne seraient pas bissextiles, mais telle qu'elle est, la réforme grégorienne peut suffire encore pendant un grand nombre de siècles.

L'année grégorienne étant ainsi reliée définitivement au cours des saisons, on aurait pu fixer invariablement la fête de Pâques, et avec elle toutes les mobiles qui en dépendent ; par exemple, on pouvait décider que la fête de Pâques serait toujours célébrée le premier dimanche d'avril ; et ainsi on n'aurait eu à tenir compte que du cours du Soleil, qui règle la saison. Mais on voulut respecter. de très anciens usages, faire tomber la fête de Pâques au voisinage de la pleine Lune, ainsi que l'avait établi le concile de Nicée. En outre, on voulut donner des règles propres à déterminer la lune pascale, les jours de la semaine correspondant à chaque date, etc., sans avoir besoin de recourir aux tables astronomiques ; c'est ce qu'on fit au moyen de diverses périodes alors connues des mouvements célestes, et ainsi on formula les règles du *comput* ou du calcul du calendrier ecclésiastique. Cette partie de la réforme grégorienne, fort complexe d'ailleurs, est aujourd'hui peu connue parce que, en raison de la diffusion des almanachs et des calendriers, elle est devenue généralement inutile.

Un détail à retenir : c'est qu'on voulut éviter l'emploi toujours compliqué, et même incertain parfois, des Tables astronomiques. On aurait pu, en effet, leur demander les moments des équinoxes, des nouvelles lunes, etc., mais on préféra, avec raison, avoir uniquement recours aux mouvements *moyens*, et même à des nombres entiers et assez petits pour être retenus facilement : il est vrai qu'ainsi les résultats obtenus ne sont pas tout à fait d'accord avec les mouvements célestes, mais le désaccord ne peut ni s'accroître longtemps, ni dépasser des limites qui n'ont pas ici d'importance pratique.

Calendrier français. — Ce calendrier, adopté en 1793, avait bien des ressemblances avec le calendrier égyptien : les mois avaient invariablement 30 jours divisés en trois décades, de sorte que la date indiquait immédiatement le jour de la période substituée à la semaine ; après le douzième mois on ajoutait cinq jours complémentaires dans les années ordinaires et six dans les années bissextiles.

L'année commençait le 22 septembre, c'est-à-dire à un équinoxe, et ainsi le commencement de chaque mois coïncidait à peu près avec l'entrée du Soleil dans un des signes du zodiaque.

Les noms des mois offraient des terminaisons uniformes pour une même saison, et changeaient d'une saison à l'autre.

C'étaient là des avantages fort appréciables, mais accompagnés de défauts manifestes : les noms des mois étaient empruntés aux travaux agricoles du climat de la France, de sorte qu'ils auraient formé obstacle à l'adoption universelle de ce calendrier. En outre, l'année devait commencer à l'entrée *vraie* du Soleil dans le signe de la Balance, et on décida que ce moment serait fixé par décret législatif sur l'avis des astronomes : c'était détruire inutilement la facilité et l'uniformité de l'intercalation, et s'exposer d'ailleurs à ce que les astronomes eux-mêmes fussent dans l'impossibilité de fixer le commencement de l'année. Supposons, en effet, que l'équinoxe vrai tombe très près de minuit : en raison de la lenteur du mouvement, certaines tables pouvaient le faire tomber avant, et d'autres, tout aussi bonnes, le faire tomber après. C'est ainsi que déjà en préparant un calendrier pour l'an IV certains astronomes durent demander l'avis du Comité d'Instruction publique pour savoir si l'an III aurait 5 jours complémentaires ou 6.

CHAPITRE III

L'HISTOIRE DE L'HEURE

du gnomon au chronomètre).

La connaissance continuelle de l'heure exacte est pour nous d'une nécessité absolue. Que deviendraient sans elle nos moyens de communication, par exemple? A un degré moindre, mais très grand toutefois, ce besoin a toujours été ressenti : au xvi° siècle l'auteur d'un traité des cadrans solaires prétendait qu'il n'est pas plus possible de se passer de cadran que de boire et de manger.

Tandis que le chant du coq[1] était, dans les sociétés primitives, ce que l'on avait de plus précis pour annoncer l'apparition du jour et le commencement du travail, aujourd'hui nous pouvons connaître l'heure à tout instant, même avec la plus haute précision.

L'Astronomie et la Mécanique ont réalisé cette conquête prodigieuse, qui, outre le temps, a exigé à la fois beaucoup de peine, d'ingéniosité, de génie même : c'est son histoire que nous allons résumer rapidement.

L'homme, qui a tiré des mouvements célestes la longueur du mois et de l'année, a aussi demandé aux astres les moyens de subdiviser le jour et la nuit.

---

1. Souvent le coq jouait un rôle important parmi les personnages des horloges monumentales: c'est peut-être un souvenir du temps où son chant indiquait l'heure aux sociétés primitives.

D'ailleurs il en est encore de même, puisque la marche de la meilleure horloge doit toujours être contrôlée par des observations astronomiques ; et, sans doute, il en sera toujours ainsi, parce que le mouvement du ciel est à la fois ce que nous connaissons de plus régulier et de plus durable.

Comment procédaient les anciens ? Ce qui se passait dans nos campagnes, il y a un demi-siècle, quand les horloges et les montres y étaient peu répandues, peut en donner une idée : le laboureur isolé se réglait le matin sur quelque belle étoile, sur quelque brillante planète pour prévoir l'arrivée du jour ; et ce moyen assujettissant est moins grossier qu'il ne paraît, car toute erreur commise un jour est corrigée dès le lendemain. Aussi, quand il fallait partir en troupe et de grand matin, pour une longue course, chacun savait se trouver exact au rendez-vous, au moins quand les nuages ne cachaient pas les astres. A vrai dire on n'avait pas ainsi ce que nous appellerions l'heure absolue, mais de simples repères qu'il fallait changer fréquemment, et en se reliant de l'un à l'autre par différence.

Dans le jour, il fallait connaître l'heure plus souvent que la nuit ; mais par contre on disposait de moyens plus commodes, dont un paraît avoir été employé partout et le premier de tous : c'est celui que fournissaient la direction et la longueur de l'ombre de quelque objet familier, ce qui a conduit à l'emploi du gnomon.

Division du Jour. — Dans l'intervalle d'un jour entier (24 h.) ou *nyctémère*, comme disaient les Grecs, les premiers peuples ne formaient qu'un petit nombre de divisions, d'ailleurs vagues et qui ne pouvaient bien exprimer le progrès du temps[1] : d'après le *Zend-Avesta*, les anciens Perses y distinguaient cinq périodes :

1. Non seulement la Genèse, mais aussi Homère et Hésiode ne distinguent jamais le temps que d'après l'état du jour : matin, soir...

le temps de l'aurore, compté du milieu de la nuit jusqu'au lever du Soleil ; — le temps du sacrifice, depuis ce lever jusque vers midi ; — la pleine lumière, de midi au déclin du Soleil ; — le lever des astres, du déclin du Soleil à l'apparition des étoiles ; — enfin la récitation des prières, depuis l'apparition des astres jusqu'au milieu de la nuit.

Bien plus tard, les Romains du temps de Varron ne distinguaient encore que sept parties.

A mesure qu'avançait le développement intellectuel de chaque peuple, le nombre de ces divisions allait en augmentant ; mais en général, le lever et le coucher du Soleil en faisaient toujours partie, évidemment à cause de leur facilité d'observation ; aussi trouve-t-on partout une distinction complète entre les divisions du jour et celles de la nuit, distinction qui se retrouve quand apparaît la division en heures.

C'est chez les Accadiens de l'ancienne Chaldée que l'on trouve pour la première fois la division du jour et celle de la nuit chacun en 12 parties, et en toute saison. Pourquoi ce nombre ? On peut en donner diverses raisons, mais toutes problématiques : c'est le nombre de lunaisons de l'année primitive, le nombre de divisions du zodiaque, etc. Quoi qu'il en soit, ce mode de division fut adopté par les Grecs, les Romains, et depuis par toutes les nations civilisées.

Heures temporaires, heures équinoxiales. — La longueur du jour et celle de la nuit changent constamment ; comme on les divisait toujours en 12 parties égales, il en est résulté que ces parties changeaient elles-mêmes de longueur d'un jour à l'autre et d'une nuit à l'autre : on leur donnait le nom d'heures *temporaires* et, dans nos climats, celles des jours de juin étaient plus que doubles de celles de décembre.

Il nous semble que ces heures devaient être très incommodes et qu'on dût apprécier bientôt l'avantage d'heures égales ou, comme on disait, d'heures *équi-noxiales*[1] ; il n'en est rien cependant, et les horloges à poids existaient depuis très longtemps quand les heures temporaires disparurent : au xve siècle encore, tous les soirs, au coucher du Soleil, on modifiait le balancier ou volant de ces horloges pour leur faire diviser en 12 parties égales la durée de la nuit, c'est-à-dire l'intervalle entre le coucher et le lever du Soleil ; et, de même, on modifiait également le même organe chaque matin pour faire marquer aux horloges les heures de jour. Aussi, les almanachs de Regiomontanus annonçaient les phénomènes astronomiques en heures temporaires.

Plus tard, on cessa de modifier ainsi le volant et on prit un terme moyen, mais on mit le commencement des heures au coucher du Soleil ; et comme ce moment change suivant les saisons, on en tint compte en déplaçant l'aiguille, unique à l'époque, sur son cadran : c'est ce qu'on appelait *faire sauter l'heure*.

Le problème de la connaissance de l'heure se compose de deux parties bien distinctes, savoir : la *détermination* de l'heure à un moment donné, puis sa *conservation*. Celle-ci est surtout du ressort de la Mécanique, et nous ne pouvons nous y arrêter bien longuement. Quant à la première, la difficulté qu'elle présentait chez les anciens se trouvait bien plus grande la nuit que le jour.

Nous avons vu que le mouvement des ombres produites par le Soleil a dû être le premier moyen employé pour diviser le jour, ce qui a conduit successivement à l'emploi du gnomon puis du cadran solaire ; ces deux instruments, si longtemps employés, pourraient d'ailleurs rendre encore des services si la

---

1. Au moment des équinoxes le jour et la nuit sont égaux, et, par suite, leurs douzièmes aussi, de sorte que les heures équinoxiales sont identiques à celles que nous employons encore.

Mécanique n'avait mis à notre disposition des moyens extrêmement commodes d'avoir l'heure en tout temps.

La détermination de l'heure pendant la nuit chez les anciens. — Partout, c'est par le mouvement des étoiles qu'on a d'abord déterminé l'heure pendant la nuit. D'une manière générale, il est facile de comprendre qu'en notant les étoiles qui se lèvent l'une après l'autre à l'Orient, on pouvait en choisir d'assez également espacées pour diviser la nuit en intervalles à peu près égaux : pour reconnaître cette égalité, on a disposé de bonne heure de la clepsydre par exemple, et cette méthode fut employée par les anciens Chaldéens comme par les Égyptiens sous les pharaons. D'ailleurs, on rencontre ici un problème qui se présente également dans la division de l'année par les levers héliaques des étoiles, de sorte que sans doute les mêmes étoiles furent employées souvent dans les deux cas, division de l'année et division de la nuit.

Les couchers des étoiles pouvaient servir de même pour connaître l'heure ; et on pensa, naturellement, à noter les levers et couchers d'autres étoiles, se produisant au même moment que ceux des étoiles choisies primitivement pour diviser la nuit : par ce moyen, on augmentait les chances de voir les unes quand les autres étaient cachées. De là l'usage de ces levers et couchers simultanés, auxquels les Grecs donnaient le nom de *Phénomènes* et qui étaient si connus chez eux.

Voyons quelles données l'antiquité nous a conservées sur ces pratiques.

Pour les Grecs, un passage de Xénophon nous apprend que, du temps de Socrate, la détermination de l'heure pendant la nuit au moyen des étoiles était chose populaire, et qu'il était facile de l'apprendre des chasseurs de nuit, des pilotes et de beaucoup d'autres personnes. Le procédé était donc connu depuis longtemps ; on pourrait même en trouver des traces jusque dans l'*Odyssée* : avec les seules constellations équatoriales citées par Homère, un œil exercé, connaissant d'ailleurs la direction du Nord, pouvait assurément avoir l'heure à peu près pendant la nuit.

Puisque ces pratiques étaient courantes, elles durent être fixées et écrites de bonne heure, en vers didactiques sans doute, suivant l'habitude d'alors. Cependant, l'ouvrage le plus ancien qui nous soit parvenu, et où ce sujet soit traité, est un poème d'Aratus intitulé *Phénomènes*, et dans lequel il a versifié deux ouvrages d'Eudoxe donnant la description de sa sphère. Eudoxe (Aratus), qui paraît avoir écrit pour l'usage des marins, traite fort au long des levers et couchers simultanés des étoiles, et de leur emploi pour reconnaître l'heure pendant la nuit.

Plus tard, sous le nom de *Sphères d'Aratus*, et pour l'usage des navigateurs, on construisit des globes dans le même but ; ces globes, ou les descriptions qui les remplaçaient, furent améliorés par Hipparque dans un Commentaire sur Aratus, où il se propose particulièrement d'indiquer les étoiles qui déterminent les 24 espaces horaires ; et, en effet, il fait connaître une série d'étoiles dont les ascensions droites respectives sont 90°, 105°, 120°... Les marins, pour qui Hipparque paraît avoir travaillé spécialement, eurent ainsi entre les mains une sphère plus exacte, et les astronomes purent dès lors connaître, à quelques minutes près, l'heure d'un phénomène observé pendant la nuit : on n'avait jamais eu aussi bien et les Grecs n'eurent jamais beaucoup mieux.

Ptolémée indique un autre moyen de savoir l'heure : c'est l'emploi des passages d'étoiles au méridien[1] ; mais il n'indique pas le procédé à employer pour connaître

---

1. Les peuples de l'extrême Nord, dans l'obscurité continue de leurs hivers, n'ont que les inclinaisons des diverses constellations pour distinguer midi de minuit.

ces passages. Cette manière de procéder, qui est celle des astronomes d'aujourd'hui, a sans doute été imaginée par Hipparque. Il paraît que les Chinois l'avaient imaginée aussi de leur côté, et l'avaient substituée à l'observation des levers, souvent obscurcis par la brume.

Enfin, à partir d'Hipparque, on employa une troisième méthode, celle des *hauteurs*, qui est, en quelque sorte, intermédiaire entre celle des passages méridiens et celle des levers et couchers. Cette méthode, utilisée encore journellement par les navigateurs parce qu'ils ne peuvent reconnaître exactement le méridien, est basée sur l'observation de la *hauteur* d'une étoile connue, prise au moment où elle varie rapidement : connaissant la place de l'astre sur la sphère, ou ce qu'on appelle ses coordonnées, ainsi que la latitude du lieu, on peut calculer le temps que l'astre mettra pour atteindre le méridien; or, l'heure du passage de cet astre au méridien résulte de sa position, de son ascension droite, qui est connue : par simple différence on conclura donc l'heure à laquelle la hauteur a été prise.

Cette méthode exige plusieurs connaissances qu'on n'avait que très imparfaitement avant Hipparque :

1° Le moyen de calculer un triangle sphérique déterminé, ce qui exige la trigonométrie; auparavant, on ne pouvait faire cette résolution que par une méthode graphique, au moyen d'une sphère matérielle;

2° La position de l'étoile considérée; on vient de dire que ces positions furent beaucoup améliorées par Hipparque;

3° On manquait d'un instrument commode pour prendre les hauteurs; en créant son astrolabe planisphère, employé comme simple cercle divisé suspendu à la main, Hipparque combla cette lacune et acheva de résoudre la question de la détermination de l'heure pendant la nuit.

La même méthode des *hauteurs* s'applique d'ailleurs pendant le jour quand on connaît le lieu du Soleil, et Hipparque, le premier, calcula les tables de son mouvement.

Dès lors, les méthodes mêmes qu'on emploie encore aujourd'hui pour déterminer l'heure étaient créées : ce sont la méthode des hauteurs, appliquée surtout en mer, et l'observation des passages méridiens, qui est celle des Observatoires.

Mais si les principes étaient posés, les instruments laissaient beaucoup à désirer : sur mer, on employa l'astrolabe, l'anneau astronomique, l'arbalète ou bâton de Jacob, jusqu'à ce qu'enfin l'invention du sextant vint fournir un moyen facile de viser à la fois l'astre et l'horizon.

Pour l'heure à terre, on employa le quart de cercle, perfectionné peu à peu jusqu'à l'application des lunettes, et qui donnait beaucoup de précision par la méthode des hauteurs correspondantes : nous reviendrons sur tous ces instruments.

Moyens employés pour conserver l'heure. — On employait les clepsydres, dont il sera question plus loin, et qui étaient, en général, des appareils de grandes dimensions. Réalisés en petit, ils manquaient de force motrice suffisante, et, au Moyen Age, on chercha d'autres moyens de conserver l'heure. Dans les cloîtres, c'est ce que faisait le *significator horarum* en comptant les prières qu'il récitait; puis on essaya de moyens mécaniques actionnés par des poids : cette innovation est attribuée à Pacificus, archidiacre de Vérone (776-844), mais il l'avait seulement perfectionnée, sans doute, puisqu'en 757 le pape Paul Ier avait adressé une horloge de ce genre au roi Pépin. Gerbert, moine d'Aurillac, plus tard Sylvestre II, en avait construit une à la fin du xe siècle, mais on n'est pas certain qu'elle eut un régulateur ou volant.

Pour empêcher, en effet, le poids de descendre

trop rapidement et avec une vitesse variable, on imagina d'adapter une barre horizontale que l'appareil faisait osciller, par le moyen d'une *roue d'échappement* : c'était un balancier horizontal. Et, vers la fin du xiiie siècle, on trouve, dans beaucoup de villes, des horloges de ce genre, à poids et à volant : celles de Westminster, de Strasbourg, du palais à Paris, de Courtrai, etc., sont célèbres.

Concurremment avec ce moyen, un autre fut employé au Moyen Age pour mesurer le temps. Déjà Ibn-Younis, astronome arabe du Caire, au commencement du xie siècle, avait observé, dit-on, qu'un corps suspendu à une corde donne des oscillations de durée à peu près égale.

Certains astronomes employèrent ce moyen pour garder le temps : au moment où l'on observait la hauteur d'un astre, ce qui fixait l'heure pour cet instant, on commençait de compter les oscillations ; puis, les observations terminées, on prenait de nouveau hauteur, et par ce moyen on pouvait avoir l'heure à un instant quelconque de l'intervalle, subdivisé régulièrement par les oscillations. Le procédé était exact mais fort laborieux : les oscillations s'arrêtaient assez vite, mais il suffisait de donner une impulsion, de temps à autre, quand le corps oscillant arrivait au bout de sa course; le plus pénible était de bien compter les oscillations sans se tromper.

En 1612, le médecin italien Sanctorio (en latin Sanctorius) imagina de faire compter les oscillations par le poids oscillant lui-même : pour cela, il remplaça la corde (excepté la portion voisine du point de suspension) par une tige rigide qui rencontrait un index et le faisait avancer d'une division à chaque oscillation : on n'avait plus qu'à donner une impulsion convenable à ce balancier quand il était près de s'arrêter.

Galilée, qui s'était beaucoup occupé du pendule dans sa jeunesse, et qui l'avait même employé pour

compter les pulsations des patients, reprit, sur la fin
de sa vie, en 1649, les essais de Sanctorius, imagina une
combinaison où le balancier était aussi peu influencé
que possible, et construisit un *numeratore del tempo*.
Mais le problème ne fut définitivement résolu que
par Huyghens qui, réunissant le principe de Sanctorius à celui des horloges à échappement, imagina,
en 1656, d'entretenir le mouvement du pendule par
l'échappement lui-même : la solution que nous
employons encore aujourd'hui pour conserver l'heure
était dès lors réalisée.

La nouvelle invention présentait cependant deux
inconvénients, relativement petits, il est vrai :

La durée d'oscillation du pendule varie légèrement
avec son amplitude, c'est-à-dire avec la grandeur de
l'arc parcouru par le corps oscillant ; — elle change
aussi avec la température, qui fait varier la longueur
de la tige de suspension.

Pour remédier au premier inconvénient, Huyghens
imagina son pendule à cycloïde, qui ne se répandit
guère : on préféra ne faire décrire que de petits arcs,
en les conservant aussi égaux que possible, comme
on fait aujourd'hui.

Quant à l'influence de la température, elle avait été
remarquée déjà par Wendelin, qui trouvait les oscillations plus nombreuses en hiver qu'en été : on y a
remédié par les pendules où les inégales dilatations
de deux métaux agissent en sens contraires : Graham
inventa la compensation à mercure, J. Harrisson le
pendule à gril, J. Leroy et d'autres des dispositions
analogues.

L'échappement a été perfectionné aussi, de manière
à n'agir sur le pendule que le moins possible d'abord,
et ensuite au moment où son action est le moins nui-
sible, c'est-à-dire quand la vitesse du pendule est
maxima. C'est ainsi que l'on est arrivé à construire
ces chefs-d'œuvre d'horlogerie qui, entre deux déterminations astronomiques de l'heure séparées par un

intervalle de plusieurs jours, peuvent donner l'heure à tout instant à moins d'un dixième de seconde de temps.

Pour obtenir cette extrême précision, il faut avoir égard aux plus petites influences perturbatrices, par exemple aux changements de la pression atmosphérique indiqués par le baromètre, car il en résulte une influence qui monte à $0^s,04$ par jour et par centimètre de pression sur un pendule à seconde.

Souvent on se borne à tenir compte par le calcul de cette cause de changement, mais parfois on emploie des dispositions où un baromètre lui-même agit convenablement sur le balancier. D'autres fois on place l'horloge dans une enceinte où la pression est automatiquement maintenue constante, ou même dans le vide; et alors on demande à un courant électrique, soit de remonter l'horloge, soit d'entretenir le mouvement du pendule ou la constance de la pression.

Horloges de petite dimension : montres et chronomètres. — Les horloges à poids moteur ne pouvaient pas être transportées; aussi pensa-t-on à remplacer le poids par un ressort moteur : on trouve mentionnés en 1493 ces petits appareils dont on ignore l'inventeur et qui furent l'origine de nos montres.

Des horlogers de Nuremberg acquirent dans cette fabrication une grande réputation, et, en raison de leur provenance et de leur forme, les horloges de poche portaient le nom d'*œufs de Nuremberg* : leurs roues étaient en acier.

Ces appareils n'avaient qu'une seule aiguille, celle des heures, comme d'ailleurs les grandes horloges de l'époque. On s'attacha aussitôt à réduire leurs dimensions : dès 1542, on parle d'une montre à sonnerie enchâssée dans une bague.

Le ressort moteur, enroulé en spirale, agissait très inégalement, son action étant beaucoup plus forte quand il venait d'être enroulé, quand on venait de remonter la montre : un génie inconnu inventa la *fusée*, au moyen de laquelle ce ressort agit sur un bras de levier de longueur régulièrement variable, de sorte que son action est rendue toujours égale.

Quant au balancier, qui dérivait du volant des grandes horloges de l'époque, il était très imparfait aussi, quand, dans la seconde moitié du xviie siècle, Huyghens, Hooke et l'abbé de Hautefeuille eurent l'idée de le relier au rouage par l'intermédiaire d'un ressort bien flexible, le ressort spiral de nos montres; aussi l'instrument ainsi constitué fut appelé d'abord une *pendule à spirale.*

Les montres marines. — Dès lors, la marche des montres était assez exacte pour les besoins ordinaires; mais leur emploi dans la marine les fit porter à un degré de perfection beaucoup plus grand.

Nulle part la mesure du temps n'est plus nécessaire que sur un navire, afin de se guider sur une surface où le ciel seul offre des repères, — des repères qui sont mobiles, mais dont le mouvement est d'une régularité parfaite.

Pour cette mesure, les navigateurs n'eurent longtemps à leur disposition que des clepsydres, des sabliers ou même des mèches se consumant lentement, et sur lesquelles des nœuds marquaient des intervalles de temps. Aussi dut-on utiliser de bonne heure les nouvelles horloges portatives, les montres; cependant Barentz passe pour en avoir fait usage le premier dans la navigation, en 1596.

Depuis près d'un siècle (1510), depuis Alonzo de Santa Cruz, et Gemma Frisius ensuite (1530), on savait que le transport de l'heure peut servir à déterminer la longitude; mais Pierre Krüger appliqua le premier cette méthode en 1615, en transportant une montre de Kœnigsberg à Dantzig. Cependant les montres portatives, ou à ressort moteur, ne devaient guère remplir cet objet, puisque en 1664 on fit des essais sur deux horloges d'Huyghens à poids moteur, mais réglées par un balancier à spiral.

On sentit bientôt cependant que les horloges portatives pouvaient résoudre le problème capital des longitudes, pour lequel tant de prix avaient été proposés. Et ainsi en 1765 un charpentier de village, devenu un très habile horloger, J. Harrisson, reçut du Parlement d'Angleterre un prix de 250.000 francs pour une montre qui avait donné assez exactement la longitude de la Jamaïque.

En France, divers prix avaient été proposés aussi, par exemple par Louis XIV en 1668. L'Académie des Sciences, de son côté, mit au concours pour 1767, *la meilleure manière de mesurer le temps à la mer*. Le prix fut remis, décerné en 1769 à P. Leroy, puis la même question fut proposée de nouveau pour ouvrir le concours à des artistes qui n'avaient d'abord pas disposé d'assez de temps. Cela produisit entre les horlogers une émulation extraordinaire, et d'autre part plusieurs navires furent équipés successivement, parfois par de simples particuliers, pour éprouver les instruments présentés au concours; c'est ce qui mit surtout en évidence deux artistes de premier ordre, P. Leroy et F. Berthoud, et dès lors la construction des chronomètres avait atteint à peu près la précision d'aujourd'hui : le problème tant cherché des longitudes en mer était résolu d'une manière simple.

Que de chemin parcouru ainsi, depuis les Anciens, à la fois dans la détermination de l'heure et dans les moyens de la conserver! Il semble que l'on ne peut guère aller plus loin ; mais il restait à répandre l'heure partout, et c'est ce qui a lieu aujourd'hui. Dans les Observatoires d'abord, au moyen de l'électricité on est parvenu à faire marquer, par diverses horloges, exactement l'heure d'une même pendule, la meilleure ; puis ce procédé a été étendu à des villes comme

Paris, où tout le monde connaît les centres horaires ; enfin à des pays tout entiers.

On ne pouvait ainsi, avec des fils électriques, atteindre les navires en mer ; mais voilà que la télégraphie sans fil vient de combler cette lacune, et maintenant l'heure est distribuée sur des océans entiers, sans compter les plus arides continents, par des ondes électriques qui, bientôt sans doute, couvriront la Terre entière : pour l'homme, aucune conquête n'a été plus complète que celle de l'heure.

8.

LIVRE III

LES INSTRUMENTS ET LES MOYENS D'OBSERVATION

CHAPITRE I

LES INSTRUMENTS PRIMITIFS

Gnomon. — Le gnomon, que nous connaissons déjà, paraît être incontestablement le plus ancien de tous les instruments employés pour suivre les mouvements des astres : il est partout cité avant tous les autres, chez les Chinois comme chez les Chaldéens, chez les Grecs comme chez les Incas. Il est d'ailleurs le plus simple, et son usage est à la fois si général et si naturel qu'il se trouve, en quelque sorte, indiqué par la nature même.

Nous ignorons quel usage en ont fait les Égyptiens; et nous avons dit que leurs obélisques ne pouvaient guère servir de gnomons, étant pour cela trop rapprochés des temples, et d'ailleurs trop aigus pour donner une ombre bien terminée.

Les Chinois prétendent l'avoir employé déjà du temps de Yao, vingt-quatre siècles avant notre ère, et leurs livres rapportent des longueurs d'ombres solsticiales faites 1.100 ans avant J.-C.

L'horloge d'Achaz (720 av. J.-C.) était peut-être un gnomon, et Hérodote (II, 109) dit que les Baby-

Ioniens le firent connaître aux Grecs : ce fut sans doute Anaximandre qui l'introduisit en Grèce, car l'invention lui en est parfois attribuée.

Dès lors, cet instrument se répandit dans tous les pays grecs : vers 320 avant J.-C., Pythéas l'employait à Marseille, où plus tard Gassendi et de Louville répétèrent sa célèbre observation ; et du temps d'Eratosthène l'observation des ombres du gnomon était familière dans toutes les cités grecques.

Cet instrument, merveilleux de simplicité, a joué en Astronomie un rôle très important jusqu'à une époque bien voisine encore de la nôtre, mais après avoir subi divers perfectionnements successifs, afin d'obtenir une ombre mieux terminée.

Un coup d'œil jeté sur la figure 4 montre que l'ombre du gnomon AB donnée par le Soleil SS' se terminera en C', qui correspond visiblement au bord supérieur S' du Soleil, non au centre, et que l'espace CC' sera couvert par la pénombre qui empêchera l'ombre d'être nettement terminée.

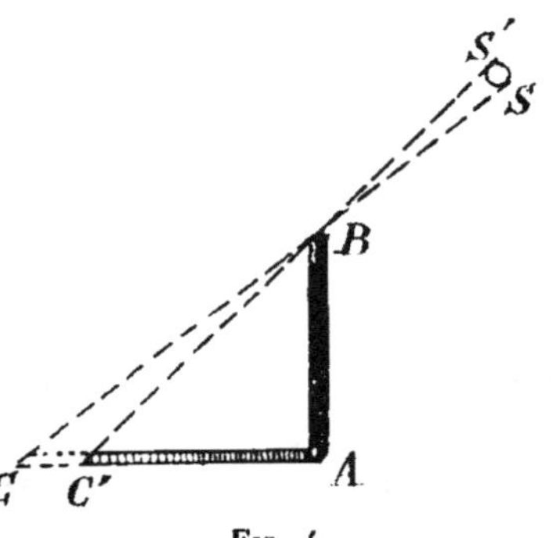

Fig. 4.

Cet inconvénient fut évité en surmontant le gnomon d'une boule : l'ombre du centre de la boule correspond sensiblement au centre de l'ombre et au centre du Soleil : on trouve cette forme de gnomon avec boule terminale sur des médailles de l'époque de Philippe de Macédoine ; et cette disposition, qui fut commune à Rome, dut y être introduite par Ménélaüs à qui on attribue souvent ce perfectionnement.

De leur côté, les Arabes évitèrent le même inconvénient par l'emploi d'un trou rond, terminant le gnomon, et donnant une image du Soleil dont le centre correspond bien à celui du centre de l'astre :

ce perfectionnement est attribué à Ibn-Younis, et il passa des Arabes aux Persans qui le firent connaître aux Chinois ; leur célèbre astronome Co-chéou-King, vers 1278, l'employa pour des observations solsticiales qui ont été utilisées par Laplace.

Sous cette forme plus économique, le gnomon se répandit beaucoup au Moyen Age, principalement dans les églises, à cause de la solidité de leur construction et de l'utilité de l'instrument pour établir les bases du calendrier.

La précision fournie par le gnomon paraît augmenter avec la longueur de l'ombre, par suite avec la hauteur du gnomon ; aussi en construisit-on qui avaient jusqu'à 100 pieds (30 mètres) de haut ; mais alors l'image du Soleil est mal terminée à cause de la pénombre : c'est pour éviter cet inconvénient qu'après la découverte des lunettes le simple trou terminal fut remplacé par des objectifs, que l'on mettait en place principalement aux solstices, et qui donnaient une image du Soleil bien mieux définie : c'est la dernière forme sous laquelle fut employé cet instrument. Aujourd'hui les objectifs ont généralement disparu, mais souvent les autres parties subsistent encore ; on peut en voir de bien conservées à l'église Saint-Sulpice de Paris.

A l'origine, le gnomon doit avoir été employé surtout pour diviser le jour ; aucun phénomène, en effet, n'est, plus que le mouvement des ombres solaires, en relation avec l'heure du jour ; et c'est ce qui explique pourquoi on le trouve partout, jusque chez les Incas, les Mayans et les Aztèques. Mais, en y regardant de près, il est difficile d'en tirer immédiatement des indications précises : ni la longueur, ni la direction de l'ombre ne sont les mêmes pour une même heure, considérée en des jours différents. Lors donc que dans les *Harangueuses* d'Aristophane, deux personnages se donnent rendez-vous pour l'instant où l'ombre aura dix pieds, cette indication n'a de valeur qu'en ce moment de l'année; dans une autre saison il aurait fallu convenir d'une autre longueur, du moins pour avoir la même heure. Aussi avait-on dressé des sortes de barèmes qui, mois par mois, donnaient la proportion de l'ombre aux différentes heures : chaque localité importante avait le sien, et son usage était courant à Rome au temps de la décadence de l'empire.

Cela devait rendre incommode l'emploi de gnomons de diverses longueurs; aussi, en Chine la loi avait fixé cette longueur uniformément à huit pieds.

Ces inconvénients du gnomon à style vertical firent sans doute chercher une forme plus avantageuse, et ainsi dut se faire insensiblement le passage au gnomon à style incliné vers le pôle, devenu ensuite le cadran solaire, où on n'a plus à considérer la longueur de l'ombre, mais seulement sa direction : les heures sont ainsi marquées toujours commodément.

Cadrans solaires. — Si l'horloge d'Achaz n'était pas un gnomon ordinaire, on peut faire remonter l'invention des cadrans solaires au VIIIᵉ siècle avant J.-C. D'après Hérodote (II, 109), l'invention en serait due aux Babyloniens. Anaximandre est donné pour en avoir construit un à Sparte, et Phérécyde un autre à Scyros, mais il y a peut-être là quelque confusion, d'ailleurs bien facile, avec le gnomon, car, d'un autre côté, on dit que c'est sous l'administration de Périclès que le premier cadran solaire fut installé à Athènes, dans le Pnyx, près du lieu où se tenaient les assemblées.

Rome n'eut son premier cadran qu'après la seconde guerre punique (environ 200 ans av. J.-C.) : on l'avait enlevé à Catane, et, par suite, en raison de la différence des latitudes, il ne donnait pas exactement les heures de Rome; ce ne fut que 164 ans avant J.-C. que le censeur Q. Martius Philippus fit construire le premier cadran dressé pour Rome même.

Quelle fut la première forme du cadran solaire? Plusieurs conjectures autorisent à penser que ce fut celui qui est connu sous le nom de *Polos* ou de *Scaphé*. Hérodote dit, en effet, que les Grecs reçurent le cadran solaire des Babyloniens. D'autre part, le nom de scaphé signifie *barque* et on peut supposer, en effet, que l'on songea bientôt à relever les bords de la surface qui recevait l'ombre du style. Aussi a-t-on conclu que le Polos consistait en une portion de sphère concave, avec un style dont l'extrémité arrivait exactement au centre de la sphère. D'ailleurs un tel instrument, contre-partie de la voûte céleste, est, en effet, le cadran le plus simple, le plus naturel; il ne suppose aucune connaissance mathématique, et, pour l'imaginer comme pour le décrire, il suffit d'avoir une idée nette du mouvement sphérique du ciel.

Le cadran solaire se répandit rapidement et sous des formes diverses. On en construisit de grandes dimensions, et Athènes possède encore sa *tour des vents*, de forme octogone, et dont chaque face portait un cadran solaire. La construction des cadrans devint un art sous le nom de *Sciatérique* ou de *Gnomonique*, et qui fut poussé à un haut degré de perfection déjà chez les Grecs. Les Arabes construisirent aussi de très grands cadrans et, jusqu'à l'époque où les lunettes furent appliquées aux quarts de cercle, les cadrans pouvaient rivaliser avec tout autre instrument pour donner l'heure pendant le jour : l'Académie des Sciences de Paris, à sa naissance, en 1666, s'en servait concurremment avec les horloges. Enfin, aujourd'hui encore, on construit de petits cadrans à lentille, dérivant du Polos, avec surface sphérique mobile autour de l'axe du monde, et ils peuvent donner l'heure avec toute la précision utile aux usages ordinaires, soit à moins d'une minute près.

Clepsydres. — L'invention des clepsydres a été attribuée au fabuleux Hermès Trismégiste des Égyptiens : c'est dire qu'elle remonte à l'antiquité la plus reculée, et que son véritable inventeur est inconnu. Il en résulte que l'ecoulement de l'eau est le premier moyen mécanique employé pour mesurer le temps : on en trouve des traces chez les Egyptiens de la XIXe dynastie, quinze siècles, avant notre ère, et chez les Chinois, dès le XIIe siècle avant J.-C.

On pense que les Babyloniens s'aidèrent de clepsydres pour diviser le tour du zodiaque en douze parties égales, et on a prétendu que Thalès avait employé les clepsydres pour mesurer les diamètres du Soleil et de la Lune, par le temps qu'ils mettent à se lever ou à se coucher : à cause de l'obliquité de la route de ces astres, un tel procédé ne pouvait donner de précision.

Déjà, dans l'antiquité, les clepsydres reçurent des formes et des dimensions très variées; Ctésibius s'est rendu célèbre par la construction de ces appareils, dont certains devaient être fort petits, puisque César en portait toujours un avec lui.

Les Arabes excellèrent, après les Grecs, dans la construction des horloges à eau, et l'on connait celle qu'Haroun-al-Raschid offrit à Charlemagne, ainsi que celles de Gaza, de Damas, etc.

Sphères matérielles. — Dès que l'on a eu l'idée de la sphère céleste et des cercles que l'on a imaginés pour en définir les divers points, il était bien naturel d'en créer des représentations matérielles; ces représentations constituent ce qu'on appelle la *sphère armillaire*, ou sphère à cercles, dont l'invention n'est revendiquée en faveur d'aucun personnage de l'antiquité : les Babyloniens durent en faire usage, et les Grecs surent de très bonne heure représenter ainsi le ciel, comme le montre la légende d'Atlas, père des Hyades et des Pléiades.

L'invention des globes célestes est attribuée aussi à Anaximandre. D'ailleurs, les Grecs eurent une branche spéciale de la Mécanique, à laquelle ils donnèrent le nom de *Sphéropée,* qui semble avoir été plus importante alors qu'aujourd'hui, et qui enseignait à construire les sphères.

Pour connaître l'heure pendant la nuit, en mer par exemple, les Anciens n'avaient d'autre moyen que les étoiles, et, en particulier, leurs levers et leurs couchers. Aussi, pour reconnaître les étoiles, on dut s'exercer de très bonne heure avec des sphères matérielles sur lesquelles les étoiles avaient été marquées.

Sphère d'Eudoxe. — La sphère céleste la plus célèbre de l'antiquité est celle d'Eudoxe, et c'est aussi la plus ancienne dont la description nous soit parvenue. Nous ne pouvons douter qu'elle ait été exécutée, mais nous ne savons rien de ses dimensions, pas plus que de tout ce qui concerne son agencement. Aujourd'hui nous remplaçons les globes, qui sont incommodes, encombrants, par des cartes; mais, du temps d'Eudoxe, la construction des cartes n'avait pas encore été soumise à un système réglé de projection; aussi Eudoxe avait-il fait de sa sphère une description qui, dans une certaine mesure, pouvait la remplacer et qui constituait deux de ses traités, le *Miroir* et les *Phénomènes célestes.* Ces ouvrages ne nous sont point parvenus, mais nous les connaissons par Aratus et par Hipparque : Aratus, dans ses *Phénomènes,* a mis en vers les deux ouvrages d'Eudoxe, en sacrifiant peut-être de la précision; et Hipparque nous a laissé un Commentaire sur Aratus.

Cette sphère présente, pour l'Astronomie, le plus haut intérêt, car elle constitue, en quelque sorte, le premier catalogue d'étoiles; en outre, pour les Anciens, elle servait à la détermination de l'heure par les levers et les couchers des étoiles et à la solution de divers problèmes alors inaccessibles aux méthodes connues de calcul. Il ne sera donc pas inutile d'entrer dans quelques détails.

Eudoxe connaissait les principaux cercles de la sphère et leurs rapports mutuels : on trouve mentionnés par lui (c'est-à-dire par Aratus), *l'équateur* sous le nom d'ισομερινόσ que les Grecs lui ont donné constamment, les deux *tropiques*, les deux cercles *arctique* et *antarctique*, identiques pour lui à nos cercles de perpétuelle apparition et de perpétuelle occultation. Parmi les cercles horaires, il cite les *colures*[1] (χολυροι), mais non le méridien, qu'Euclide est le premier à nommer expressément parmi les cercles de longitude. Ce qui est plus surprenant, c'est qu'il ne cite pas l'*horizon*, mentionné par Autolycus et par Euclide, et dont la notion doit remonter plus haut qu'Eudoxe.

Il ne mentionne pas davantage les coordonnées (ascension droite et déclinaison, longitude et latitude célestes) qu'on emploie pour fixer les positions des astres, non plus que la distance des tropiques à l'équateur, c'est-à-dire l'obliquité de l'écliptique. D'ailleurs le nom même de l'écliptique lui est inconnu, et ce mot, employé pour désigner la route du Soleil, se trouve pour la première fois dans Macrobe.

Eudoxe plaçait les points solsticiaux (ceux où se trouve le Soleil aux époques des solstices) dans le *milieu* des signes du Cancer et du Capricorne, tandis que dans la suite, chez Hipparque par exemple, on trouve ces points aux *commencements* des mêmes signes. De là une différence de 15° que Newton, Fréret, Bailly ont voulu expliquer par la précession et qui correspond à un intervalle de mille soixante-dix ans ; cela ramenait la sphère d'Eudoxe de 378 à 1400 ans environ avant J.-C., et ainsi Fréret pouvait soutenir qu'elle était due aux Égyptiens ou aux Phéniciens. Quant à Bailly, il pensait que, empruntée aux

---

1. Grands cercles passant par les pôles et menés l'un par les équinoxes, l'autre par les solstices.

Chaldéens ou aux Perses, elle avait été transportée en Grèce par Hercule.

Tout cela supposait qu'Eudoxe avait sous les yeux un globe parfaitement dressé, sur lequel les étoiles étaient exactement placées ; or, on verra bientôt combien il est loin d'en être ainsi. Mais il y a d'autres raisons tout aussi péremptoires pour écarter cette hypothèse.

En premier lieu, il était très naturel pour Eudoxe de placer les points solsticiaux au milieu des signes, car lorsque le Soleil se trouve en ces points les étoiles de ce signe, de part et d'autre, sont inobservables à cause de la lumière du Soleil. En outre, les astronomes antérieurs ont beaucoup varié sur la place du colure des équinoxes : tandis que Méton le plaçait au 8e degré, Euctémon et d'autres le mettaient au 1er, d'autres encore, d'après Achille Tatius, le mettaient au 12e. Eudoxe lui-même a varié : il l'a mis quelquefois au 8e, comme Méton, avant de le placer au 15e ; d'ailleurs tout concourt à montrer que cette dernière position, au milieu des signes, lui est propre. L'erreur de certains chronologistes a été de croire que ces différences provenaient de la diversité des temps où les observations auraient été faites, tandis que la cause unique doit être cherchée dans les efforts nécessaires pour unir, avec le plus de symétrie possible, les principales étoiles qui donnaient leurs noms aux signes zodiacaux ; d'ailleurs une bonne concordance ne put être atteinte. Et lorsque, après la création de la trigonométrie sphérique, le besoin de la science exigea qu'Hipparque mît les équinoxes et les solstices au commencement des signes, pour avoir une origine commune aux ascensions droites et aux longitudes, ils s'y trouvèrent fixés d'une manière définitive. Dès lors on ne se préoccupa plus de leurs rapports avec les figures de même nom.

Quant aux moyens employés par Eudoxe pour

construire son globe céleste, nous les ignorons. Delambre, qui parfois est très sévère pour lui et qui a longuement discuté ce globe d'après les *Phénomènes* d'Aratus et le *Commentaire* d'Hipparque, montre que les cercles de la sphère y sont bien souvent fort éloignés des étoiles par lesquelles ils passaient réellement, et que les coordonnées qu'on peut en conclure pour les étoiles présentent des erreurs considérables, énormes même parfois. Ce qui paraît hors de doute, c'est qu'il a été fait sans aucune espèce d'instrument, et Delambre ajoute qu'ainsi il aurait été facile de faire beaucoup mieux. Il admet comme très possible, comme très probable même, que la sphère d'Eudoxe ne soit pas réellement de lui et appartienne à une époque plus ancienne ; il aura, dit-il, suivi aveuglément de mauvaises autorités et copié les livres, sphères, cartes..., faits avant lui, sans instruments. Les erreurs positives l'emportent en nombre, et c'est une probabilité de plus en faveur de ceux qui supposent qu'Eudoxe n'a fait que recueillir des observations plus anciennes, et qu'il a cru pouvoir adopter, parce qu'il n'avait aucune idée du mouvement des étoiles en longitude.

D'ailleurs on s'aperçut de bonne heure des défauts de cette sphère : Léonce le mécanicien, qui a laissé un petit écrit sur la *Construction de la sphère d'Aratus*, dit qu'elle ne s'accorde ni avec les observations d'Hipparque ni avec celles de Ptolémée. Et Sporus, son commentateur, dit que le but de ces ouvrages n'était nullement de donner quelque chose de bien précis, mais seulement ce qui devait suffire aux besoins des navigateurs. On pouvait donc se contenter de positions prises en gros, car, ajoute-t-il, « les navigateurs n'ont aucun instrument, ils observent à la vue simple et il leur suffit que les positions leur soient données grossièrement ».

A défaut de renseignements sur le moyen employé par Eudoxe pour construire son globe, nous pouvons dire comment lui permettaient de procéder les moyens utilisés de son temps.

Sur le globe marquons les pôles, traçons les méridiens, les parallèles, y compris l'équateur, puis l'écliptique, etc. Cela fait, il reste à placer les étoiles de manière à leur faire occuper, par rapport à ces cercles, leurs véritables positions.

Il faut exclure, semble-t-il, les passages au méridien. Eudoxe ne cite même pas ce plan, et il faut supposer l'emploi des levers et couchers ou passages par l'horizon, les seuls que nous rencontrions à cette époque. Eudoxe observait avec soin les points de l'horizon où le Soleil se lève et se couche; aussi pouvait-il procéder de la manière suivante pour placer les étoiles ou tracer, parmi elles, les cercles de la sphère :

1° *Tropiques.* — *Équateur.* — *Parallèles en général.* — Au moyen de deux jalons marquons sur le sol la direction du lever ou du coucher du Soleil à l'époque des solstices, à celui d'été par exemple : toutes les étoiles qui se lèvent ou se couchent dans la même direction se trouvent sur le tropique du Cancer; celles qui se couchent un peu au nord ou au sud sont de même un peu au nord ou au sud du même cercle; et en une seule nuit on peut reconnaître la position de plus de la moitié de ce tropique parmi les étoiles. Et de même pour l'autre tropique, pour un parallèle quelconque, pour l'équateur en particulier, car on sait tracer les lignes nord-sud et est-ouest.

2° *Écliptique.* — La considération des points de l'horizon où se lève et où se couche successivement le Soleil, permettra aussi de tracer l'écliptique parmi les étoiles, et nous pouvons admettre que l'on connaisse la direction de ces points de quinze en quinze jours, par exemple.

Considérons le Soleil au solstice d'été, en A (fig. 5, où la Terre T est au centre), et soit

AM = AR = 15°. L'arc RM, de 30°, dont le Soleil occupe le centre, est noyé à peu près tout entier dans la lumière, et on n'y peut apercevoir aucune étoile. Quand le Soleil se couche on peut marquer sa direction, qui est celle du couchant d'été ; et cette direction, prolongée à l'opposé, fait connaître le lever d'hiver, où se trouve actuellement le point A′ de l'écliptique.

Environ une heure après le coucher du Soleil, c'est le point M qui est dans la même direction sensiblement, un peu plus vers le sud, et d'une quantité négligeable, ou que, si l'on veut, on peut estimer, puisque l'on connaît les directions du lever et du coucher du Soleil de quinze en quinze jours. On connaîtra ainsi le point diamétralement opposé de l'écliptique, le milieu de A′B′, puis le point B′ opposé à B.

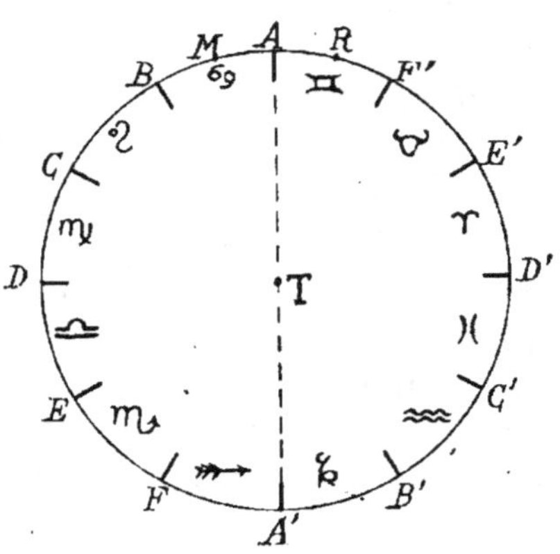

FIG. 5.

Au milieu de la nuit le point équinoxial D se couche à l'équateur, dont on connaît la direction, et détermine le point D′ qui se lève, et ainsi de suite, de sorte qu'on pourra, au moins grossièrement, reconnaître l'écliptique tout entier, mais les points milieux de A B et A′B′ seront les mieux déterminés.

Le mois suivant, le Soleil aura passé en B, et on déterminera de même les milieux de B C, B′ C′, et ainsi de suite de mois en mois ; au bout de peu de temps, les opérations se corrigeant mutuellement, on connaîtra dans le ciel la place de l'écliptique parmi les étoiles.

3° *Colures*. — Par le moyen des levers et des couchers il est difficile de reconnaître la position des méridiens dans le ciel, et en particulier de celui qui passe par les points équinoxiaux, comme de celui qui passe par les points solsticiaux, auxquels on a donné le nom, aujourd'hui peu employé, de *colures*. Les Anciens considéraient fréquemment ces cercles; Eudoxe les avait tracés sur sa sphère et Aratus indique leur position parmi les étoiles, mais cette position est généralement très erronée. On aurait pu obtenir mieux en ne traçant les colures sur la sphère qu'après y avoir marqué les étoiles.

Quant à la mise en place des étoiles, on pouvait s'aider de la division de l'équateur en parties égales, faite par exemple à l'aide d'une clepsydre; et le même moyen permettait de placer à une distance convenable l'une de l'autre deux étoiles qui se trouvent sur le même parallèle.

Mais, pour la division du zodiaque en parties égales, ce moyen n'était pas utilisable, parce que l'on ne savait pas encore résoudre le problème des ascensions obliques; jusque-là le moyen le plus exact avait été d'opérer la division sur la sphère matérielle elle-même.

CHAPITRE II

LES INSTRUMENTS DE LA PÉRIODE ALEXANDRINE

Les quatre instruments que nous venons d'énumérer, gnomon, cadran solaire, clepsydre et sphère, sont les seuls qui aient été connus avant l'expédition d'Alexandre ; et on voit qu'ils servaient surtout à la détermination de l'heure : preuve suffisante à elle seule pour montrer que l'Astronomie primitive s'est développée surtout sous l'empire du besoin. C'est dans l'école d'Alexandrie, fondée peu après, que l'on trouve indiqués pour la première fois les instruments devenus célèbres sous le nom d'*armilles*.

Armilla désigne en latin les bracelets servant à la parure, et qui sont au nombre des ornements les plus anciennement en usage chez tous les peuples. Par extension, ce nom a été appliqué à toutes sortes de cercles. En général, Ptolémée, dont l'*Almageste* est pour ainsi dire notre source unique, ne donne pas de nom spécial aux cercles employés comme armilles, mais il emploie le terme général κυκλοι, *cercles* ; parfois il emploie le terme κριxοl.

D'après Diodore, le tombeau d'Osymandias à Thèbes était surmonté d'une armille ou cercle en or massif de 365 coudées (200 mètres environ) de tour et d'une coudée d'épaisseur. A chaque coudée était marqué un des jours de l'année, avec l'indication des levers et des couchers des astres pour ce jour, les pronostics atmosphériques correspondants, etc.

L'auteur de cette fable (car on ne peut l'appeler

autrement) s'exprime comme si le Soleil parcourait nécessairement tout le tour du cercle ; il faudrait donc le supposer incliné suivant l'équateur ou même suivant l'écliptique. Tout au plus peut-on déduire de là qu'à l'époque correspondante on connaissait l'année de 365 jours.

Il y a deux sortes d'armilles : celles qui servaient à déterminer les solstices et appelées pour cette raison *armilles solsticiales*, et celles qui servaient à déterminer les équinoxes, appelées de même *armilles équatoriales* ou *équinoxiales*.

Les premières armilles furent placées au Musée d'Alexandrie. On attribue généralement à Eratosthène le mérite de les avoir obtenues de Ptolémée III, Evergète, qui l'avait appelé à Alexandrie pour diriger sa célèbre bibliothèque.

Armilles équinoxiales. Cet instrument consistait essentiellement en un cercle évidé ou anneau, sans graduation, placé d'une manière invariable de manière que son plan était parallèle à l'équateur. Par suite, l'équinoxe coïncidait avec le moment où le Soleil passait juste par le plan de ce cercle, ce que l'on reconnaissait à ce que l'ombre de la partie sud couvrait exactement la concavité de la partie nord. Ptolémée ne fournit qu'incidemment quelques détails sur cet instrument (III, ii ; p. 153-155 de la traduction Halma, t. I), mais tout s'accorde à montrer que ses sections diamétrales et perpendiculaires à son plan étaient « tétragonales », ce qui signifie sans doute carrées ou rectangulaires, pour augmenter la netteté de l'ombre portée par la partie convexe sur la surface concave et boréale.

Hipparque, cité par Ptolémée (Halma, t. I, p. 152-155), parle d'une armille équatoriale placée à Alexandrie, dans le portique *carré* ; puis d'autres armilles placées « chez nous », c'est-à-dire à Rhodes, où il y en avait au moins deux, en cuivre, établies dans la palestre et à poste fixe aussi : la plus ancienne, qui était la plus grande, avait subi un dérangement tel que souvent, dit Hipparque, la concavité s'est trouvée éclairée deux fois dans le même équinoxe : mais cela pouvait tenir à la réfraction dont les effets étaient alors inconnus.

Ainsi, avant Hipparque il existait des armilles équatoriales, et non seulement à Alexandrie, mais encore dans les grandes villes qui rivalisaient avec elle au point de vue de la culture intellectuelle.

Quant à la manière dont était fixé ce cercle représentant l'équateur, les avis sont partagés : Dante et Riccioli le montrent attaché à une muraille, tandis que les anciennes armilles de Rhodes, dont parle Hipparque, devaient être fixées au pavé de la palestre, puisqu'il attribue leur dérangement à celui même de ce pavé. Souvent aussi, on parle de ce cercle représentant l'équateur comme porté par un autre cercle, représentant le méridien et qui même avait une division.

Enfin, il semble qu'il existait aussi des armilles équatoriales mobiles, c'est-à-dire simplement posées par l'intermédiaire d'un pied, et que l'on ajustait chaque fois pour les observations.

Quant aux dimensions de ces armilles, Ptolémée ne les donne pas ; mais Pappus, Proclus et d'autres commentateurs parlent d'une demi-coudée ou d'une coudée de diamètre.

Armilles solsticiales. — Ptolémée décrit ces armilles à l'occasion de la mesure de la distance des tropiques (I, x ; p. 46 de Halma, t. I), mais ne dit pas expressément qu'elles aient existé. C'est essentiellement un cercle vertical gradué, placé dans le méridien et disposé de manière à donner les hauteurs ; seulement, au lieu d'une alidade pour porter les pinnules, celles-ci étaient fixées dans un cercle intérieur concentrique.

Les pinnules, dit Ptolémée, sont deux petits prismes égaux, parallèles entre eux, fixés, diamétralement opposés, sur l'une des faces du petit cercle, et on vise le Soleil en faisant tomber l'ombre du prisme supérieur par le prisme inférieur, de manière à le couvrir. Deux aiguilles opposées, fixées aux prismes-pinnules, se déplaçaient sur la graduation du cercle extérieur et servaient aux lectures. Tout l'instrument était porté par une colonne, posée elle-même sur un socle; et pour l'installer on plaçait le cercle dans le vertical d'une méridienne au moyen d'un fil à plomb.

Comme on voit, ces armilles n'étaient autres que notre cercle mural, mais qui n'avait pas encore été rendu fixe.

Dioptres. — La dioptre est ordinairement une règle de visée; mais sous ce nom générique on désigne aussi des instruments spéciaux qu'il importe beaucoup de distinguer.

On ne trouve pas de mention de la dioptre servant à la visée avant Dicéarque de Messine, disciple d'Aristote et géographe; Théon de Smyrne dit que Dicéarque s'en servit pour mesurer la hauteur de certaines montagnes.

Euclide indique la dioptre pour vérifier que lorsqu'un point se lève, le point diamétralement opposé se couche, d'où l'on peut inférer qu'elle était connue de l'école d'Eudoxe; mais on ne l'avait pas encore appliquée à un cercle gradué, car si Eudoxe avait pu mesurer les distances angulaires, il eût évité nombre d'erreurs dans la construction de sa sphère. A la vérité, il peut sembler extraordinaire qu'on ait songé si tard à repérer les mouvements d'une ligne de visée sur un cercle au moyen d'une dioptre, mais on peut indiquer à cela deux raisons:

D'abord, les Grecs ne connaissaient pas la division du cercle en degrés. Les Chaldéens eux-mêmes n'avaient appliqué cette division qu'au zodiaque, et, avant Hipparque, on ne trouve pas qu'elle ait été appliquée à un cercle quelconque.

D'autre part, le défaut de trigonométrie ne portait pas à la mesure directe des angles, mais plutôt, dans la mesure de distances inaccessibles, à la formation de triangles semblables, comme on fit plus tard avec le bâton de Jacob.

Dioptre d'Archimède. — Archimède essaya de mesurer le diamètre du Soleil. La description du procédé qu'il employa montrera bien le peu de ressources dont on disposait alors pour la mesure des petites distances angulaires.

« J'ai, dit-il, placé d'abord une longue règle sur
« une surface plane. dressée dans un endroit d'où l'on
« pût voir le Soleil levant. Aussitôt après le lever du
« Soleil, je posai perpendiculairement sur cette règle
« un petit cylindre; puis, je dirigeai la règle sur le
« Soleil, l'œil étant à l'une de ses extrémités, et
« le cylindre étant placé entre le Soleil et l'œil,
« de manière qu'il cachât entièrement l'astre. J'éloi-
« gnai ensuite le cylindre de l'œil jusqu'à ce qu'on
« vît un mince filet de lumière déborder les côtés du
« cylindre.... Si notre vue (représentée par les deux
« yeux) n'était qu'un point, il suffirait de mener, du
« lieu de la vue, des lignes tangentes aux côtés du
« cylindre : l'angle compris entre ces lignes serait
« un peu moindre que le diamètre du Soleil. Mais,
« comme nos deux yeux ne sont pas un point unique,
« j'ai pris un autre corps rond, non moindre que la
« vue (l'intervalle des deux prunelles), puis mettant
« ce corps à la place de la vue au bout de la règle,
« et menant des lignes tangentes aux deux corps,
« dont l'un était cylindrique, j'ai pu obtenir l'angle
« qui comprend le diamètre du Soleil. Or, voici
« comment on détermine le corps qui n'est pas
« moindre que la vue : on prend deux cylindres
« égaux, l'un blanc et l'autre noir ; on les place en

« avant, le blanc plus loin, l'autre tout près, de
« manière qu'il touche au visage de l'observateur.
« Si ces deux cylindres sont moindres que la vue
« (l'espace inter-oculaire), le cylindre voisin ne cachera
« pas en entier le cylindre éloigné, et l'on apercevra
« des deux côtés quelque partie blanche du cylindre
« éloigné. On pourra ainsi, par divers essais, trouver
« des cylindres de grandeur telle que l'un soit exacte-
« ment caché par l'autre. On aura la mesure de notre
« vue et un angle qui ne soit pas plus petit que le
« diamètre (apparent) du Soleil. Ayant enfin porté
« ces angles sur un quart de cercle, j'ai trouvé que
« l'un était moins que $^1/_{164}$, l'autre plus que $^1/_{200}$.
« Il est donc démontré que le diamètre (apparent)
« du Soleil est moins que $^1/_{164}$, et qu'il est plus
« que $^1/_{200}$, c'est-à-dire compris entre 32'56" et 27'. »
Auprès de ce moyen compliqué, la dioptre d'Hipparque constituait évidemment un perfectionnement
considérable.

Dioptre d'Hipparque. — Ptolémée (V, xiv) mentionne cette dioptre, mais ne la décrit pas, se bornant
à dire qu'elle consiste « en une règle de quatre coudées de longueur » munie de pinnules; mais Théon
d'Alexandrie et Proclus en ont laissé des descriptions.
Elle se composait, en effet, d'une longue règle dont
une extrémité portait une pinnule où l'on plaçait l'œil.
Le long de cette règle glissait un curseur dont chaque
position était définie par une division tracée sur la
règle, et l'instrument pouvait être tourné dans tous
les sens. Pour faire une mesure on déplaçait le curseur
jusqu'à ce que l'œil placé à la pinnule lui voyait couvrir
exactement l'espace angulaire à mesurer, le diamètre
du Soleil par exemple : la lecture de la position du
curseur sur la règle permettait de connaître l'angle
cherché. Nous retrouverons cet instrument, à peine
modifié, sous le nom de *bâton de Jacob*.

Astrolabe sphérique. — Cet instrument, tel que le

décrit l'*Almageste*, était un ensemble de sept cercles emboîtés les uns dans les autres et dont le plus grand, monté sur une colonnette fixe et orienté suivant le méridien, supportait tous les autres. Parmi ceux-ci l'un était mobile autour de l'axe du monde et pouvait toujours être amené à coïncider avec l'écliptique : en outre, deux autres figuraient deux cercles de latitude.

Avec cet instrument on pouvait toujours déterminer la différence de longitude de deux astres et la latitude de l'un d'eux. Cet instrument célèbre, qui était une espèce de sphère armillaire disposée pour l'observation, passa des Grecs aux Arabes et aux Occidentaux. Son invention est attribuée à Hipparque parce qu'avant lui on n'en trouve aucune mention ; il en fit d'ailleurs beaucoup usage, et peut être lui servit-il à construire son catalogue d'étoiles.

Astrolabe planisphère. — Après avoir imaginé la projection stéréographique, Hipparque en fit l'application à la sphère céleste et créa ce qu'on appelle l'astrolabe planisphère. C'est un disque dont un côté porte une graduation sur laquelle se déplace une alidade et permettant ainsi de mesurer les hauteurs et les azimuts. L'autre côté, plus apparent, est ce qu'on appelle *araignée* ou *réseau ;* il présente une projection stéréographique de la sphère pour la latitude du lieu, et les crochets de ce réseau correspondent aux projections des principales étoiles, de sorte que les problèmes de trigonométrie sphérique relatifs à ces étoiles sont résolus graphiquement et d'une manière immédiate.

Cet instrument a solutionné le problème de l'heure, particulièrement pendant la nuit, car tenu à la main il permet de mesurer les hauteurs des astres, d'où l'on conclut l'heure. Transmis par les Grecs aux Arabes et aux Occidentaux, il a servi pendant le Moyen Age pour la détermination de l'heure, tant de jour que de nuit, et n'a disparu que depuis l'application du pendule aux horloges.

Même longtemps après, les marins s'en servaient sous forme d'un simple cercle tenu à la main pour mesurer les hauteurs des astres.

Quart de cercle. — Cet instrument, qui a été si employé dans la suite et jusqu'à une époque peu éloignée de nous, se trouve décrit pour la première fois dans l'*Almageste*, et Ptolémée s'en donne pour l'inventeur. Il dit l'avoir décrit sur l'une des faces d'une pierre cubique, et il avait placé au centre un petit cylindre perpendiculaire au plan de l'instrument et qui, lorsqu'on prenait la hauteur du Soleil, marquait cette hauteur par son ombre.

Ce qui frappe dans la description de Ptolémée, c'est qu'il n'indique pas les dimensions du quart de cercle qu'il a employé; il dit en avoir fait usage pour déterminer l'obliquité de l'écliptique, mais il se borne à rapporter le résultat obtenu par Eratosthène. Il ajoute qu'il a fait avec cet instrument un grand nombre d'observations, mais il n'en rapporte aucune. Aussi a-t-on conclu que si Ptolémée a eu l'idée de cet instrument, il ne l'a jamais réalisé.

Règles parallactiques. — La graduation des cercles, au temps de Ptolémée, ne devait pas offrir beaucoup de garanties d'exactitude; en outre, il devait être difficile d'en obtenir de grandes dimensions. C'est pour obvier sans doute à ces deux inconvénients que Cl. Ptolémée imagine son instrument parallactique (παραλλακτικόν ὄργανον), qu'il appela ainsi parce qu'il l'employa pour la mesure des parallaxes lunaires.

Il se compose de trois règles AC, AB, BC (fig. 6) dont une AC, portée sur un pied suffisamment solide, est verticale, ce que l'on vérifie au moyen du fil à plomb FGP. Des charnières fixées à cette première règle, en A et C, relient les deux autres règles à la première; enfin une ouverture convenable pratiquée en B, dans la règle BC, reçoit la règle AB, qui porte une division. Par construction les longueurs CA et CB sont égales, de sorte que le triangle ainsi formé est variable, mais toujours isocèle. On vise les astres par deux trous ronds ou pinnules D, E portés par le côté CB; la distance zénithale de l'astre visé est VCH ou ACB, et ce dernier angle se déduit de la lecture faite en B sur la règle AB.

Ptolémée dit que dans son instrument les côtés AC et BC ont quatre coudées, et qu'il ne les a pas pris plus grands pour ne pas exposer les règles à se fausser; mais il n'indique ni la matière des règles, ni

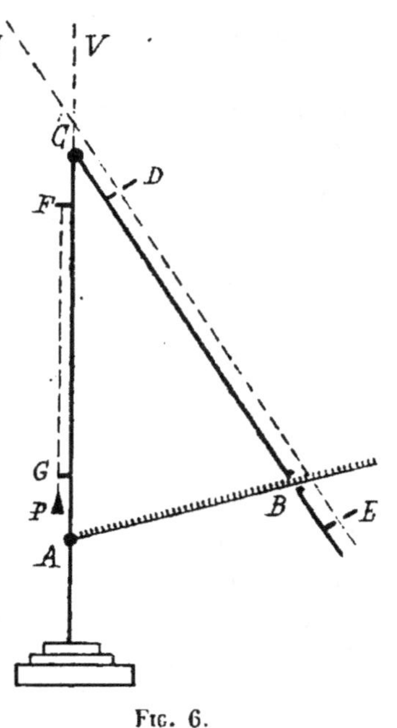

Fig. 6.

quelles divisions étaient tracées sur AB. On a même douté qu'il ait réellement construit cet instrument, car il rapporte une seule observation comme ayant été faite par ce moyen; et on ne peut s'expliquer qu'il ne l'ait pas employé pour déterminer sa latitude géographique et l'obliquité de l'écliptique.

Mais dans la suite cet instrument fut souvent construit; les règles parallactiques de Théon donnaient les angles à 5′ près; et au xve siècle, Régiomontanus et Walter se servaient encore d'un instrument analogue.

CHAPITRE III

LES INSTRUMENTS DU MOYEN AGE
ET DU COMMENCEMENT DES TEMPS MODERNES

Les Arabes, principaux représentants de l'Astronomie et surtout de l'Astrologie au Moyen Age, furent de bons observateurs, mais ne créèrent pas de nouveaux instruments ; toutefois ils perfectionnèrent ceux qu'ils tenaient des Grecs ; et même la construction prit chez eux un grand développement ; ils eurent de nombreux et habiles artistes, et leurs astrolabes sont demeurés célèbres. Nous avons mentionné déjà l'horloge à roues envoyée à Charlemagne par Haroun-al-Raschid et qui fit l'étonnement des grossiers descendants des barbares du nord ; et on connaît les horloges monumentales de Damas, de Gaza, etc.

Leurs instruments, à partir surtout du XIIe siècle, atteignirent des dimensions énormes. On avait fondu, pour l'observatoire du Caire, un cercle de cuivre de dix coudées de diamètre ; les instruments de l'observatoire de Méragah en Perse, étaient nombreux et considérables ; enfin Ouloug-Beg avait fait construire près de Samarkande un observatoire possédant un quart de cercle aussi haut, disait-on, que le sommet de Sainte-Sophie de Constantinople ; aussi on pensait généralement que c'était un gnomon, mais on faisait erreur : on a retrouvé récemment cet instrument, qui même n'est pas entièrement dégagé encore, et où chaque degré a environ $0^m,70$ de long.

Nous avons déjà dit que Ibn-Younis imagina de perfectionner le gnomon en remplaçant par un trou le sommet du style, et on a quelque raison de croire qu'il connaissait l'égalité des oscillations d'un corps suspendu à un cordon qui se balance naturellement.

Pendant que les Arabes employaient ces immenses cercles, quarts de cercle, etc., l'Astronomie était négligée en Occident, où nous ne trouvons guère à mentionner que les instruments employés par les marins : astrolabe, anneau astronomique, bâton de Jacob, etc.

Astrolabe de mer. — Sous ce nom d'*astrolabe* on a désigné un grand nombre d'instruments différents. Nous connaissons déjà l'astrolabe sphérique et l'astrolabe planisphère d'Hipparque. Au Moyen Age et plus tard, les marins employaient sous ce nom un cercle divisé muni d'une alidade servant à viser, que l'on appelle parfois astrolabe de mer. C'était, dit l'*Hydrographie* du P. Fournier, un gros cercle d'airain de 10 à 12 livres que l'on fait lourd « afin qu'il résiste « mieux au vent et agitation du vaisseau, et se mette « plus promptement de niveau, et s'y tienne plus cons- « tamment; l'alidade se termine en un point aux « extrémités, les pinnules ne sont distantes que d'un « pouce du centre... » Et pour ne pas emporter en mer de livre donnant la déclinaison du Soleil, on la gravait pour les diverses époques de l'année sur le contour de l'instrument, parallèlement à la division en degrés.

Anneau astronomique. — Cet instrument est un simple cercle de métal suspendu par un anneau, de manière que le diamètre correspondant se tienne vertical. On en voit une forme dans la figure 7. Pour les usages maritimes il fut modifié dans la suite de manière à donner aux degrés une étendue deux fois plus grande : en un point situé à 45° du diamètre vertical est un petit trou par lequel passe la

10.

lumière du Soleil, qui vient se peindre sur la face

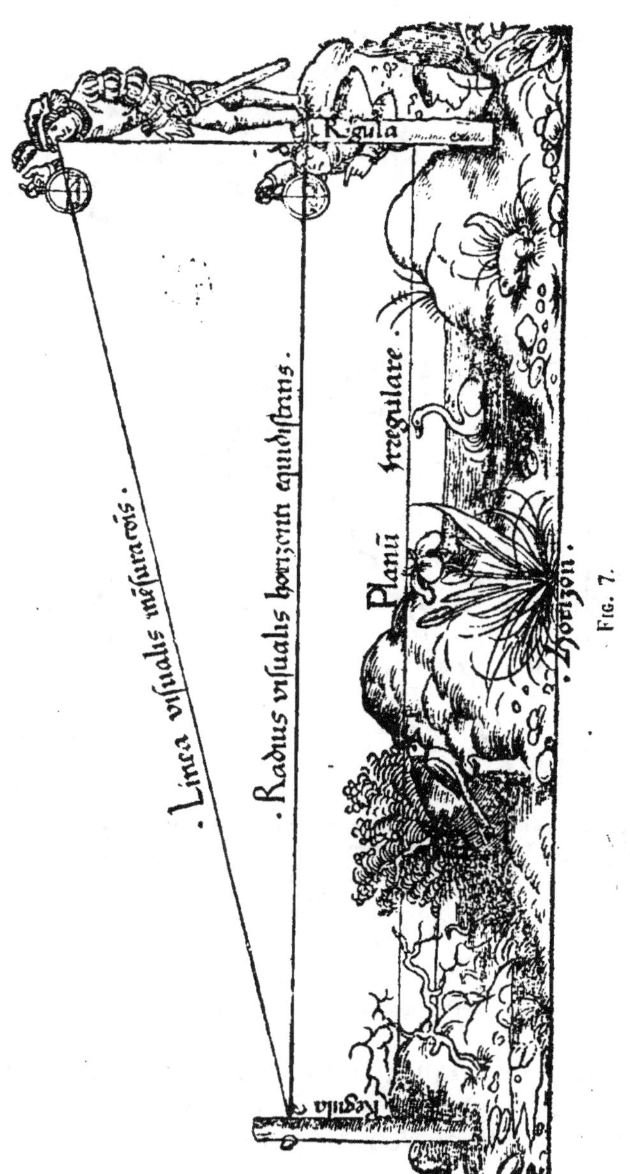

opposée et intérieure, portant une graduation dans laquelle les degrés ont deux fois plus d'étendue que dans l'astrolabe de mer de même diamètre : cet artifice parait dû à Nonius.

On s'en servait aussi à terre : les missionnaires envoyés à Siam vers 1680 employaient un grand

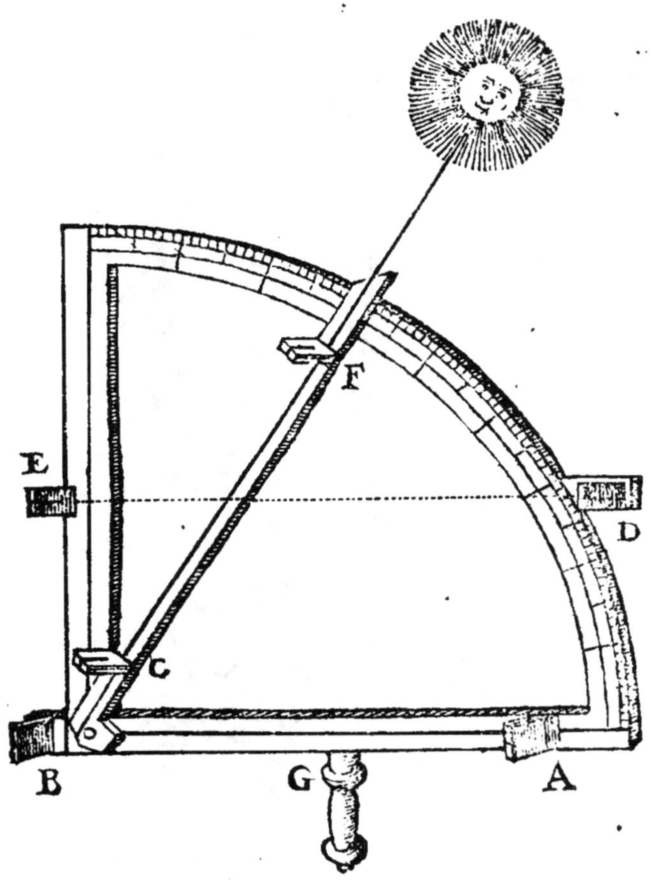

Fig. 8. — Quart de cercle dit astronomique pour l'usage de la navigation.

anneau astronomique; il donnait l'heure à une demi-minute près « quand on avait bien soin de le mettre bien droit par le moyen du plomb ».

Quart de cercle de mer. — C'était un quart de cercle divisé, employé sous le nom de quart de cercle

astronomique ; la figure 8 le montre muni d'une poignée fixée au rayon qui devait être placé horizontalement.

Arbalète. — Cet instrument se compose de deux parties : une tige A B (fig. 9) de section carrée, appelée

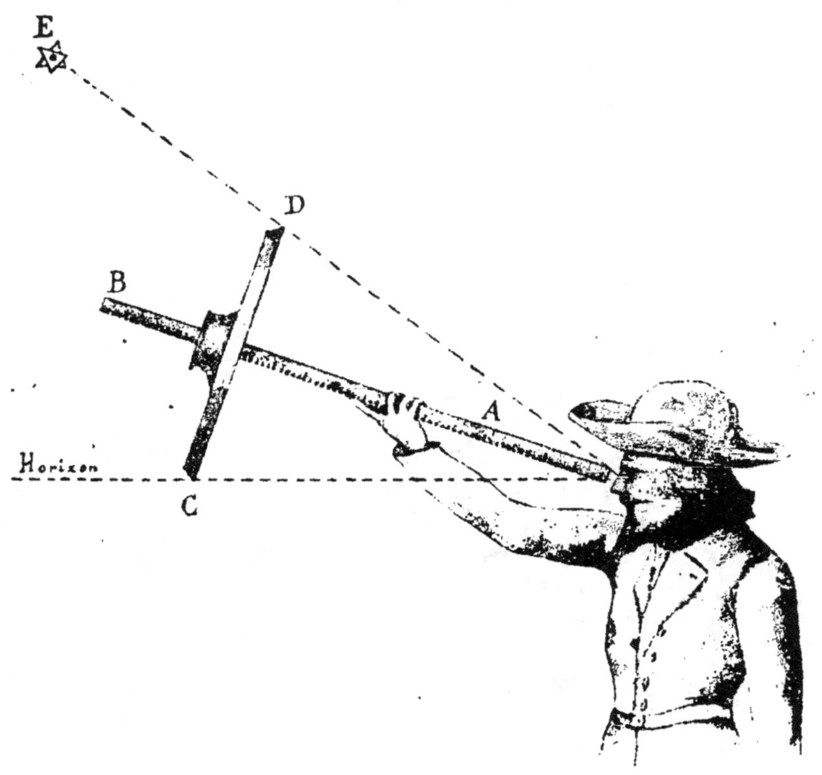

Fig. 9. — Arbalète employée *par devant*.

flèche, et une traverse CD appelée *marteau*, pouvant glisser sur la flèche tout en lui restant toujours perpendiculaire : cette construction explique le nom de cet instrument ainsi que ceux de *croix géométrique*, *verge d'or*, etc., qu'on lui donnait aussi. Pour les astronomes, qui en usaient également, c'était le *rayon astronomique*, et le P. Fournier dit que c'est le *Bâton de Jacob* des Chaldéens, c'est-à-dire, sans doute, des astrologues, car les anciens Chaldéens ne l'ont point connu.

D'après Lalande, cet instrument dérive des règles parallactiques de Ptolémée; il se rapproche cependant beaucoup plus de la dioptre d'Hipparque dont il ne diffère pas essentiellement.

Le marteau était appelé aussi *traversaire* ou *curseur*.

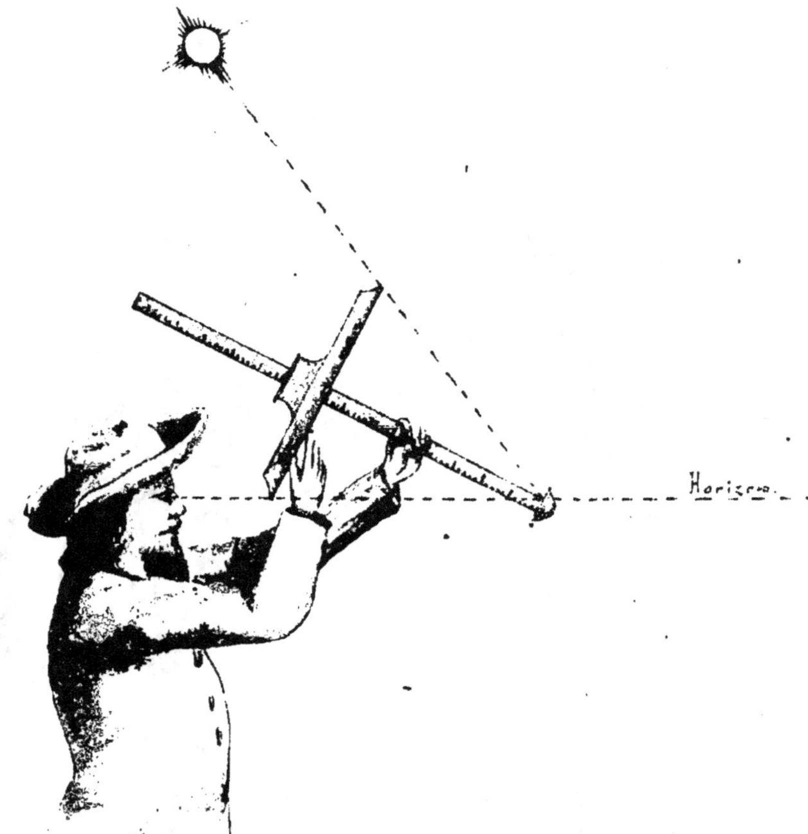

Fig. 10. — Arbalète employée *par derrière*.

et chaque flèche avait trois et même quatre marteaux de diverses longueurs : les divisions correspondant à chaque marteau étaient tracées sur l'une des faces de la flèche. Il suffit de voir la figure 9 pour saisir le moyen de faire servir cet instrument à la mesure des hauteurs en mer *par devant*, tandis que la figure 10 montre le

mode d'observation *par derrière*, c'est-à-dire en tournant le dos au Soleil. « Il n'y a instrument, dit le P. Four-

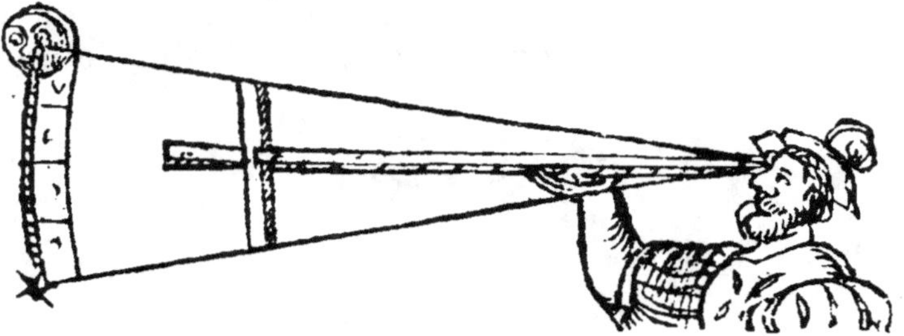

Fig. 11.

« nier, dont les Nautoniers se servent plus volontiers.
« soit de jour, soit de nuit, lorsqu'on voit l'Horizon,
« pour prendre l'eslevation de quelque astre. »

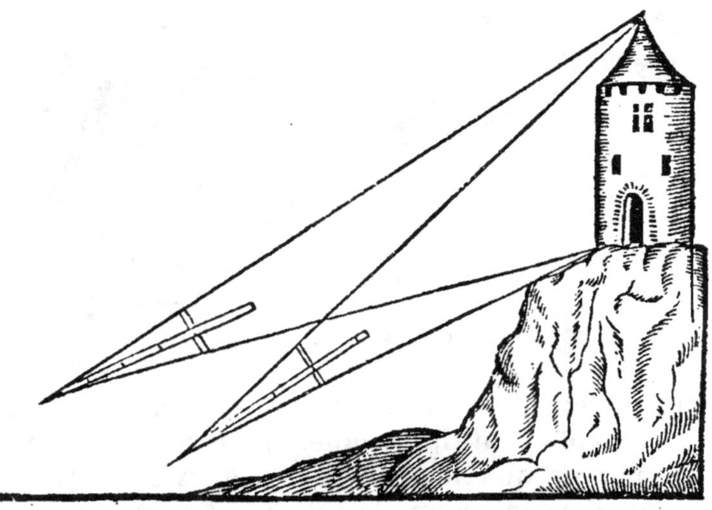

Fig. 12. — Arbalète employée à la mesure de la hauteur d'un point inaccessible.

Cet instrument servait aussi dans les opérations
géodésiques ou topographiques; la figure 12 le montre
employé à la détermination de la hauteur d'un objet
inaccessible.

Quartier anglais. — Cet instrument (fig. 13) se compose de deux arcs de cercle de rayons différents, mais

de même centre où se trouve un écran ou marteau
destiné à recevoir l'ombre d'un curseur placé sur l'arc
supérieur et produite par le Soleil; on vise à travers
un autre curseur porté par l'arc inférieur et on le
déplace jusqu'à ce qu'on voie, en ligne droite, l'ombre

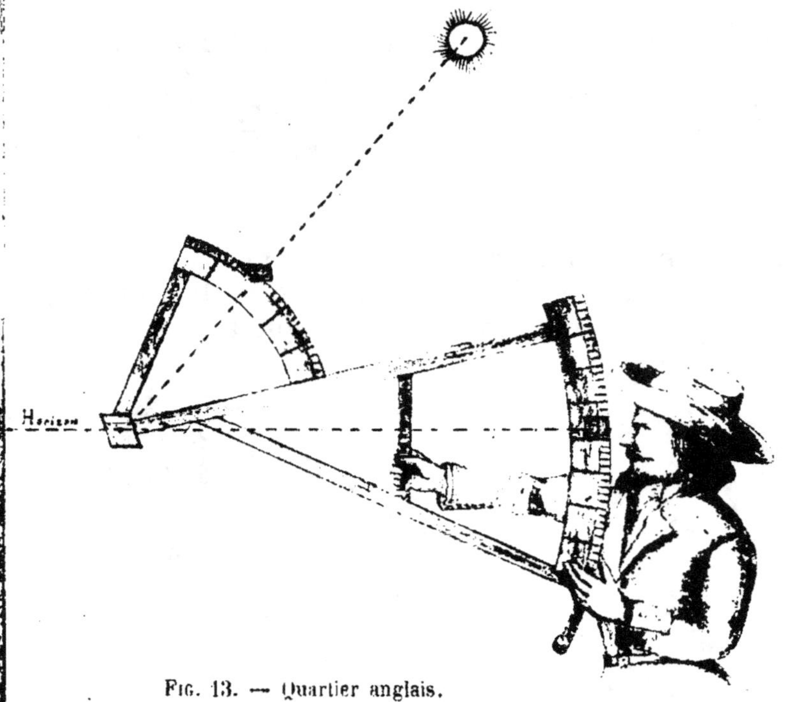

Fig. 13. — Quartier anglais.

du premier et l'horizon; en plaçant d'abord à peu
près convenablement le premier curseur, on n'avait
plus à déplacer que le second tout en visant. Ordinairement, l'arc inférieur était de 30°. Cet instrument
n'a été remplacé que par le sextant, au xviii⁰ siècle.

Nonius. — Les Arabes avaient augmenté les dimensions de leurs cercles, et, en général, des instruments
destinés à la mesure des angles, afin de pouvoir évaluer
des parties plus petites, comme des minutes ou soixan-
tièmes de degré, et même des parties moindres

encore. Mais ils n'eurent l'idée d'aucun artifice permettant d'atteindre le même but avec des instruments de petit rayon : ces améliorations, dont la seule employée aujourd'hui est le *vernier*, furent imaginées au XVIe et au XVIIe siècle.

La première fut inventée par Pedro Nuñez (en latin *Nonius*), médecin et mathématicien portugais, qui la fit connaître dans son traité *De Crepusculis*, publié en 1542. Voici en quoi elle consiste : sur le plat d'un quart de cercle, et du centre de l'instrument, décrivez 44 arcs de rayons différents mais arbitraires, et tous valant 90°; puis divisez le plus grand en 90 parties égales, qui seront des degrés, et les suivants en 89, 88, 87... parties égales, jusqu'au dernier, qui sera divisé en 47. Dans une visée quelconque, si l'alidade rencontre une division juste sur l'un des 44 arcs, alors une règle de trois donnera les degrés, minutes et secondes correspondants. Malheureusement, cela n'arrive pas toujours, et l'erreur peut aller à 10′ ou 12′. Aussi Tycho, qui avait fait exécuter ces 44 divisions sur plusieurs quarts de cercle, en fut si mécontent qu'il y renonça bientôt, et la division de Nonius fut abandonnée; mais elle l'a rendu indirectement célèbre en lui faisant attribuer longtemps l'idée de Vernier.

Transversales. — Soit MN (fig. 14) un fragment d'un limbe divisé, limité par deux arcs ABCX, A′B′C′X′, de même centre que l'instrument considéré, et divisés, l'un et l'autre en parties égales, de 5′ en 5′, par exemple. Supposons que les divisions A et A′, B et B′ se correspondent, c'est-à-dire soient sur un même rayon; joignons A′ et B, B′ et C et soit DA, l'alidade dont il faut lire la position correspondante sur le cercle ABC...

Evidemment, si l'on divise la partie FA de l'alidade en parties égales, le nombre de ces parties comprises entre F et le point G, où le rayon FA coupe A′B, sera proportionnel à l'arc supplémentaire à évaluer.

Si FA est divisé en 5 parties égales, la lecture en G donnera les minutes. — Si FA est divisé en 30 parties égales, les lectures se feront à 10″ près.

A la rigueur, la longueur FA ne doit pas être divisée en parties égales, parce que A B est plus grand que A′B′ : cette inégalité était sensible dans la pratique, et on y avait égard.

Souvent on divisait non seulement FA, mais toutes les trans-

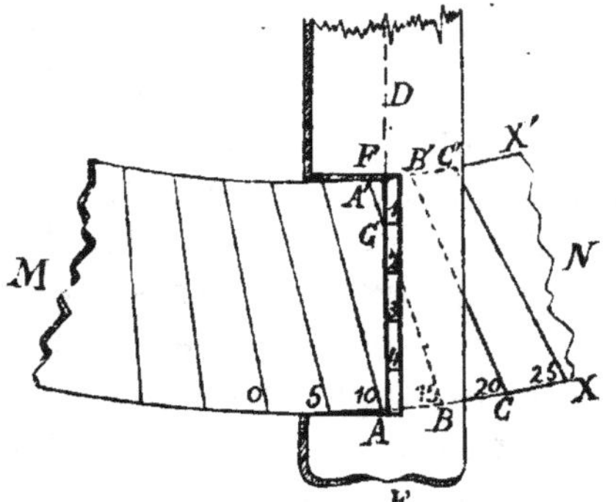

Fig. 14. — Transversales.

versales A′B, B′C,... de sorte que le plat du limbe portait alors un certain nombre de cercles concentriques et parallèles à AX et A′X′ qui devaient donner un air de ressemblance avec le *Nonius*.

On ne connaît pas avec certitude, à ce qu'il semble, l'inventeur de cet ingénieux artifice : Hévélius l'attribuait au Suédois B. Hedrœus, qui le publia en 1643; mais Morin, en 1634, l'attribuait à un constructeur français, Jean Ferrier; et l'on peut remonter plus haut encore, car Digges, en 1573, l'attribue à Richard Chansler, habile artiste qui était déjà mort à cette époque.

Vernier. — Tout le monde connaît le petit arc ainsi appelé du nom de son inventeur, Pierre Vernier, châtelain de Dornans, en Franche-Comté, qui le fit connaître en 1631. Longtemps on lui donna le nom de Nonius, mais les réclamations de Lalande firent justement rendre cette invention à son véritable auteur.

Microscopes. — Nous devons rapprocher des artifices précédents le microscope, employé pour subdi-

11

)

viser les instruments munis d'une division. L'idée de
ce moyen dut se présenter de bonne heure. En 1768,
le duc de Chaulnes l'employa pour faire un quart de
cercle d'un pied de rayon qui donnait à peu près la
même précision que le quart de cercle de six pieds
de l'Observatoire de Paris. Les microscopes munis de
micromètres (microscopes micrométriques) sont
aujourd'hui employés toutes les fois que l'on veut
atteindre une haute précision dans la lecture des
cercles.

CHAPITRE IV

L'INVENTION ET LES PERFECTIONNEMENTS DES LUNETTES

Le principe de l'attraction est sorti des lois de Képler, tirées elles-mêmes des observations de Tycho. Ce sont donc des observations faites à l'œil nu, avec de simples pinnules, qui ont permis d'établir le principe sur lequel est basée toute l'astronomie moderne. Aussi peut-on espérer beaucoup des observations faites avec les instruments plus précis que ceux que nous venons d'indiquer : leur organe essentiel est d'ordinaire la lunette, dont Laplace a dit qu'il est le plus merveilleux instrument que l'industrie humaine ait découvert.

Invention des lunettes d'approche. — Roger Bacon dit qu'on peut construire des tubes au moyen desquels des objets très éloignés paraîtront rapprochés ; comme, d'autre part, il étudia la réfraction à travers des milieux terminés par des surfaces sphériques, on lui a souvent attribué l'invention des lunettes ; ce qui est certain, c'est qu'il n'y avait qu'un pas des principes qu'il pose à la fabrication des verres lenticulaires. S'il n'en a point fabriqué lui-même, ce que nous ignorons, il est sûr que l'invention des besicles appartient à son siècle ; elles étaient connues en 1299, et un Florentin, Salvino degli Armati, mort en 1317, passe pour les avoir inventées.

L'invention de la lunette a été attribuée aussi à

Fracastor qui, dans son *Homocentricorum* (1538) dit que l'on voit les objets plus grands et plus rapprochés à travers deux lentilles superposées qu'à travers une seule.

J.-B. Porta s'exprime encore plus clairement dans son traité *De Magia naturali* (1558), mais s'il avait construit l'instrument il aurait été frappé de ses effets et l'aurait fait connaitre. Toutefois, s'il n'a pas pris une part directe à l'invention de la lunette, il a pu y contribuer indirectement, car ses œuvres furent beaucoup lues dans leur temps.

Képler, qui cite l'expérience indiquée par Porta, la croit impossible ; mais ses *Paralipomena* purent avoir aussi une influence analogue à celle des œuvres de Porta.

Malgré cela, il semble que la découverte des lunettes fut due au hasard. On s'accorde pour l'attribuer à un Hollandais, mais elle est disputée par trois d'entre eux, Zacharias *Jansen* (Janszoon), Jean *Lippershey* (Lippersheim, Lipperseim, Laprey) et Jacques *Métius*.

Jansen, lunetier à Middelbourg, inventa, vers 1590 à ce qu'il semble, avec son père, le microscope composé qui a pour oculaire un verre divergent; mais il n'aurait trouvé la lunette qu'en 1610 ; la confusion des deux instruments jette de l'obscurité sur la découverte de l'un et de l'autre.

Lippershey, également lunetier à Middelbourg, avait demandé aux Etats Généraux de Hollande un brevet pour un instrument destiné à voir de loin ; une décision du 2 octobre 1608 statue sur cette requête et constate que les verres sont en cristal de roche. L'instrument ayant été examiné et reconnu utile aux États, un autre lui fut commandé pour le prix de 900 florins.

Descartes et d'autres auteurs attribuent l'invention de la lunette à Jacques Métius, qui se plaisait à faire des verres et des miroirs ardents, et qui aurait trouvé par hasard la combinaison par laquelle les objets sont rapprochés. Ayant eu connaissance de la demande faite par Lippershey, presque aussitôt après, le 17 octobre 1608, il présenta aux Etats Généraux une requête où il dit que son instrument produit des effets aussi puissants que celui du lunetier de Middelbourg ; il ajoute que depuis deux ans il a consacré tout son temps à des essais.

Ainsi, en octobre 1608 les lunettes étaient déjà inventées à Middelbourg. De Hollande, la connaissance de cet instrument se répandit avec une rapidité étonnante dans toute l'Europe civilisée, où on le trouve dès 1608 ou 1609 en Allemagne, en Angleterre, en France et en Italie.

De son côté Galilée, à Padoue, l'inventa de nouveau en 1609 ; aussi les découvertes se succédèrent rapidement de divers côtés et donnèrent lieu à de nombreuses discussions de priorité. Cependant on pourrait s'étonner du petit nombre de personnes qui prirent part à ces découvertes, alors si faciles à faire : c'est que les premières lunettes construites en Hollande paraissent avoir été si médiocres qu'elles ne pouvaient servir aux observations astronomiques. En fait, Galilée et Simon Marius, qui furent des premiers à tirer le meilleur parti des lunettes, avaient construit eux-mêmes celles qu'ils employaient ; dans la suite on a eu souvent l'occasion de constater de nouveau les avantages qu'avaient les astronomes capables de construire eux-mêmes leurs instruments.

Pour la première fois on put apercevoir des détails à la surface de divers corps célestes et on peut dire que de cette époque date l'*Astronomie physique*. Les découvertes se succédèrent alors très rapidement et portèrent sur tous les astres: on aperçut des taches sur le Soleil et on détermina sa rotation ; on reconnut les montagnes de la Lune et même Galilée en mesura la hauteur ; les phases de Vénus et de Mars fournirent un argument puissant à l'appui du système de Copernic; autour de Jupiter on reconnut quatre satellites et on découvrit leurs éclipses, qui devaient tant contribuer aux progrès de la géographie. Les étoiles donnèrent lieu aussi à d'importantes découvertes et on reconnut un certain nombre de nébuleuses.

Non seulement la lunette montra des astres nouveaux, mais elle servit aussitôt pour augmenter la précision des mesures : « En changeant le diaphragme, dit Galilée en 1610, vous pouvez changer le champ de la lunette ; vous le mesurerez en déterminant par exemple le temps qu'une étoile met à le traverser, et quand vous le connaîtrez il vous servira pour connaître dans le ciel les étoiles dont la distance est égale à ce champ. Il ne faut pas que ces distances soient grandes, car on ne peut faire varier ce champ qu'entre certaines limites. On pourra par ce moyen mesurer de petites distances sans commettre d'erreur qui passe 1'. »

La lunette hollandaise, formée d'un objectif convergent et d'un oculaire divergent, a le grave défaut de ne montrer qu'une petite étendue, d'avoir un *champ* fort petit, comme on dit, à cause de la divergence des rayons qui sortent de l'oculaire. Il faut aussi que l'observateur place son œil le plus près possible de l'oculaire. Ce sont là deux inconvénients que ne présente pas la lunette à oculaire convergent, que l'on trouve déjà indiquée par Képler dans ses *Paralipomena ad Vitellonem* (1604).

Longtemps le P. Schyrle de Rheita fut regardé comme le premier qui ait construit cette lunette ; mais il avait été devancé par le P. Scheiner. Dans l'ouvrage de Schyrle (*Oculus Enoch et Eliæ, sive Radius sideromysticus... 1645*) on trouve employés pour la première fois les noms d'*objectif* et d'*oculaire* pour désigner les deux verres qui constituent la lunette ; et le même est l'inventeur de la lunette terrestre, c'est-à-dire de l'oculaire redresseur : trouvant un inconvénient au renversement produit par l'oculaire convergent, il ajouta une seconde lentille pour redresser les images. Il construisit aussi des lunettes doubles ou binocles, mais en cela il avait été devancé par Lippershey et par Galilée.

Les premières lunettes avaient un pied et demi de long ($0^m,50$), et se tenaient facilement à la main. Leur longueur et leur ouverture augmentèrent peu à peu, et en 1655 Huyghens construisit un objectif de 20 pieds ($6^m,50$), puis d'autres beaucoup plus longs encore, dont un de 210 pieds (70 mètres). Le rapport de la distance focale F à l'ouverture ou diamètre de l'objectif variait de 22 pour les petites lunettes à 100 pour celles de 7 mètres et 220 pour celles de 30 à 35 mètres. En employant la notation actuelle, ce rapport variait donc de $\dfrac{F}{22}$ à $\dfrac{F}{220}$; aujourd'hui, il varie de $\dfrac{F}{10}$ à $\dfrac{F}{20}$ dans les lunettes astronomiques et monte à $\dfrac{F}{3}$ dans les objectifs photographiques.

La matière employée était du verre ordinaire que l'on tirait surtout de Murano, près de Venise; il fut toujours assez difficile d'en obtenir qui eût l'homogénéité voulue.

L'objectif de 70 mètres construit par Huyghens avait $0^m,23$ d'ouverture; on était obligé de donner aux objectifs ces longueurs focales, énormes comparativement à l'ouverture, pour éviter l'irisation des bords des images, irisation due à la dispersion de la lumière par la lentille, agissant à la manière d'un prisme.

On suspendait ces longues lunettes à des mâts plantés en plein air, et on les manœuvrait péniblement avec des cordages, comme le montrent par exemple les planches de la *Machina cælestis* (1673) d'Hévélius (*Voir* p. 129).

A défaut de mâts assez élevés, Cassini I installait parfois ses objectifs au sommet de l'Observatoire de

Paris, et se tenait lui-même au pied du bâtiment, à 27 mètres en contre-bas, l'oculaire étant tenu à la main ou parfois porté par un support approprié. La hauteur de l'Observatoire étant elle-même insuffisante, Cassini obtint une grande tour en bois qui avait servi à Marly pour élever les eaux de la Seine destinées à Versailles.

On devine quelles difficultés présentait l'usage d'aussi longues lunettes; aussi, de divers côtés proposa-t-on de laisser les lunettes fixes, suivant l'axe du monde (Boffat) ou horizontalement (Cl. Perrault) et de leur renvoyer la lumière des astres au moyen d'un système mobile de miroirs plans.

Ces idées étaient heureuses, et c'est sans doute à l'imperfection des miroirs plans, tels qu'on les construisait alors, qu'il faut principalement en attribuer l'abandon momentané.

Déjà, du reste, la découverte des télescopes à réflexion avait offert un autre moyen d'éviter l'emploi d'objectifs si incommodes : Mersenne avait proposé à Descartes de remplacer les objectifs par des miroirs concaves; en 1616, cette idée fut exécutée par le P. Zucchi; en 1663, Gregory publia la description de son télescope avec petit miroir concave; enfin, en 1672, Newton et Cassegrain firent connaître leurs télescopes, devenus classiques comme celui de Gregory : par ce moyen, et à égalité de lumière, la longueur était réduite à peu près dans le rapport de 20 à 1.

Cependant, on ne négligea pas de perfectionner les objectifs; et les travaux d'Euler, de Klingenstierna, de Dollond, conduisirent finalement celui-ci à réaliser, en 1758, des objectifs appelés plus tard *achromatiques* (sans couleurs) dans lesquels on corrige l'irisation des bords des images par l'emploi de deux sortes de verre : les nouveaux objectifs, qui se composaient tantôt de deux, tantôt de trois lentilles, avaient une longueur focale de 10 à 15 fois l'ouverture : depuis lors, aucun changement essentiel n'a été apporté à la construction des objectifs, mais leurs dimensions se sont beaucoup accrues, à mesure qu'on a pu obtenir des disques homogènes de plus en plus grands, prin-

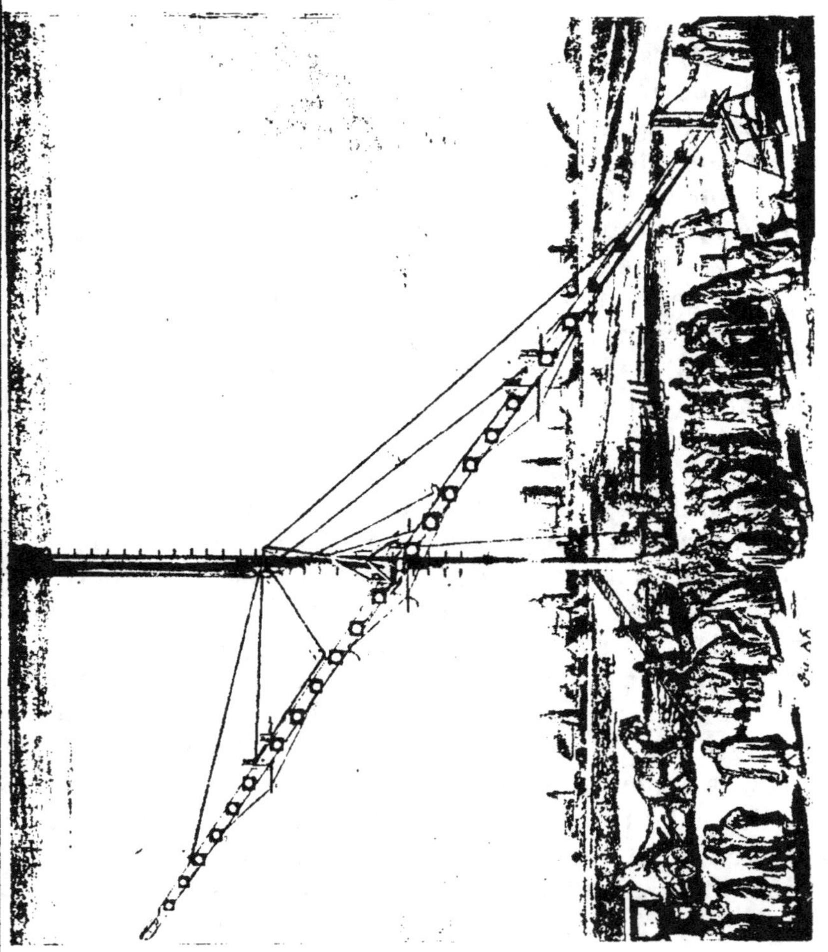

Fig. 15. — Les grandes lunettes de la seconde partie du XVIIe siècle, d'après la *Machina cœlestis* d'Hévélius.

cipalement grâce aux travaux de Guinand : avant 1800, les plus grands objectifs ne dépassaient guère $0^m,10$ à $0^m,12$ de diamètre. Vers 1830, le plus grand était celui de 9 pouces de Dorpat; puis on atteignit $0^m,38$ de diamètre (1845), $0^m,76$ en 1855, et aujourd'hui

1^m,03 (Observatoire Yerkes), pour les objectifs. Pour les miroirs réflecteurs on atteint 2 mètres et 2^m,50.

L'influence de tous les défauts croît rapidement avec l'ouverture des objectifs : des géomètres comme Clairaut, Lagrange, ... calculèrent les meilleures courbures, et le travail des surfaces, déjà très perfectionné par Fraunhofer, fut amélioré encore par Foucault.

Malgré cela, les distances focales sont redevenues très grandes et les lunettes actuelles exigent des abris extrêmement coûteux; aussi a-t-on repris les idées anciennes de Boffat, Perrault, etc., et créé, au moyen de miroirs, des dispositifs plus commodes : tels sont le sidérostat de Foucault, l'équatorial coudé de Lœwy, etc.

CHAPITRE V

LES MICROMÈTRES

Micromètres filaires. — On a vu que dès 1610
Galilée indique le moyen d'estimer la distance de
deux astres qui pouvaient se trouver ensemble dans
le champ de la lunette : l'erreur prévue dans ce genre
de mesures était 1 minute d'arc. Mais ce n'était là
qu'une estimation, que l'on facilita parfois en comparant l'intervalle à mesurer à l'angle sous-tendu par
l'image d'un objet de dimension et de distance connues.

A ces procédés primitifs, Huyghens (1659) substitua
une méthode qui consiste à placer, au foyer commun
de l'objectif et de l'oculaire, une lame de cuivre trian-
gulaire et mobile, avec laquelle on couvrait exactement l'espace angulaire à mesurer.

En 1662, Malvasia remplaça cette lame par un qua-
drillage de fils fixes qui divisait le champ de la lunette
en petits espaces rectangulaires, dont on déduisait les
dimensions angulaires à la manière ordinaire, c'est-à-
dire par le temps que mettait à les parcourir une
étoile de déclinaison connue.

Enfin, Auzout et Picard, en 1666, eurent l'idée d'employer un fil mobile, déplacé au moyen d'une vis : c'est
le micromètre filaire, encore employé aujourd'hui, et
qui a rendu à l'astronomie d'inappréciables services.

Depuis, le support de ces fils a été rendu mobile
dans son plan autour de l'axe optique de la lunette, et
ses déplacements sont mesurés par un cercle : c'est le
micromètre de position qui est actuellement d'un
usage général et qui parait avoir été réalisé pour la
première fois dans le célèbre équatorial de Dorpat.

Quant à la matière employée pour les fils, ce fut

d'abord de l'argent; on employa ensuite des fils de cocon, des cheveux, des fils de verre, de platine ... Aujourd'hui, comme fils fins, on emploie des fils d'araignée.

Micromètre à fil entraîné. — Dans les instruments méridiens, on emploie, depuis quelques années, des micromètres dont le fil mobile est entraîné avec une vitesse sensiblement égale à celle de l'astre observé; alors, l'estime des passages est remplacée par une bissection qui comporte plus de précision, et qui, surtout, supprime l'équation personnelle.

Héliomètre. — Avec les micromètres précédents, on ne peut mesurer en déclinaison des distances supérieures au champ de la lunette. Afin de pouvoir déterminer de plus grandes distances, Bouguer eut l'idée d'associer deux objectifs avec un même oculaire. Si les images de deux objets différents sont amenées en coïncidence, l'angle de ces deux objets est égal à l'angle des axes optiques des deux objectifs. L'un de ceux-ci, porté par une règle divisée, pouvait se rapprocher ou s'éloigner de l'autre, de sorte que la lecture de cette règle donnait l'angle cherché des deux objets.

Plus tard Dollond donna à cet instrument une forme plus pratique en remplaçant les deux objectifs par deux moitiés d'objectif, ce qui permit d'amener les axes optiques en coïncidence, et, par suite, de mesurer jusqu'aux distances angulaires les plus petites. Sous cette forme, l'instrument a pris de nos jours une grande perfection et a particulièrement été employé pour la détermination des parallaxes stellaires.

Micromètre prismatique de Rochon. — Il est formé par un prisme à double image achromatisé par un prisme ordinaire, et on le place entre l'objectif et l'oculaire. Il sert particulièrement à la mesure des petits diamètres.

Il existe encore d'autres genres de micromètres, basés sur des principes divers, et que nous ne pouvons même mentionner ici.

CHAPITRE VI

APPLICATION DES LUNETTES ET DU MICROMÈTRE AUX QUARTS DE CERCLE. — INSTRUMENTS MODERNES

Les lunettes, en agrandissant les objets, nous montrent des détails invisibles à l'œil nu ; et on sait que Galilée indiqua le moyen de mesurer ainsi de petites distances angulaires. Cependant les lunettes étaient déjà inventées depuis longtemps, et l'on se servait encore de simples pinnules pour viser les astres dans les mesures de grandes distances angulaires, par exemple pour déterminer leurs hauteurs apparentes. J.-B. Morin, le premier (1634) eut l'idée d'adapter une lunette à l'alidade d'un instrument divisé, mais il ignorait la propriété du foyer, et cette découverte resta stérile entre ses mains, jusqu'à ce qu'elle fut reprise, d'une manière indépendante, par Picard et Auzout[1] ; et c'est de là que date l'exactitude de l'astronomie moderne : le 21 juin 1667 on se servit encore de pinnules pour observer le solstice au lieu où l'on avait décidé de bâtir l'Observatoire de Paris, mais le 2 octobre suivant Picard avait des lunettes à son quart de cercle.

Cette idée fut combattue cependant par des astronomes célèbres, comme Hévélius, qui ne voyait pas

1. Les Anglais ont revendiqué cette idée pour Gascoigne.
On a également attribué cette idée à Roberval. Rœmer dit que Picard y eut la plus grande pa.. (*maxima ex parte debetur*).

comment se trouvait fixé l'axe optique de la lunette. Mais bientôt la mesure de la Terre, faite par Picard avec le plus grand succès et avec un quart de cercle à lunette, leva tous les doutes.

C'est avec ces instruments armés de lunettes que l'on put suivre les étoiles en plein jour, jusque près du Soleil.

Schickard le premier, en 1632, les aperçut ainsi ; Picard commença de les observer de même et au méridien, avec un quart de cercle, en 1669 ; mais dès 1668 il avait découvert à nouveau qu'on peut voir les fixes en plein Soleil.

Picard ne paraît pas avoir senti le besoin d'adapter un micromètre à la lunette de son quart de cercle. Cette idée s'est même présentée, assez tard, car elle fut proposée par le chevalier de Louville en 1714 ; elle a cependant exercé une bonne influence sur la précision des observations. Louville se servait du micromètre à la place du vernier : il plaçait le zéro de l'alidade exactement sur une division du limbe et il mesurait au micromètre la distance de l'astre à l'axe optique.

L'invention du micromètre à fil mobile et l'application des lunettes aux instruments divisés, exercèrent une influence considérable sur la précision des observations, et donnèrent alors à ce que l'on a justement appelé l'école française une prééminence indiscutable.

I

INSTRUMENTS MÉRIDIENS

On sait comment procédaient les anciens astronomes pour déterminer les positions des étoiles, et en former un catalogue rapporté à l'origine des ascensions droites, à l'équinoxe du printemps : Tycho, Hévélius, Flamsteed mesuraient indirectement les distances au Soleil de quelques étoiles distribuées tout au tour du ciel et leur comparaient les autres par la mesure directe des distances. Maintenant que l'on pouvait rapporter directement les étoiles au Soleil, et par suite au point vernal, Picard forma un nouveau plan pour la détermination des astres, un nouveau système d'observations : profitant du perfectionnement très récent apporté aux horloges par Huyghens, il abandonna les distances et eut l'idée de déterminer les différences d'ascension droite des astres par le temps écoulé entre leurs passages à un même cercle de déclinaison ; et pour celui-ci, il choisit naturellement le plus commode, le plus facile à déterminer, c'est-à-dire le *méridien* du lieu.

Quart de cercle mural dans le méridien. — En conséquence, Picard se proposa de fixer dans le méridien un quart de cercle solidement attaché à un mur ; dès 1669[1], il exprime ce vœu qui ne fut réalisé définitivement que quatorze ans plus tard en France et vingt ans plus tard en Angleterrre[2] ; mais en attendant son quart de cercle mural méridien, il fixa une lunette murale qui sans doute était mobile dans le même plan méridien, puisqu'elle permettait d'observer les astres qui avaient de 56° à 61° de hauteur.

Quant au quart de cercle mural méridien, qui avait 5 pieds de rayon, il ne fut définitivement fixé que le 25 avril 1683, et l'opération fut faite par un élève de Picard, Ph. de La Hire, qui employa cet instrument pendant trente-cinq ans, jusqu'en 1718. Il fut aussitôt remplacé par son fils, G.-Ph. de La Hire, qui lui survécut peu, car il mourut en 1719.

Lunette méridienne. — Avec son quart de cercle mural placé dans le méridien, Picard voulait évidemment déterminer les hauteurs méridiennes des astres ;

---

1. Picard vint habiter l'Observatoire en 1673 ; Cassini I en 1671. Picard y demeura jusqu'à sa mort, mais observa quelque temps rue des Postes.

2. L'arc mural de Flamsteed est de 1689.

mais voulait-il employer le même instrument à la
détermination des différences d'ascension droite?
Cette question est difficile à trancher. Nous l'avons vu
installer une lunette murale mobile dans le méridien, mais nous ignorons si son axe était court
comme celui des quarts de cercle, ou s'il était long;
et la question est importante, car avec un axe court
il serait à peu près impossible de faire décrire à la
lunette un plan parfait. C'est du moins ce qu'aperçut
bien son élève Rœmer qui plaça une lunette sur un
long axe et créa ainsi la lunette méridienne; mais
nous manquons de détails sur l'invention de cet instrument (figuré à la p. 137), qu'il avait déjà établi en
1691; et nous ne connaissons pas bien les moyens de
vérification et de rectification qu'il employait.

On ne vit pas immédiatement les avantages de la
lunette méridienne : Halley en fit établir une à
Greenwich avant 1727, mais il l'abandonna pour lui
préférer le mural. Rœmer lui-même observa dans cet
instrument des irrégularités qu'il attribua aux flexions
de l'axe de rotation, et auxquelles il essaya de remédier par des contrepoids.

La première œuvre importante faite avec la lunette
méridienne fut la précieuse série d'observations poursuivie par Bradley à Greenwich, de 1750 à 1762.

A l'Observatoire de Paris, l'emploi de la lunette
méridienne fut négligé jusque fort tard, peut-être
faute d'habile artiste pour en construire, et aussi, sans
doute, parce que cet instrument ne donnait pas les
hauteurs aussi bien que le fait le quart de cercle
mural, de sorte que l'on continua d'observer à la fois
les passages et les hauteurs avec ce dernier instrument: c'est en 1781 ou 1782 qu'une lunette méridienne
fut établie pour la première fois à l'Observatoire de
Paris.

Quant au mode d'emploi de la lunette méridienne,
longtemps on s'astreignit à la régler exactement,
c'est-à-dire à faire décrire à son axe optique rigoureu-

sement le plan méridien ; mais cela nécessitait des
réglages fréquents, d'où résultait l'instabilité. Depuis

FIG. 16. — Lunette méridienne de Römer.

plus d'un siècle on préfère déterminer les petites corrections qu'il faut appliquer aux passages observés
pour en conclure les passages méridiens.

12.

Cercle méridien. — La lunette méridienne de Rœmer portait une alidade qui décrivait à peu près le méridien et faisait connaître les hauteurs ou les déclinaisons des astres observés. Mais pendant bien longtemps on n'a pu obtenir ainsi des hauteurs aussi exactes qu'avec les quarts de cercle muraux. C'est seulement au XIXe siècle, quand l'art du constructeur eut fait assez de progrès, qu'on a de nouveau associé à la lunette méridienne un cercle donnant les hauteurs : l'instrument ainsi constitué est devenu notre *cercle méridien* qui a d'assez nombreux avantages : une seule lunette suffit pour. les deux coordonnées; on n'a plus d'étoile incomplètement observée, c'est-à-dire pour laquelle on n'a qu'une seule coordonnée, etc.

Mais il n'est pas certain qu'avec un tel instrument on ait autant de précision qu'avec une lunette méridienne et un cercle séparés.

II

INSTRUMENTS EXTRA-MÉRIDIENS

Montures équatoriales. — Tout le monde a remarqué la marche oblique suivie par les astres dans le ciel, et qui tient à ce que l'axe de la sphère céleste est oblique à la verticale pour tous les points de la surface de la Terre, les pôles seuls exceptés.

Par suite, pour suivre facilement un astre dans sa course diurne, il est indispensable de faire porter le viseur, pinnule ou lunette, par un axe parallèle à celui même autour duquel tourne la sphère céleste, c'est-à-dire aboutissant aux pôles de cette sphère.

La première mention d'un tel instrument se trouve dans Géminus, mais elle est purement théorique : on n'indique aucune observation à laquelle aurait servi alors cet appareil, aujourd'hui universellement répandu.

En réalité, il n'a été utile qu'après l'invention des
lunettes, et Scheiner[1] en construisit un de ce genre,

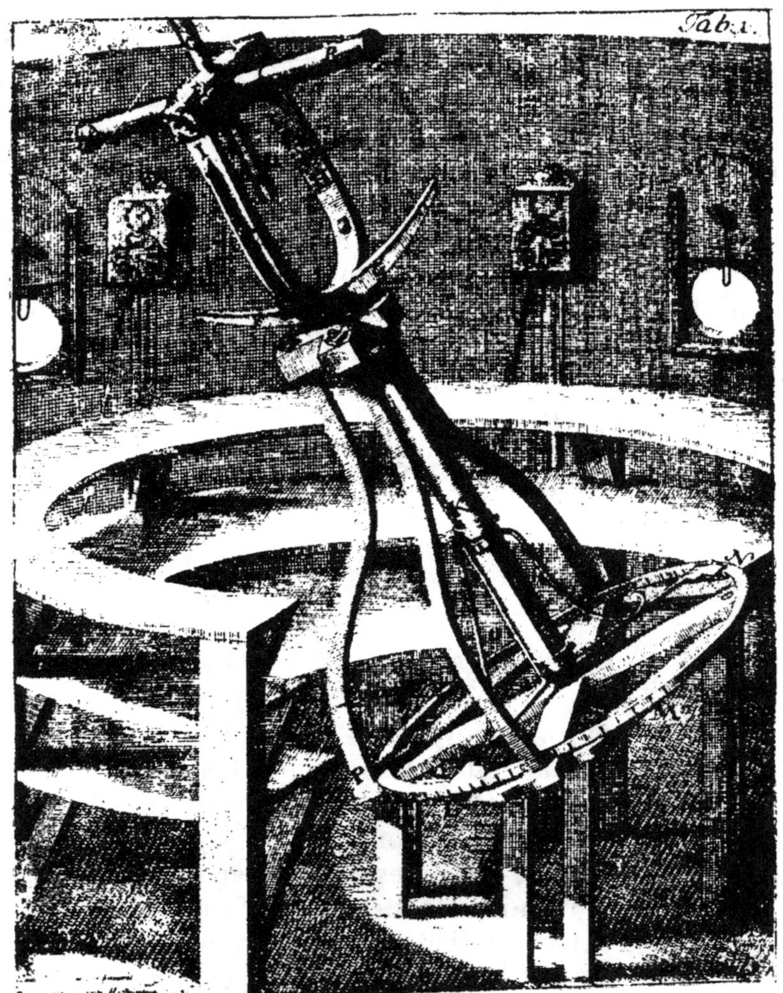

Fig. 17. — Équatorial de Römer.

qu'il utilisa pour ses observations solaires sous le
nom d'*héliotrope*.

1. Il en attribue l'invention au P. Gruenberger.

Longtemps on distingua entre la lunette et son pied à axe incliné qu'on appela *machine parallatique* ou *parallactique*, soit parce qu'elle permet à la lunette de décrire un parallèle, soit parce qu'elle sert à observer les parallaxes horaires.

A Paris, Cassini I se servit de tout temps d'une machine de ce genre. Rœmer avait déjà placé la lunette à poste fixe sur son pied incliné, comme le montre la figure 17, et cette disposition est seule employée aujourd'hui, mais sous des formes variées, dont les principales sont la monture allemande et la monture anglaise.

De tout temps, les machines parallactiques ont été munies de cercles dont l'un représente l'équateur et l'autre un cercle de déclinaison : ces cercles, ordinairement divisés, servaient à retrouver plus facilement les astres et parfois aussi à fixer la lunette.

Dans la suite, on voulut demander plus encore à ces cercles, savoir de grandes différences d'ascension droite et de déclinaison ; et, à cet effet, on munit l'instrument de cercles de grandes dimensions et finement divisés : tels sont l'Equatorial de Gambey (1828) et même l'Equatorial de la Tour de l'Ouest (1858) de l'Observatoire de Paris ; mais on n'est point parvenu, dans cette voie, à obtenir des résultats satisfaisants : les innombrables flexions que subissent la lunette et un des axes, dont la position est oblique et variable par rapport à la direction de la pesanteur, en sont la cause. Et aujourd'hui on ne demande aux équatoriaux que de petites différences d'ascension droite et surtout de déclinaison : pour celle-ci cette différence ne peut excéder le champ de la lunette.

La seule inclinaison de l'axe de rotation vers le pôle donne une énorme facilité dans l'emploi des lunettes, parce qu'on peut suivre et retrouver l'astre par un seul mouvement. On augmente encore cette facilité au moyen de mouvements lents produits par des vis, qui permettent de maintenir l'astre au milieu du champ.

Enfin, ce déplacement lent lui-même a été obtenu depuis automatiquement au moyen de mouvements d'horlogerie, de sorte que l'observateur a les deux mains libres, pour faire les mesures au moyen des micromètres que l'on adapte habituellement aux équatoriaux.

Grâce à ces perfectionnements, on arrive à manœuvrer sans trop de peine les énormes lunettes que l'on construit aujourd'hui et dont les plus grandes ont jusqu'à 20 mètres de long.

Alors, les inconvénients viennent du déplacement rapide qui emporte l'oculaire et de la manœuvre de la coupole : divers moyens et, en particulier, l'emploi de l'électricité, diminuent ces difficultés, que l'on évite aussi par l'emploi des équatoriaux coudés, etc., mais ces avantages, comme il arrive d'ordinaire, entraînent aussi des inconvénients.

LIVRE IV

LA FORME ET LA GRANDEUR DE LA TERRE. SES PREMIÈRES REPRÉSENTATIONS

CHAPITRE I

LA FORME ET LA GRANDEUR DE LA TERRE D'APRÈS LES ANCIENS

Dans la haute antiquité, on attribuait à la Terre une immobilité absolue et aussi généralement la forme d'un disque plat, arrondi, dont chaque peuple croyait occuper la partie centrale. Sur les bords était un fleuve infranchissable, du moins pour les humains.

C'est au delà de ce fleuve, vers les points cardinaux, que les Egyptiens plaçaient les quatre colonnes (voir fig. 18), qui, disait-on, supportaient la voûte du ciel, et que l'on éloigna de plus en plus à mesure que s'étendit le monde connu.

Pour les Chaldéens, la partie centrale de la Terre était occupée par des montagnes dans les régions neigeuses desquelles se trouvaient les sources de l'Euphrate.

Chez les Grecs, Homère connaissait la Grèce et ses îles, l'Épire, la Thrace; puis, à l'est et au sud, les côtes de l'Asie-Mineure, de la Phénicie, de l'Égypte et de la Lybie. Vers l'ouest, il n'avait que quelques vagues notions sur la Sicile, sur le sud de l'Italie considéré par lui comme une île. Le reste appartenait au domaine de l'inconnu, mais il regardait l'ensemble comme très vaste, puisque, au retour de Troie, le vaisseau de Ménélas avait été emporté par les tempêtes à une distance d'où les oiseaux eux-mêmes ne reviendraient pas en une année.

Pour Homère, la Terre est plate, car durant tout

Fig. 18. — Le Monde d'après les Égyptiens : essai de restitution par M. Maspéro.

le jour, depuis son lever jusqu'à son coucher, le Soleil a pu voir ses bœufs qui paissaient dans l'île de Thrinacrie; et dès son lever, l'Aurore éclaire la Terre tout entière : ainsi Homère n'avait aucune notion ni de l'obstacle que le contour de la Terre oppose à la visibilité des objets éloignés, ni de la différence des heures du jour suivant les longitudes, pas plus d'ailleurs que la différence des climats suivant les latitudes.

On connaît les opinions des philosophes de l'École

Ionienne : Thalès fait flotter la Terre sur l'eau ; Anaximandre lui attribue la forme d'une pierre taillée en fût de colonne, mais la conçoit isolée dans l'espace ; Anaximène et Anaxagore la font soutenir par l'air.

Archélaüs, qui fut le successeur d'Anaxagore dans l'école de Lampsaque, pensait comme son maître, que la Terre est soutenue par l'air ; mais, loin de la considérer comme sphérique, il la supposait circulaire et concave comme une écuelle ; il expliquait ainsi comment les eaux pouvaient y séjourner sans s'écouler par-dessus les bords ; et comme il lui attribuait des bords très élevés, il concluait que le Soleil ne doit ni se lever ni se coucher en même temps pour tous les pays, mais que (ce qui est l'inverse de la réalité), les Occidentaux devaient le voir les premiers chaque matin et les Orientaux les derniers, chaque soir. Cette hypothèse en écuelle expliquait la présence de la Méditerranée vers le fond et le cours des fleuves alors connus vers cette mer, comme le Nil du sud au nord, le Borystène du nord au sud, le Méandre de l'est à l'ouest, et l'Ister de l'ouest à l'est.

Pythagore le premier enseigna que la Terre est sphérique et située au centre du monde : divers auteurs l'affirment, et avant lui on n'en trouve aucune indication, sauf l'isolement dans l'espace conçu par Anaximandre. Si l'on songe combien cette idée se trouve en opposition avec le témoignage immédiat de nos sens, on jugera quel effort de génie elle suppose, surtout à une époque où l'on ne connaissait qu'une faible partie de la surface de la Terre. Elle réalisa un progrès énorme, et on la trouve adoptée à peu près universellement dès le milieu du ive siècle avant J.-C. On trouve même dans Aristote (*De Cœlo*) l'argument le plus sérieux que les Anciens aient connu en faveur de la rondeur de la Terre, à savoir, que la limite de l'ombre projetée par la Terre sur la Lune est toujours de forme circulaire.

Méridiens et parallèles. — Longitudes et latitudes. — Climats. — Dès que fut énoncée l'opinion de la sphéricité de la Terre, on dut considérer les cercles que nous supposons tracés à sa surface, les méridiens et les parallèles. Leur notion devança-t-elle celle des cercles correspondants de la sphère céleste? c'est bien peu probable. Nous savons du moins que Bion d'Abdère, contemporain de Socrate, avait analysé déjà les phénomènes de l'Astronomie sphérique et trouvé qu'aux pôles de la Terre il n'y a qu'un jour de six mois et une nuit de six mois.

Posidonius attribue à Parménide (env. 520 à 450 av. J.-C.) l'idée première de partager la surface de la Terre en cinq *zones*, d'après leur température; quoique cette division ne paraisse pas avoir eu d'abord un caractère astronomique, elle suppose au moins une idée vague de l'équateur et des parallèles.

A l'époque de Pythagore, le gnomon était connu depuis longtemps; on devait donc savoir qu'avec une même longueur de style l'ombre variait d'une ville à l'autre, pour un même jour, notamment à l'époque des solstices; le gnomon aurait donc pu servir à distinguer les divers parallèles terrestres, à déterminer les latitudes, mais ce n'est pas ainsi que l'on procéda tout d'abord. En effet, en premier lieu on distingua chaque parallèle par la durée du plus long jour de l'année, et cette durée était ce que les Anciens appelaient le *climat;* on disait : le climat de 13 heures, le climat de 15 heures...; et cette notion se retrouve jusqu'à notre XVIIIe siècle.

Quand on n'observait pas directement le climat, on le déterminait en employant comme auxiliaires soit la longueur de l'ombre du gnomon, soit la latitude, déduite de la longueur d'ombre, d'abord graphiquement sans aucun doute, et plus tard par le calcul : c'est ainsi que Pythéas dut opérer graphiquement pour réduire les observations faites dans ses voyages autour des côtes occidentales de l'Europe.

13

Il semble d'ailleurs que Pythéas avait été devancé, dans cette manière de procéder, par Eudoxe de Cnide : celui-ci, en effet, avait composé un *Parcours de la Terre* ou itinéraire universel, malheureusement perdu ; dans cet ouvrage, considéré comme le plus important travail de géographie antérieur à Ératosthène, Eudoxe avait, en effet, assujetti la géographie à des observations astronomiques. De son côté, Hipparque avait calculé une table de la longueur de l'ombre du gnomon pour les divers climats. Et Ptolémée, dans son *Almageste*, consacre un chapitre à montrer comment de la durée du plus long jour on déduit la hauteur du pôle, et inversement ; puis il indique comment avec ces données, durée du plus long jour ou hauteur du pôle, on peut calculer pour chaque lieu les longueurs des ombres méridiennes des gnomons, et inversement.

Ainsi, au lieu de définir les latitudes en degrés, comme nous faisons aujourd'hui, les anciens employaient le climat. Quant au terme *latitude*, employé pour indiquer la situation des lieux à la surface de la Terre, il ne parut que beaucoup plus tard : il se trouve pour la première fois, semble-t-il, dans la *Géographie* de Ptolémée.

Il est intéressant de savoir quelle précision les Anciens obtenaient ainsi dans la détermination des latitudes. On peut en avoir une idée par les cartes de la Terre dressées par Dicéarque, par Ératosthène, qui plaçaient sur le *diaphragme* ou parallèle de Rhodes : le détroit des Colonnes (Gibraltar), celui de Messine, le cap Sunium en Grèce et le golfe d'Issus, à l'extrémité orientale de la Méditerranée; pour ces quatre lieux, la plus forte différence de latitude avec Rhodes est 1° 40′ et le point correspondant est le détroit de Messine. Ainsi les latitudes des premiers géographes étaient en erreur d'environ 2°.

Quant à la notion de *longitude* terrestre, elle paraît due à Hipparque, qui eut l'idée de définir les positions

des villes à la surface de la Terre de la même manière
que celles des astres dans le ciel, c'est-à-dire par des
cercles passant par les pôles et perpendiculaires à
l'équateur, autrement dit par des méridiens. Voici
d'ailleurs ses propres expressions, conservées par
Strabon :

« Dans l'étude de cette science (la Géographie), si
« utile, non seulement à l'homme de lettres, mais
« encore à l'homme du monde, on ne peut avancer
« qu'à l'aide des observations relatives au mouve-
« ment des corps célestes et aux éclipses. Par exemple
« c'est la comparaison des climats qui seule peut nous
« apprendre si et de combien la latitude d'Alexandrie
« en Égypte est plus septentrionale ou plus méridio-
« nale que celle de Babylone. Pareillement, la dis-
« tance plus ou moins grande des pays reculés, soit
« vers l'orient, soit vers l'occident, on ne la connaît
« exactement que par la comparaison des éclipses du
« Soleil et de la Lune..... Lorsque deux pays situés
« à la même hauteur, c'est-à-dire sur le même
« parallèle, se trouvent séparés par une grande dis-
« tance, on ne saurait s'assurer s'ils sont réellement
« sous le même parallèle que par la comparaison de
« leurs climats respectifs. »

On vient de dire que pour les Anciens le climat
définissait la latitude.

Quelle est la première détermination de longitude
terrestre, faite ainsi par le moyen d'une éclipse de
Lune? C'est ce que nous ne pouvons dire ; mais Ptolémée, dans sa *Géographie*, dit que jusque-là Hipparque
seul a donné la hauteur du pôle pour un petit nombre
de villes, et y a joint la position de quelques lieux
placés sur les mêmes parallèles. Malheureusement,
ajoute-t-il, on n'a pu se procurer un assez grand
nombre d'éclipses de Lune observées en différents lieux, telles que celle qui fut observée à
Arbelles à cinq heures et à Carthage à deux heures ;
et, conformément à cette éclipse, Ptolémée donne 45°

pour la différence de longitude entre Arbelles et Carthage, tandis que la vraie différence est 34° ou $2^h,16^m$; ainsi dans cette éclipse, citée comme un modèle trop rare, l'erreur atteint 11°, le quart de la quantité considérée.

Ces observations simultanées restèrent donc extrêmement rares. Pline lui-même, qui a tout recueilli et tout cité, n'en indique pas une seule ; et, contrairement à ce qu'on aurait pu espérer, cette idée si heureuse resta longtemps sans amener dans la géographie les profondes améliorations qu'elle renfermait. Aussi les erreurs primitives subsistèrent extrêmement longtemps : telles sont par exemple celles qui concernent la longueur de la Méditerranée, malgré la situation de cette mer placée au centre même des pays civilisés et sillonnée par d'innombrables vaisseaux.

Dans le système d'Homère, la Méditerranée au delà de Sicile est tellement rétrécie, qu'un seul jour suffit à Ulysse pour aller de l'île de Circé, à l'entrée de l'Océan, et qu'il revint ensuite, dans une seule journée, du séjour de cette magicienne au détroit de Sicile.

Bien longtemps après, les historiens et les géographes plaçaient encore les Colonnes d'Hercule près de la Sicile ; pour Dicéarque, la distance était seulement de 7.000 stades, mais Strabon l'évalue à 13.000. Par contre, on allongeait considérablement la partie orientale de la même mer. Ainsi Ptolémée donne à la Méditerranée 62° en longitude, c'est-à-dire un tiers de trop ; et ces erreurs énormes ont pesé sur la Géographie jusqu'au xviie siècle : à l'aide d'éclipses de Lune, Gassendi diminua de deux cents lieues la longueur encore admise de la Méditerranée, principalement sur l'autorité de Ptolémée. Il est vrai que les Arabes avaient apporté des corrections importantes, mais leurs écrits n'étaient pas encore assez connus.

Une autre erreur, célèbre aussi, et qui eut une influence considérable sur les découvertes de Christophe Colomb, c'est l'idée que des Colonnes d'Hercule à l'Inde, en passant par-dessous, il n'y a pas une bien grande distance. Cette manière de voir avait déjà été discutée par Aristote. Marin de Tyr donnait 225° de longitude au pays des Sines, pays qui précédait encore la Chine; et Strabon croyait les Indes aux antipodes de l'Espagne. Ptolémée, qui diminua de 47° à 48° la longitude donnée ainsi par Marin, la faisait encore trop forte de 45°; ainsi l'erreur de Marin était de plus de 2.200 lieues. Cette opinion, sur l'énorme longitude de l'Inde, reproduite fréquemment par des auteurs de l'époque romaine, avait encore beaucoup de partisans sur la fin du Moyen Age. Aussi Christophe Colomb ne comptait que 90° de longitude par l'Ouest entre les Canaries et l'Asie orientale. S'il avait su qu'il y en avait réellement 200, aurait-il osé concevoir la pensée de son expédition? Aussi quand, dans la nuit du 11 au 12 octobre 1492, il rencontra San Salvador, dans les îles Lucayes, il se crut dans un des archipels qui couvrent la côte orientale de l'Asie. Il garda cette persuasion même après ses trois autres voyages, car au temps de sa mort (mai 1506) les découvertes continentales n'étaient pas assez avancées pour avoir pu le détromper; et cependant depuis plus de seize siècles Hipparque avait indiqué un moyen pratique de déterminer les longitudes géographiques! On voit combien ses idées furent longues à germer; mais nous touchons à l'époque moderne, et elles vont donner les plus beaux résultats.

13.

CHAPITRE II

LES PREMIÈRES MESURES DE LA TERRE : D'ÉRATOSTHÈNE AUX ARABES

Dès le temps d'*Aristote*, vers le milieu du IVe siècle avant notre ère, on avait non seulement une idée de la forme de la Terre, mais encore une connaissance assez exacte de sa grandeur. Sur la manière dont on avait connu cette grandeur, nous ne savons que ce qu'en dit Aristote, dont voici les expressions (*De Cælo*, II, 16) :

« Les mathématiciens qui ont essayé de calculer la « grandeur de la circonférence de la Terre, disent « qu'elle peut aller à quarante myriades de stades « (400.000), d'où l'on peut conclure non seulement « que la masse de la Terre est sphéroïde (de forme « sphérique), mais encore que cette masse n'est pas « fort grande en comparaison des autres astres. »

Aristote, qui termine par ce passage le Livre II de son *De Cælo*, n'indique ni les auteurs de cette détermination, ni le principe de la méthode qu'ils ont employée. Mais, à part Eudoxe, on ne voit personne à qui cette valeur aurait pu être empruntée ; dans son *Parcours de la Terre*, il avait naturellement été amené à parler de la grandeur du globe, et il est sans doute l'auteur de cette estimation ; car Aristote ne parle point d'une mesure effective, mais seulement de tentatives pour estimer, conjecturer, trouver par le calcul.

Et de même quant à la méthode employée, on ne peut douter que, dès lors, on avait conçu celle qu'on emploie aujourd'hui et qui exige une double opération, partie astronomique, partie géométrique : celle-ci fait connaître la *distance* linéaire de deux points ou la longueur de l'arc mesuré, en stades par exemple, et l'autre donne l'*amplitude*, la différence de latitude des deux extrémités de cet arc et par suite la fraction correspondante du tour de la Terre.

Pour Eudoxe, la différence des ombres solsticiales du gnomon aux deux stations, supposées sur le même méridien, pouvait lui donner l'amplitude; et quant à la distance, comme les communications étaient beaucoup plus faciles par mer que par terre, il est probable qu'on l'avait simplement évaluée par la durée de la navigation.

D'Aristote à Ptolémée, dans l'espace d'environ cinq siècles, on trouve quatre évaluations successives et plus ou moins distinctes de la circonférence de la Terre : passons-les successivement en revue.

Archimède, dans son *Arénaire*, attribue incidemment, et d'après des auteurs qu'il ne désigne pas, 30 myriades de stades (300.000) à la longueur du tour de la Terre. On a pensé que cette évaluation se rapporte à celle d'Ératosthène, dont il va être question, et qui aurait précédé la rédaction de l'*Arénaire*. Ératosthène dit 25 myriades de stades, au lieu de 30; mais on s'explique naturellement qu'Archimède ait adopté une valeur plus grande, car son raisonnement demande plutôt qu'il exagère.

Toutefois, on a admis aussi que cette valeur de 300.000 stades se rattacherait plutôt à la polémique d'un auteur inconnu, combattant Démocrite, qui niait la sphéricité de la Terre.

La première mesure de la Terre sur laquelle nous ayons quelques détails, est celle d'*Ératosthène* : l'arc employé s'étend de Syène, dans l'Égypte tropicale, à Alexandrie, où habitait Ératosthène; sa longueur fut évaluée à 5.000 stades, mais on ignore comment. Seulement on sait qu'Alexandre le Grand et ensuite les Ptolémée, comme l'avaient déjà fait les Babyloniens et comme le firent plus tard les Romains, entretenaient des mesureurs spéciaux, des marcheurs, pour évaluer les chemins de leur possession. Les *bématistes* (de βημα, pas) d'Alexandre le Grand devinrent célèbres et on cite deux de ses ingénieurs, Béton et Diognète, qui l'accompagnaient, levaient des plans, mesuraient des distances... Ainsi, les distances d'une ville à l'autre étaient connues en Egypte, et c'est sans doute ainsi qu'Ératosthène put d'autant mieux fixer la distance de Syène à Alexandrie, que ses fonctions de directeur de la Bibliothèque lui rendaient accessibles toutes sortes de documents.

Pour l'amplitude, Ératosthène la détermina au moyen des hauteurs du Soleil au solstice d'été. D'un côté, c'était chose connue qu'à Syène, le jour du solstice d'été, à midi, le Soleil était verticalement au-dessus de la tête, de sorte que les corps ne jetaient plus d'ombre, et que les puits étaient complètement éclairés jusqu'au fond : ainsi, la distance du Soleil au zénith était alors nulle. D'autre part, Eratosthène mesura la même distance zénithale à Alexandrie et la trouva de $^1/_{50}$ de circonférence, d'où il conclut que le tour de la Terre est de 50 fois 5.000 stades ou 250 000; et, pour avoir des nombres ronds, il aurait admis 252.000 stades, soit 700 au degré.

Pour la mesure de la distance solsticiale du Soleil au zénith d'Alexandrie il serait naturel de penser qu'Ératosthène employa les célèbres armilles qu'il avait obtenues de Ptolémée Evergète. Mais on a vu les doutes qui planent sur l'existence même de l'armille solsticiale; et, en effet, Cléomède dit que, pour la mesure dont nous parlons, Ératosthène employa le Scaphé; cela est confirmé par Ptolémée qui, parlant dans sa *Géographie*, de la détermination de la circonférence de la Terre par ses prédécesseurs, dit qu'ils observaient aux sciothères la position des zéniths des deux lieux et en concluaient l'arc compris entre eux. On a également émis l'idée que le gnomon a servi pour cette opération.

Quelle exactitude Ératosthène attribuait-il à sa

valeur du degré de 700 stades? Les nombres ronds qu'il adopte, la différence de longitude entre Alexandrie et Syène qu'il néglige, tout semble indiquer une approximation grossière. Et cependant, par ce que l'on sait de la longueur des stades anciens, cette valeur serait d'une exactitude surprenante, car elle donnerait 39.690 kilomètres, au lieu de 40.000, pour le tour de la Terre. Faut-il admettre un heureux hasard? Certes, nous en verrons d'autres exemples dans la même question; mais on a pensé qu'il faut distinguer entre la méthode d'exposition adoptée par Ératosthène et les procédés réellement employés, qu'il n'était pas alors dans les habitudes de décrire en détail. Les nombres ronds de $1/_{50}$ de circonférence et de 5.000 stades ne seraient pas ceux donnés par les mesures réelles; mais les résultats obtenus, corrigés de la différence des longitudes, auraient été modifiés de manière à placer théoriquement sous le tropique l'extrémité méridionale de l'arc. Et le grand talent d'Ératosthène résiderait justement dans la discussion des données incertaines dont il disposait, et dont il sut conclure un résultat si précis.

Posidonius (de 133 à 49 av. J.-C.) est aussi l'auteur d'une évaluation célèbre du tour de la Terre. Ce stoïcien illustre, né à Apamée, en Syrie, fut en même temps astronome, géographe, historien, homme d'État. Après avoir étudié à Athènes, il visita l'Italie, la Sicile, la Gaule, l'Espagne, etc., et ensuite alla ouvrir à Rhodes une école où il eut pour auditeurs Cicéron et Pompée : il est donc, en quelque sorte, le successeur d'Hipparque.

Tous ses ouvrages sont perdus, mais sa mesure de la Terre nous a été conservée par Cléomède.

Les extrémités de son arc sont Rhodes et Alexandrie, qu'il suppose sur un même méridien, et dont il évalue la distance à 5.000 stades.

Pour l'amplitude correspondante, il la détermine

par le moyen de l'étoile Canopus qui, à Rhodes, paraissait à peine au-dessus de l'horizon, tandis qu'à Alexandrie sa hauteur méridienne atteignait $^1/_4$ de signe ($7°^1/_2$), ou $^1/_{48}$ de la circonférence; d'où résulte, pour le tour de la Terre, la longueur de 240.000 stades, soit 666,66 stades au degré.

Les nombres ronds adoptés par Posidonius portent à penser qu'il n'attribuait pas à sa détermination une grande précision. Ses données étaient d'ailleurs fort suspectes l'une et l'autre : la longueur de l'arc ou distance de Rhodes à Alexandrie, était manifestement trop grande; il était d'ailleurs insoutenable qu'on pût obtenir quelque précision dans une évaluation de distance sur mer, à cause des vents, des courants, comme le remarque déjà Ptolémée. D'autre part, l'amplitude était altérée par la réfraction, que l'on commençait de soupçonner et qui devait la diminuer; en fait, il admet $7° ^1/_2$ pour cette amplitude, qui est réellement de $5° ^1/_4$. Et cependant, avec les valeurs adoptées du stade, la mesure de Posidonius serait peu erronée, car elle donnerait 37.810 kilomètres pour le tour de la Terre. Alors, faut-il admettre également ici qu'il y a eu compensation; ou encore que Posidonius, comme Ératosthène, aurait donné d'autres nombres que ceux fournis directement par l'observation? C'est une question à laquelle il paraît impossible de répondre.

Le principe employé par Posidonius pour la mesure de l'amplitude est, en général, susceptible de plus d'exactitude que celui d'Ératosthène, mais l'application en est mal choisie, en raison de la réfraction. On a, il est vrai, émis l'avis que Posidonius a simplement voulu donner un exemple numérique de l'application de son procédé.

Une dernière mesure de la Terre mentionnée par les Anciens est celle de *Ptolémée* qui, dans sa *Géographie*, évalue le tour du globe à 180.000 stades, soit

500 au degré; mais il s'agit ici d'un autre stade que dans les mesures précédentes.

Ptolémée s'étend longuement sur le principe de la méthode, montrant qu'il n'est pas nécessaire de choisir un arc de méridien, qu'il suffit de mesurer un arc de grand cercle dont on connaît l'orientation, etc. Mais il garde le silence sur l'opération elle-même, et ne dit pas qu'on ait jamais tenté de l'exécuter. Sans doute elle n'a pas été réalisée ainsi, et son résultat paraît être celui de Posidonius : leurs nombres sont dans le rapport de 3 à 4, qui est également celui de deux des stades les plus employés de l'antiquité.

Il résulterait de tout cela, sous toutes réserves cependant, que les Anciens auraient connu fort exactement la grandeur de la Terre; ce qui est à rapprocher de l'opinion émise au xviiie siècle par D'Anville et soutenue au xixe par Letronne, que toutes ces évaluations données par les Grecs dériveraient d'une antique mesure de l'Égypte, effectuée sous les Pharaons avec une très grande exactitude. Mais rien n'est venu pour confirmer cette opinion, au contraire.

Après un intervalle de près de sept siècles, les *Arabes*, à leur tour, entreprirent une mesure de la Terre, par ordre d'Al-Mamoun, leur septième Calife, surnommé l'*Auguste* des Arabes à cause de sa magnificence. Des mathématiciens habiles se rendirent dans la vaste plaine de Sindjar, en Mésopotamie, et là, se divisant en deux groupes, ils suivirent, les uns vers le Nord, les autres vers le Sud, une direction alignée suivant le méridien ; ayant constaté que depuis le point de départ la hauteur du pôle avait changé de 1°, ils retournèrent les uns vers les autres se communiquer le résultat, qui fut 57 milles pour un groupe et 56 $\frac{1}{4}$ pour l'autre. Le mille employé est de 4.000 coudées noires, mais la valeur exacte de cette coudée n'est pas connue.

Dans la suite aucune autre mesure de la Terre ne fut exécutée que par les modernes.

CHAPITRE III

REPRÉSENTATION DE LA TERRE : LES PREMIÈRES CARTES GÉOGRAPHIQUES

La Géométrie naquit, dit-on, sur les bords du Nil, du besoin de retrouver les limites des champs sous le limon déposé par le fleuve. Aussi le cadastre égyptien existait dès la plus haute antiquité ; sans doute il comportait quelque représentation géométrique du sol. Peu à peu, on dut figurer des régions de plus en plus étendues, et enfin des pays entiers : on parle d'un Pharaon qui exposa aux yeux de ses sujets une représentation des pays soumis par ses armes.

De même, on a trouvé en Babylonie d'antiques représentations du monde chaldéen.

Les Phéniciens avaient, dit-on, composé des cartes à l'aide desquelles leurs vaisseaux se guidaient jusqu'au delà des Colonnes d'Hercule, et les Grecs seraient parvenus à s'en procurer quelques-unes.

On attribue cependant à Anaximandre la première carte géographique connue, mais qu'il ne fit sans doute qu'étendre ou perfectionner ; quelque carte antérieure, comme la sienne, fut corrigée par Hécatée qui l'accompagna d'un itinéraire du monde, cité par Strabon. Démocrite, de son côté, traçait des cartes ou figures de la Terre.

L'usage de ces cartes se répandit rapidement, comme le prouve un passage des *Nuées* d'Aristophane : un disciple de Socrate en présente une à Strepsiade, et l'on peut, par quelques traits de leur dialogue, se former une idée assez complète des détails qu'elle figurait :

« — Cela sert à mesurer la Terre.

« — Quoi ! celle que l'on partage après la victoire ?

« — Point du tout ; c'est la Terre universelle... « Tiens, voilà tout le tour de la Terre. Le vois-tu ? « Voilà Athènes.

« — Que dites-vous donc là ? Je n'en puis rien « croire, car je n'aperçois pas de juges sur leurs sièges.

« — Voilà pourtant tout le territoire de l'Attique.

« — En quel endroit sont les Cicynniens, mes « compatriotes ?

« — Les voici, et voilà l'Eubée : comme tu vois, « cette île est d'une grande étendue.

« — Oh ! oui : Périclès et vous, vous l'avez, à « force d'impôts, rendue immense en produits. Mais « où est Lacédémone ?

« — La voici.

« — Diantre ! elle est bien près de nous : il la « faut éloigner bien vite. »

Il résulte également de ce que rapporte Plutarque, dans la *Vie d'Alcibiade*, que les citoyens d'Athènes s'amusaient à tracer les figures des provinces puniques et siciliennes qu'ils se proposaient d'envahir; et aussi qu'on exposait des cartes géographiques représentant la Terre entière.

Ces anciennes cartes n'avaient ni méridiens, ni parallèles, et manquaient de points fixes auxquels on pût rapporter les limites des contrées, les positions relatives des lieux : c'étaient des tableaux bien plutôt que des cartes.

Dicéarque, disciple d'Aristote, imagina comme il suit de remédier aux inconvénients de ce système : ce géographe, qui fut en même temps philosophe, orateur et historien, avait composé, pour l'ensemble de la Terre connue, une carte générale qui fut célèbre dans l'antiquité : à peu près à égale distance des extrémités nord et sud, il y avait tracé une droite,

continue parallèle à l'équateur, divisée en stades à la
manière de nos échelles, et qui marquait la longueur
ou *longitude* de la Terre connue. Comme cette ligne
partageait la carte en deux, elle reçut le nom de *diaphragme*; elle correspondait au 36ᵉ parallèle de latitude nord, et passait par Rhodes. En outre, Dicéarque
avait tracé une ligne nord-sud, donc perpendiculaire
au diaphragme, passant aussi par Rhodes, et pareillement divisée en stades : étendue jusqu'aux limites
nord et sud du monde alors connu, elle était moitié
à peu près du diaphragme et correspondait à la largeur ou *latitude* de la Terre.

Au moyen de ce système d'axes de coordonnées,
dont on trouve ici le premier exemple, il fut possible
de placer toutes les villes, tous les points qui étaient
connus, ordinairement par leurs distances, et parfois
aussi par leur *climat* ou latitude. Aussi la carte de
Dicéarque eut une précision relative qu'on ne trouvait
pas dans les cartes antérieures, et elle resta un type
dont on ne s'écarta plus, au moins jusqu'à Hipparque
et même jusqu'à Ptolémée.

La carte qui accompagnait la *Géographie* d'Ératosthène était une reproduction corrigée de celle de
Dicéarque : diaphragme et ligne nord-sud se coupant
à Rhodes, divisés tous deux en stades et formant ainsi
l'échelle de la carte ; celle-ci n'était encore qu'un
tableau gradué, sur lequel les lieux étaient placés par
leurs distances au diaphragme et à sa perpendiculaire, toujours en s'aidant du petit nombre de latitudes déterminées soit avec le gnomon, soit par
l'observation du plus long jour de l'année.

Quant à l'emploi des longitudes, il était ignoré
encore, et il faut laisser arriver le temps d'Hipparque
pour apprendre à déterminer cette seconde coordonnée qui est restée, encore jusqu'à aujourd'hui, plus
difficile à obtenir que la latitude.

Invention des projections. — Ces cartes primitives n'étaient pas assujetties à un mode régulier de projection, et, par suite, ne pouvaient figurer exactement les positions relatives des divers lieux. On sait, en effet, qu'aucune partie de la surface d'une sphère n'est développable sur un plan ; il y a donc nécessairement une déformation quand on veut représenter sur une carte, c'est-à-dire sur un plan, un pays de quelque étendue. De là résulte la nécessité de créer des règles auxquelles on assujettit cette déformation, afin de pouvoir remonter des mesures prises sur la carte à leurs correspondantes sur la surface de la Terre : chaque manière conventionnelle de représenter ainsi la Terre ou ses parties constitue ce qu'on appelle un système de *projection*, et le plan sur lequel se fait la représentation est le *plan du tableau*.

Le système de projection le plus anciennement connu est le système *orthogonal* dans lequel chaque point de la surface de la sphère est représenté par le pied de la perpendiculaire abaissée de ce point sur le plan du tableau : c'est le plus simple, le plus naturel, et il a été imaginé par Apollonius de Perge.

Hipparque inventa un autre système, celui de la projection *stéréographique*, fréquemment employé encore, et qui jouit de propriétés remarquables. On sait que ce service n'est pas le seul qu'Hipparque ait rendu à la Géographie, puisqu'il imagina la détermination astronomique des longitudes ; aussi l'a-t-on appelé avec raison « le père de la véritable Géographie ». Et cette dernière idée apporta dans la construction des cartes générales une simplification énorme, dont on peut se faire une idée en lisant, par exemple dans Strabon, les longues discussions auxquelles on se livrait quand il fallait placer les contrées éloignées. En outre, l'emploi des longitudes, combiné avec celui des latitudes, connu depuis longtemps, allait empêcher l'inévitable accumulation d'erreurs de toutes sortes que comportaient les distances et les directions.

Dès lors, les vrais principes étaient posés, mais l'application en fut extrêmement lente.

Nous ne savons rien des cartes de Marin de Tyr, dont les ouvrages ne nous sont point parvenus.

Quant à Ptolémée, aucune des cartes qui accompagnent ses manuscrits ne paraît être contemporaine du texte. La raison qui en a été donnée c'est que Ptolémée était le guide universel des marins, dont chacun corrigeait dans son exemplaire les erreurs qu'il y apercevait, et, de là, aurait résulté le grand nombre de variantes que l'on trouve dans les manuscrits grecs pour les côtes orientales de la Méditerranée, et dans les manuscrits latins pour les côtes occidentales. Certains manuscrits renfermeraient des cartes du v⁰ siècle, faites par un certain Agathodœmon, qui vivait 300 ans après Ptolémée, et, quant aux cartes qui accompagnent les éditions imprimées, elles furent généralement dressées au xvᵉ siècle.

Les Romains entreprirent de grands travaux géodésiques, dont ils avaient senti l'importance pour l'administration de leur vaste empire, mais il nous reste peu de chose de leur immense travail. Par un sénatus-consulte, Jules César ordonna que le monde romain tout entier (ce qui doit s'entendre sans doute des routes seules) serait mesuré par des hommes de la plus grande habileté, doués de tous les genres de savoir; et, en effet, une véritable armée de géodètes et d'arpenteurs fut occupée à cet immense travail, qui dura vingt-cinq ans, et fut peut-être dirigé par Agrippa, gendre d'Auguste, auquel une opération analogue est attribuée. Les noms des principaux chefs du travail nous ont été conservés : Zenodoxus pour l'Orient, Theodotus pour le Nord, Polyclitus pour le Midi et peut-être Didymus pour l'Occident.

D'après Pline, Agrippa voulait consacrer par un monument le souvenir de ce vaste et beau travail : il avait tracé le plan d'un large portique sous lequel il voulait « déployer la carte du monde aux yeux de l'univers ». Mais il mourut sans avoir vu l'achèvement de cette œuvre, et la carte ne nous est point parvenue, ce qui est peu étonnant, puisque la possession des simples itinéraires qui servaient à diriger la marche des armées, était, pour un particulier, un crime de lèse-majesté.

Le fond de cette carte était sans doute un routier général de l'empire ; était-il assujetti à des observations astronomiques ? les documents sont muets, et cela paraît bien peu probable, étant donné l'esprit purement pratique des Romains ; seulement le routier devait être accompagné de renseignements de toutes sortes et qui ne nous sont point parvenus davantage. C'est alors que fut érigée au centre de Rome la colonne militaire, *Milliarium aureum*, d'où rayonnaient vers les frontières les grandes voies militaires dont le mesurage venait d'être effectué.

Un des rares vestiges qui nous restent est la carte dite de Peutinger, qui paraît être du IVe siècle, mais recopiée au XIIIe : les pays et les villes n'y sont point marqués suivant leur position géographique, mais rangés arbitrairement les uns à la suite des autres, de l'Ouest à l'Est, sans égard aux longitudes et latitudes ; pour le bien montrer, il suffit de dire que cette carte, conservée à Vienne, a 21 pieds de long sur un de large.

Ptolémée put tirer parti des mesures ainsi faites dans toute l'étendue de l'empire romain. Après lui s'ouvre une période où tout progrès s'arrête et où les documents disparaissent : telle est cette mappemonde de Charlemagne, gravée sur une table d'argent, et que son petit-fils Lothaire, pendant la guerre contre ses frères, mit en pièces en 842 pour en distribuer les morceaux à ses soldats.

Abandonnée en Occident, la Géographie économique et descriptive fait de grands progrès chez les Arabes, particulièrement en Orient, grâce à l'étendue de leurs conquêtes et de leurs relations commerciales. Mais,

14.

pour la Géographie mathématique, ils la laissent à peu
près telle qu'ils l'avaient reçue des Grecs : leurs latitudes, moins médiocres sans doute, sont encore erronées de 30', parfois de 1°, et ils n'apportèrent aucune
amélioration à la determination des longitudes par les
éclipses ; à la vérité, 500 ans avant les Occidentaux,
ils reconnurent certaines erreurs énormes de Ptolémée
sur diverses parties de la Méditerranée, mais c'est sans
doute grâce à des mesures itinéraires, par l'emploi
de cartes marines ou portulans, documents côtiers
qui ont toujours été d'une grande exactitude relativement aux détails.

Quant à leurs cartes, rien n'est plus informe que
celles qui sont jointes à leurs manuscrits : il n'y a ni
projection, ni graduation, et rien n'y rappelle les
formes réelles des pays.

Dans l'Europe du Moyen Age on trouve quelques
mentions sur l'habitude qu'on avait dans les écoles
de figurer sous les portiques des cartes, où l'on pouvait étudier les grands traits physiques et la situation
des diverses parties du monde.

Après les Croisades, qui préparèrent le grand mouvement de rénovation, la Géographie renaît en Occident, où fut alors introduite la connaissance de la
boussole ; et, au XIVᵉ siècle, on rencontre quelques
cartes générales, dans lesquelles d'ailleurs l'influence
arabe est manifeste. Puis le nombre des cartes qui
nous ont été conservées augmente rapidement au
XVIᵉ siècle : certaines y indiquent l'Amérique, même
avant la naissance de Christophe Colomb.

Les voyages par terre, vers l'Orient, n'étaient alors
ni impossibles, ni très rares, comme le montre celui
de Marco Polo en Chine, et de bien d'autres ; ils
auraient pu donner de précieuses indications sur
l'étendue est-ouest de la terre habitable, mais le
défaut d'observations astronomiques leur ôtait tout
caractère de précision ; d'ailleurs, ce fut peut-être
une circonstance heureuse, car, on l'a vu, c'est ce qui

avait fait placer si loin en longitude l'extrémité de l'Asie et décidé Christophe Colomb à tenter par l'Ouest la recherche d'une route pour atteindre les Indes.

Au xvᵉ siècle les découvertes des Portugais autour de l'Afrique et jusque dans l'Inde, celles des Espagnols en Amérique, donnèrent une vive impulsion à la cartographie, et nous avons encore des cartes nombreuses du xvıᵉ siècle : les contours généraux y sont assez exacts, ainsi que les latitudes, que les instruments nautiques de l'époque donnaient à un tiers de degré près; mais les longitudes y sont encore fort erronées.

Plus que jamais cependant la connaissance des longitudes était indispensable, puisque les longues navigations de haute mer étaient désormais inévitables; aussi allons-nous assister à d'innombrables efforts pour résoudre ce problème célèbre.

CHAPITRE IV

LE PROBLÈME DES LONGITUDES

Les Anciens avaient conçu les méthodes propres à faire connaître la grandeur et la forme de la Terre ; de très bonne heure on sut déterminer les *climats* ou les latitudes ; Hipparque établit le principe de la détermination des longitudes par la différence des heures locales, et, en outre, indiqua les éclipses comme moyen pratique pour cette détermination ; déjà on connaissait avant lui la projection orthogonale, qui offrait un moyen de représentation régulier de la Terre par des cartes, et il y ajouta sa projection stéréographique dont les propriétés sont si remarquables.

En résumé, dès le milieu du second siècle avant notre ère, on connaissait les principes essentiels des méthodes que nous employons encore aujourd'hui pour déterminer la grandeur et la forme de la Terre, et pour la représenter non seulement par des globes, mais par des cartes.

Comment alors s'expliquer l'imperfection des essais faits dans cette direction par les Anciens, et les erreurs si grossières que nous avons trouvées jusque dans le XVIᵉ siècle ?

L'imperfection des instruments en fut certainement une cause importante ; mais la principale paraît avoir été la difficulté assez grande des voyages, et, plus encore sans doute, l'absence d'esprit de précision des commerçants qui les entreprenaient. On continuait ainsi la tradition des anciens auteurs de périples : les vrais voyageurs, au sens moderne du mot, n'ont paru que beaucoup plus tard.

Le perfectionnement, encore lent, des arts mécaniques, donna des instruments moins imparfaits ; mais il ne faut pas oublier que Copernic observait avec des règles de bois dont les divisions, faites à la main par lui-même, étaient marquées à l'encre. De ce côté, le premier et capital progrès fut dû à l'invention des lunettes qui permit l'emploi de nouvelles méthodes et l'amélioration des anciennes ; et, outre cette influence directe, elle en eut une autre, indirecte il est vrai, mais très importante aussi, par les progrès qu'elle provoqua dans l'astronomie et en particulier dans la construction des instruments.

Les grands progrès amenés ainsi par la découverte des lunettes se produisent presque simultanément dans toutes les directions : nous allons d'abord les considérer dans la détermination des coordonnées géographiques, et ensuite dans les mesures précises du globe par les déterminations d'arcs de méridien.

Coordonnées géographiques. — Problème des longitudes. — La détermination complète d'un point à la surface de la Terre se fait par trois coordonnées, correspondant aux trois dimensions de l'espace, et dont le choix comporte une part d'arbitraire. En topographie, on rapporte les points les uns aux autres par leur direction et leur distance relative, et nous avons vu que les anciens construisaient ainsi leurs cartes. Mais dans cette méthode les erreurs peuvent s'accumuler, ainsi qu'il était arrivé en effet ; aussi les trois coordonnées généralement employées, quand il s'agit de grandes étendues, sont la longitude, la latitude et l'altitude. Nous aurons peu à dire sur l'altitude et sur la latitude, qui se déterminent facilement. Pour la latitude, on a toujours pu la déterminer avec la précision nécessaire, même en mer, et nous avons indiqué les instruments qu'on a employés jusqu'au xviiie siècle. Aujourd'hui en mer, on emploie le sextant que l'on utilise également à terre, concurremment avec les instruments qui donnent les hauteurs des astres, comme le théololite, le cercle mural, etc.

Mais la longitude a toujours été et est encore plus difficile à déterminer, de sorte que le problème des longitudes se confond, pour ainsi dire, avec celui de la détermination complète des coordonnées géographiques.

La découverte de l'Amérique, en imposant la grande navigation, rendait indispensable désormais la connaissance des longitudes en mer. Les gouvernements proposèrent des prix[1] importants pour la solution de ce problème, et de tous côtés on fit connaître des méthodes variées, mais qui cependant se ramènent aux trois types suivants.

I. L'un est celui du transport du temps ; nous avons déjà vu que ce moyen, proposé dès 1510, devint pratique seulement au xviiie siècle, grâce aux perfection-

---

1. Déjà en 1603, Henri IV accordait une forte pension à l'inventeur d'un procédé qui améliorait tant soit peu les méthodes alors employées.

En 1604, Philippe III d'Espagne s'engage à donner un prix de 100.000 écus à celui qui résoudra ce problème d'une manière satisfaisante.

En 1606, les États de Hollande offrent 100.000 florins pour le même objet.

En 1634 Richelieu fait étudier une méthode proposée par Morin et réunit à l'Arsenal une commission célèbre.

Louis XIV, en 1668, promet 100.000 livres à un Allemand qui prétend avoir trouvé une méthode pour déterminer les longitudes.

En 1714, sous la reine Anne, le parlement d'Angleterre fonde un prix de 20.000 livres sterling pour celui qui donnera une méthode propre à déterminer les longitudes, après six semaines de navigation, à un demi-degré près ; et Harrisson obtint la moitié de ce prix pour une montre qui avait rempli la plupart des conditions imposées.

nements apportés au chronomètre. Aujourd'hui, combiné depuis peu à la télégraphie sans fil, il remplace déjà les autres procédés dans l'usage courant.

II. Le mouvement de la Lune, utilisé de diverses manières, fournit autant de procédés ou méthodes pour la détermination des longitudes. Le principe de tous ces procédés est facile à comprendre : s'il était possible d'installer dans le ciel une immense horloge dont le cadran fût visible de tous les points de la Terre, et qui marquât l'heure du premier méridien, il suffirait de comparer l'heure ainsi indiquée à l'heure locale pour connaître le méridien sur lequel on se trouve, c'est-à-dire sa longitude. Or, on comprend que cette conception peut être réalisée par tout astre qui se déplace dans le ciel, pourvu que l'on sache calculer sa position à l'avance. Il est d'ailleurs évident que l'exactitude obtenue sera d'autant plus grande que l'astre considéré aura un mouvement plus rapide : c'est pourquoi on emploie la Lune de préférence. Alors cet astre est comme l'aiguille de cette grande horloge, dont le zodiaque forme le cadran et dont les divisions répondent à celle des heures.

Voici comment cela se réalise avec la Lune :

Les coordonnées successives de cet astre sont calculées à l'avance et inscrites, en temps de Paris (premier méridien), dans une éphéméride, comme la *Connaissance des Temps*, de sorte qu'on peut connaître à tout moment, en temps de Paris, les coordonnées de la Lune, l'ascension droite par exemple. Si donc un navigateur, un voyageur, placé sur un méridien inconnu, détermine la même coordonnée, il saura calculer l'heure correspondante de Paris ; et comme il est supposé connaître son heure locale, il connaîtra aussi sa longitude.

Tel est le principe qui dans la pratique a été appliqué de bien des manières; ainsi on peut employer les coordonnées absolues ou les coordonnées différentielles.

Dans les méthodes basées sur les coordonnées absolues, on peut considérer les ascensions droites, ou les déclinaisons, ou les longitudes, ou les latitudes célestes, que l'on peut chercher à déterminer de diverses manières, comme par les passages méridiens, par les angles horaires, par les azimuts, par les hauteurs, etc. Mais on a généralement préféré les méthodes différentielles, où l'on peut plus facilement éliminer beaucoup de causes d'erreur; et parmi elles on a surtout employé les distances de la Lune aux étoiles et aux planètes, ce qu'on appelle les *distances lunaires*, dont les occultations et les éclipses sont un cas particulier.

Améric Vespuce avait déjà vu que c'est au déplacement de la Lune qu'il faut demander la détermination des longitudes, à cause de son cours rapide; et, en 1499, il se servit le premier des occultations.

Dans la suite furent proposées les autres méthodes, souvent imaginées à plusieurs reprises; ainsi :

En 1514 Jean Werner propose les distances lunaires;

En 1544 O. Finée propose les culminations lunaires;

En 1639 J.-B. Morin compare la hauteur de la Lune à celle d'une étoile voisine, conclut la déclinaison et, par suite, la longitude.

Toutes ces méthodes et d'autres supposent que l'on sait calculer à l'avance la position de la Lune; et cela explique la longue série des efforts qui ont été faits pour amener à sa perfection la théorie de cet astre.

L'invention des lunettes eut d'abord peu d'influence pour améliorer ces méthodes, mais elle perfectionna l'antique procédé basé sur l'observation des éclipses de Lune; elle permit, en effet, de multiplier les instants de comparaison, limités d'abord au commencement et à la fin de l'éclipse, car, dès lors, il fut possible d'observer les moments où l'ombre atteignait ou abandonnait les différentes taches que la lunette permet d'apercevoir. Cependant ce perfectionnement si simple ne fut pas immédiat : Riccioli, qui, dans sa *Geographia* (1661) rapporte les observations d'un grand nombre d'éclipses de Lune pour servir à la détermination des longitudes, n'indique encore que le commencement, le milieu et la fin de chaque éclipse.

III. La découverte des gros satellites de Jupiter et de leurs éclipses devait fournir le premier moyen à la fois pratique et précis pour la détermination des longitudes, au moins à terre. Trois de ces satellites furent vus pour la première fois par Galilée le 7 janvier 1610, et Simon Marius reconnut les quatre le lendemain. Cinq jours après sa découverte, Galilée observa la première éclipse de ces petites lunes, et aussitôt on eut l'idée de faire servir ces éclipses [1] à la détermination des longitudes, car, dès 1612, une observation fut faite à Malte dans ce but. Galilée en fit la proposition en 1615 et crut pouvoir participer aux prix proposés pour les longitudes par le roi d'Espagne et par les Etats de Hollande ; mais, pour être pratique, la méthode exigeait évidemment que l'on pût calculer ces éclipses assez longtemps à l'avance, et Galilée ne put y parvenir. Cassini I fut le premier, en 1667, à faire ces prédictions, et ce fut, pour la Géographie, l'occasion de très rapides progrès : l'Académie des Sciences, qui venait d'être fondée, fit entreprendre divers voyages où cette méthode fut appliquée : en Danemark, à Cayenne, au Sénégal, aux Antilles ; peu après, des missionnaires jésuites, exercés à Paris à ces observations, se rendirent au Cap, à Siam, en Chine ; et ainsi, en peu d'années, disparurent les grosses erreurs que présentaient encore les cartes géographiques. Les corrections apportées ainsi à la position des parties orientales de l'Asie atteignirent jusqu'à 20° et même 27° de longitude.

---

1. On avait d'abord songé à faire usage des configurations de ces satellites ; mais elles ne changent pas assez rapidement pour donner une précision suffisante.

En même temps, comme on l'a toujours vu, ces progrès géographiques améliorèrent considérablement la navigation et furent l'occasion d'autres progrès maritimes et commerciaux. On se figure difficilement. en effet, les grosses erreurs, les accroissements dans la durée de parcours, que les cartes entraînaient encore à cette époque. Ainsi, le vaisseau qui ramenait Chaumont, ambassadeur de Louis XIV au Siam. revenant du Cap, alla jusqu'à l'ouest des Açores, tandis qu'il se croyait à 150 lieues à l'est : ce grand allongement de la route était occasionné par les cartes, qui étendaient trop les longitudes..

Aussi la solution du problème des longitudes, surtout par le transfert du temps, transforma les méthodes de navigation, basées jusque-là presque uniquement sur la seule latitude, que d'ailleurs tous les hommes du bord déterminaient par le Soleil au moyen de l'arbalète.

Même dans l'étendue de la France, les erreurs avaient été grandes jusque-là. Ainsi, vers 1680, les géographes français faisaient passer la méridienne de Paris, les uns par Valence, qui est à $2°23'$ à l'est, d'autres par Montpellier, qui est à $1°33'$ à l'est aussi, et d'autres par Mirepoix, qui est à $28'$ à l'ouest.

Toutes les grandes erreurs furent corrigées par le moyen d'observations faites dans divers voyages de Picard et de La Hire, de 1672 à 1682. Les résultats assez curieux de ces observations sont résumés par la carte de France reproduite à la page suivante où les lignes fines indiquent les contours d'après la carte de 1679 de Sanson, le meilleur géographe de l'époque, tandis que les contours ombrés figurent les positions des côtes, telles que les donnaient les nouvelles observations ; les noms en italique indiquent les positions des villes d'après Sanson, et les noms en caractères romains les positions rectifiées. On voit que les erreurs de longitude atteignaient encore près de $2°$, soit 150 kilomètres, et que même celles de latitude montent à un demi-degré, ou plus de

50 kilomètres. La surface présumée de la France fut
ainsi considérablement réduite, et on sait que

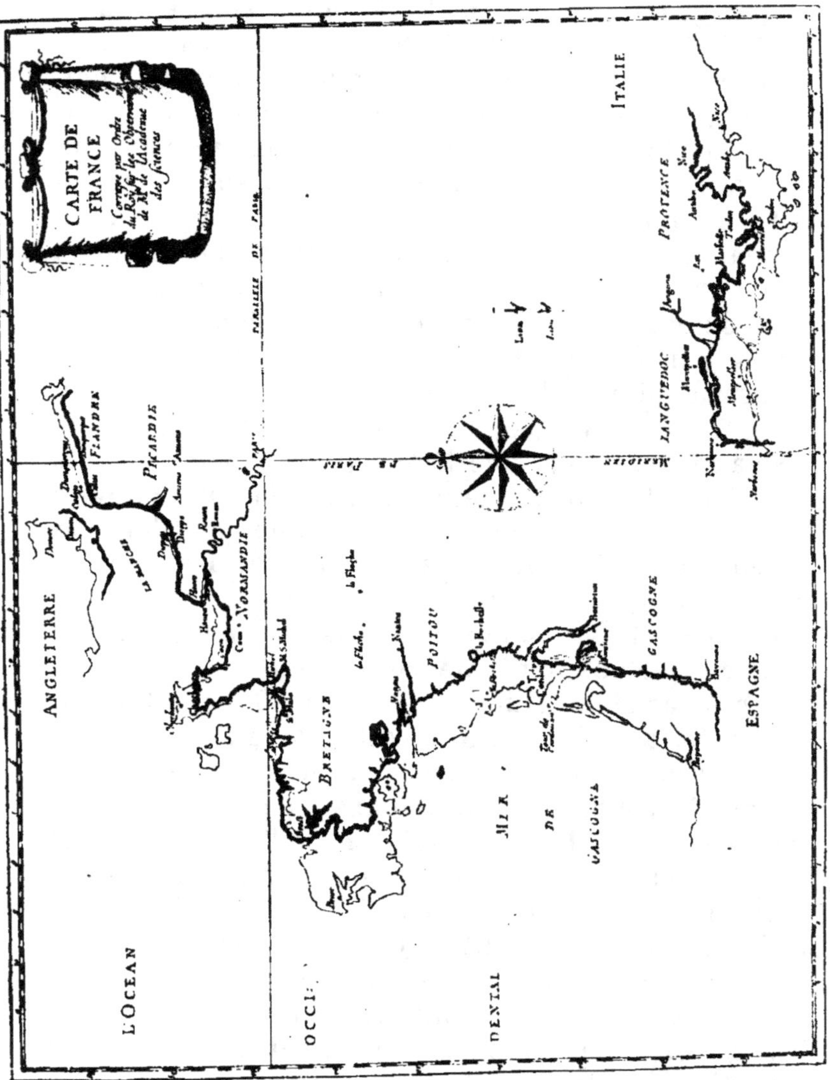

Fig. 19. — Carte de France corrigée d'après les observations de l'Académie
des Sciences. — Les lignes fines indiquent les contours d'après la carte de
Sanson (1679) ; les contours ombrés résultent des nouvelles observations.

Louis XIV se plaignait en riant que messieurs de
l'Académie lui enlevaient une partie de ses États.

CHAPITRE V

LES PREMIÈRES MESURES DE LA TERRE CHEZ LES MODERNES. — LES MÉTHODES

La première mesure de la Terre faite chez les modernes est celle de Fernel, médecin de Henri II ; elle eut lieu entre Paris et Amiens, qui sont sur le même méridien. Après avoir mesuré la hauteur du Soleil à Paris, et tenant compte de sa variation, Fernel chercha, sur la route qui relie les deux villes, un point où la hauteur du Soleil fût moindre exactement d'un degré ; puis il mesura la distance correspondante en comptant le nombre de tours de roue d'une voiture qui la parcourait. Quant à l'influence des détours et des accidents du chemin, sur lesquels il ne donne aucun détail, on dit qu'il les estima simplement à vue. La date précise de l'opération n'est pas connue davantage ; l'ouvrage qui la renferme est de 1528.

Une opération faite aussi superficiellement méritait peu de confiance ; le hasard cependant servit Fernel, car, grâce à des compensations d'erreurs, il trouva pour la grandeur du degré 57.099 toises, valeur étonnamment exacte, puisque les nombres obtenus depuis par Lacaille et par Delambre donnent en moyenne 57.068 toises : l'erreur ne serait que de 5 kilomètres sur le tour entier de la Terre.

Norwood, en Angleterre, vers 1636, trouva le degré égal à 57.424 toises ; il paraît qu'il mesura toute la longueur de son arc à la perche et qu'il évalua au graphomètre les détours et les autres inégalités de la route.

En Italie, Riccioli, vers 1650, fit aussi quelques tentatives ; mais il nous faut revenir un peu en arrière pour mentionner une mesure faite vers 1617 en Hollande par Snellius, et très remarquable, non par sa précision, mais par le moyen employé pour mesurer la longueur de l'arc considéré. Même dans un pays plat comme la Hollande, la mesure d'une grande longueur droite et orientée suivant le méridien présente évidemment des difficultés énormes et de divers genres, que tout le monde peut deviner ; ce sont ces difficultés que Snellius évita de la manière suivante, seule employée aujourd'hui et que sans doute on emploiera toujours.

Soit AZ (fig. 20) le méridien dont on veut mesurer une certaine longueur A*f* ; de part et d'autre on choisit

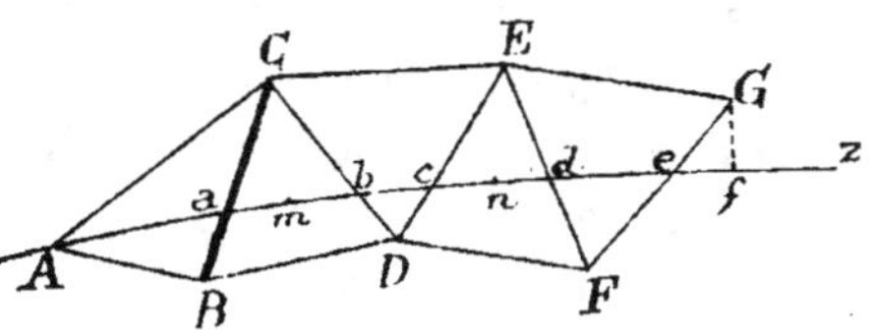

Fig. 20.

des points élevés, des clochers par exemple, A,B,C,... tels que de l'un quelconque on puisse voir les points environnants et mesurer les angles des triangles purement visuels ABC, BCD... ainsi formés. Ces triangles ne doivent d'ailleurs pas être quelconques ; on sent bien que s'ils présentent des angles très aigus ils pourront être mal déterminés, et on démontre que la forme équilatérale est la plus avantageuse. L'ensemble de ces triangles forme ce qu'on a nommé depuis une *triangulation*, un *canevas trigonométrique*, un *réseau géodésique*. Supposons que l'on ait mesuré :

1° Les angles de tous ces triangles ABC, BCD,... ou même seulement deux angles de chacun d'eux, puisque le troisième en résulte ;

2° L'angle de l'un quelconque des côtés, AB par exemple, avec la direction AZ ;

3° La longueur d'un quelconque des côtés de ces

15.

triangles, naturellement celui qui s'y prête le mieux, et qui prend alors le nom de *base*, par exemple BC.

On a ainsi tout ce qui est nécessaire pour calculer A*f*, le point *f* étant le pied de la perpendiculaire abaissée de G sur AZ ; en effet, on résoudra d'abord le triangle ABC, où l'on connaît un côté et les angles, ce qui fera connaître AB, puis AB*a*, de sorte qu'on pourra calculer A*a*, et ainsi de proche en proche on obtiendra A*a*, *ab*, *bc*, *cd*, *de*, *ef*, dont la somme forme la longueur cherchée A*f*.

Comme on voit, cette grande amélioration imaginée par Snellius, portait uniquement sur un seul des deux éléments indispensables de toute détermination du degré, la mesure de la *longueur* de l'arc ; mais son *amplitude* en degrés restait aussi incertaine que par le passé. La détermination de celle-ci se trouva perfectionnée par la substitution des lunettes aux pinnules dans les instruments employés à la mesure des angles, ce qui améliora en même temps la mesure de la longueur ; et c'est Picard, auteur de cette substitution, qui en tira parti immédiatement pour mesurer la grandeur de la Terre avec une précision bien supérieure à tout ce qui avait été fait jusque-là.

Son arc, mesuré en 1669 et 1670, s'étend de la ferme de Malvoisine, près de Corbeil, à Sourdon, près d'Amiens ; la base, choisie sur la route de Fontainebleau, de Villejuif à Juvisy, avait 5.663 toises, et une base de vérification, prise à l'autre extrémité, en avait 3.902. La distance de Malvoisine à Sourdon fut trouvée de 68.347 toises 3 pieds, correspondant à une amplitude de 1°21′54″, ce qui donne 57.060 toises au degré. Le quart de cercle employé pour les triangles avait 38 pouces (1ᵐ,03) de rayon et était divisé en minutes par des transversales ; on évaluait le quart de minute.

L'amplitude est, comme on sait, la différence des latitudes des deux extrémités de l'arc ; pour obtenir ces latitudes avec le plus de précision possible, Picard employa un instrument de très grand rayon, mais dont l'arc divisé avait une faible étendue, afin de faciliter les transports ; dans la suite cet instrument fut appelé un *secteur*; celui de Picard avait 10 pieds ($3^m,25$) de rayon.

Jusqu'alors la mesure des amplitudes avait été plus défectueuse encore que celle des longueurs ; sans parler des Anciens et des Arabes, Fernel se trompait encore, paraît-il, de 13' sur sa latitude, et dans le degré de Snellius l'erreur sur l'amplitude était de près de 2' ; de sorte qu'avec les petits arcs d'un degré environ dont on se contentait alors, l'erreur tenant à cette cause atteignait $1/30$ de la quantité à mesurer. Aussi, dit très justement Picard, « si la « mesure de la Terre demande des observations « justes et précises, c'est principalement pour ce qui « concerne les différences des latitudes, parce que « l'erreur d'une minute seule monte à 951 toises, qui « se trouvent multipliées sur le tout autant de fois « que la distance mesurée est contenue dans toute la « circonférence de la Terre. »

Ces nouveaux instruments à lunettes augmentaient considérablement la précision, mais ils exigeaient des attentions dont on n'avait guère idée avec les instruments à pinnule ; c'est à cette occasion que Picard indique le moyen de vérifier par le retournement le zéro de la division des secteurs, des quarts de cercle, ce qui a été appelé depuis leur collimation.

Picard estime que par ces moyens l'amplitude peut être obtenue à 2″ ou 3″ près, et c'est ce que la suite a confirmé, du moins en ce qui concerne les observations elles-mêmes ; mais les *attractions locales*, alors inconnues, peuvent occasionner de bien plus grandes erreurs. Ainsi, la précision que l'on pouvait obtenir désormais était de 30 à 40 fois plus grande[1]

---

1. Dans la mesure de Snellius, certains triangles ne se faisaient qu'à 3' et même 4' près.

que celle à laquelle on était parvenu dans les déterminations antérieures : nous ne retrouverons plus de progrès comparable.

En outre, cette mesure de la Terre eut la bonne fortune de confirmer Newton dans ses premières idées sur la gravitation, peut-être même de les préserver du néant. Aussi est-elle la plus célèbre des mesures modernes, et aujourd'hui encore on n'a pas beaucoup ajouté à sa précision ; mais ce genre de travaux a été rendu bien plus facile.

Réduction au niveau de la mer. — A mesure qu'augmente la précision d'une détermination expérimentale quelconque, des corrections qui d'abord étaient négligeables deviennent sensibles. C'est ainsi que jusque-là on n'avait pas même songé à tenir compte de l'altitude des régions dans lesquelles on opérait. Picard se préoccupa de cette correction et trouva qu'elle ne monterait, pour son degré, qu'à 8 pieds, « ce qui, dit-il, ne doit pas être considéré en « cette rencontre. » Mais dans la suite il a fallu souvent tenir compte de cette réduction, et pour la calculer il est nécessaire de connaître les altitudes relatives des diverses stations, ainsi que l'altitude absolue de l'une d'elles au-dessus du niveau de la mer.

Pendant plus d'un siècle, les perfectionnements apportés aux procédés de Picard furent peu sensibles ; et si l'on obtint des valeurs un peu plus précises du degré, c'est parce que l'on mesura des arcs plus étendus, de sorte que l'erreur commise sur l'amplitude se trouvait répartie sur une plus grande longueur.

Le progrès le plus notable fut réalisé dans la suite par la substitution de cercles entiers aux quarts de cercle, et par l'emploi du principe de la multiplication des angles.

Les lunettes permettaient de pointer les astres avec

une grande exactitude, mais la précision et la finesse des divisions des cercles ne répondaient pas aux pointés de la lunette. Tobie Mayer imagina de remédier à cet inconvénient par la *répétition*, dont le principe consiste à porter l'angle AOB (fig. 21) à mesurer, ou l'arc correspondant gf, plusieurs fois de suite, bien exactement sur le limbe, de manière que $ab = bc = cd = de = ef = fg$.. Il suffit ainsi de lire le cercle aux extrémités a et y, puis de diviser l'arc total par le nombre d'opérations, qui est ici de 6, pour avoir l'angle cherché. Le nombre de ces

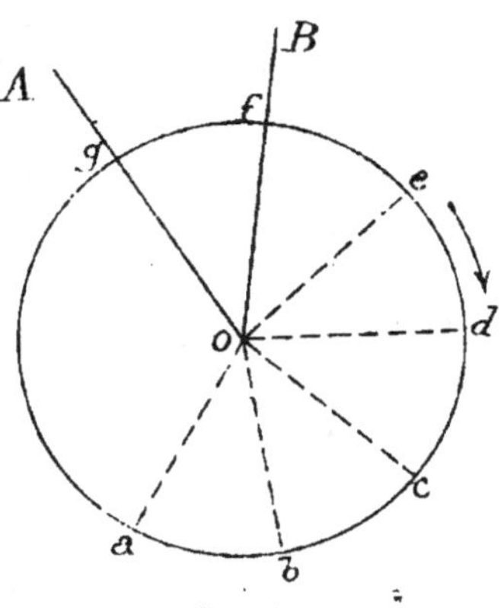

Fig. 21.

opérations ou transports peut excéder plusieurs circonférences, et théoriquement il est illimité. On voit que les erreurs des traits extrêmes interviennent seules dans le résultat et sont divisées aussi par le nombre des opérations, de sorte que pratiquement elles sont bientôt éliminées.

Mayer avait appliqué ce principe à la construction d'un cercle réflecteur destiné aux usages maritimes, mais cet instrument ne se répandit qu'après avoir été amélioré par Borda. Dans la suite, Borda appliqua le même principe à la construction du *cercle répétiteur*, destiné aux usages astronomiques et géodésiques, et qui fut employé pour la première fois, dans la jonction des observatoires de Paris et de Greenwich, en 1787. On vit alors cet instrument, petit et médiocrement divisé, lutter avantageusement avec les grands et beaux instruments construits pour les Anglais par le célèbre Ramsden : c'est ce qui fit décider l'emploi du cercle répétiteur dans la nouvelle mesure de la méridienne de France, entreprise peu après, pour la détermination du mètre. Et c'est aussi avec

cet instrument que furent faites d'autres mesures
d'arcs de méridien, jusque vers 1840.

Mais, à l'usage, la méthode de répétition de Mayer
avait montré certains inconvénients. On pouvait, il est
vrai, éliminer à peu près complètement les erreurs
de division, mais celles-ci se trouvaient maintenant
bien diminuées, depuis que Ramsden en Angleterre
et Mégnié en France avaient remplacé la main par
des machines à diviser. D'autre part, les organes du
cercle sont rarement concentriques; il y a toujours
du jeu dans les vis de rappel et dans les axes, et il
en résulte de la discontinuité dans les arcs ab, bc,...
(fig. 21) qui réellement ne sont pas placés exactement
à la suite les uns des autres, comme on le suppose.

Aussi, à la méthode de répétition préfère-t-on
aujourd'hui la méthode de *réitération*, pratiquée pour
la première fois par Bessel dans la triangulation de la
Prusse orientale, et qui consiste dans la mesure plusieurs fois réitérée de la projection horizontale du
même angle, en changeant chaque fois l'origine, sans
chercher à faire coïncider les extrémités des diverses
arcs, comme dans la méthode de répétition. Pour
cela le cercle de l'instrument employé est horizontal
et, comme on dit, fou sur son axe, mais peut être
fixé dans telle position que l'on veut au moyen de
pinces convenables; quant à l'axe lui-même, il forme
une seule pièce avec le socle. On a d'ailleurs soin
d'éliminer l'excentricité par l'emploi de plusieurs
microscopes, ce qui n'est pas possible avec la répétition.

Un autre avantage de la méthode de réitération,
c'est de pouvoir viser successivement plusieurs points
sans avoir à régler à nouveau l'instrument, de pouvoir faire ce qu'on appelle des *tours d'horizon*, ce qui
n'a pas lieu avec la méthode de répétition.

Tant que l'on supposait la Terre sphérique, il n'y
avait qu'une inconnue, le rayon. Mais au moment

même où l'on pouvait penser que Picard avait fixé ce rayon avec précision, une observation mémorable, celle de l'accourcissement du pendule à secondes vers l'équateur, allait montrer que le problème est plus complexe, que la Terre n'est pas parfaitement ronde.

Au nombre des voyageurs envoyés au loin, sous l'impulsion de l'Académie naissante, se trouvait Richer, qui séjourna à Cayenne en 1672 et 1673. Parmi les questions portées à son programme, se trouvait la détermination de la longueur du pendule à secondes, dont on soupçonnait déjà la variabilité. Voici en entier le passage où il a consigné lui-même cette célèbre observation : « L'une des plus considérables « observations que j'ay faites, est celle de la longueur « du pendule à secondes de temps, laquelle s'est « trouvée plus courte à Caïenne qu'à Paris ; car « la mesme mesure qui avait été marquée en ce « lieu-là sur une verge de fer, suivant la longueur « qui s'estoit trouvée nécessaire pour faire un pen- « dule à secondes de temps, ayant esté apportée en « France, et comparée avec celle de Paris, leur « différence a esté trouvée d'une ligne et un quart, « dont celle de Caïenne est moindre que celle de « Paris, laquelle est de 3 pieds 8 lignes $^{3}/_{5}$. Cette « observation a esté réitérée pendant dix mois « entiers, où il ne s'est point passé de semaine « qu'elle n'ait esté faite plusieurs fois avec beaucoup « de soin. Les vibrations du pendule simple dont on « se servoit, estoient fort petites, et duroient fort sen- « sibles jusques à cinquante-deux minutes de temps, « et ont esté comparées à celles d'une horloge très- « excellente, dont les vibrations marquoient les « secondes de temps ».

Il avait remarqué aussi que son horloge, qui battait la seconde à Paris, retardait à Cayenne de deux minutes par jour.

Cette observation si simple eut des conséquences énormes pour la question de la figure de la Terre :

elle montrait en effet qu'elle n'est point sphérique, et en même temps elle indiquait, pour la détermination de sa forme, une méthode nouvelle et féconde qui a reçu le nom de *méthode dynamique*, par opposition à la méthode employée jusque-là, et qui est appelée *méthode géométrique*.

Dès maintenant nous devons suivre séparément ces deux méthodes qui d'ailleurs ne se développèrent point avec la même rapidité.

CHAPITRE VI

LA GRANDEUR ET LA FIGURE DE LA TERRE AU XVIIIe SIÈCLE D'APRÈS LA MÉTHODE GÉOMÉTRIQUE

Newton et Huyghens, chacun de son côté, conclurent de l'observation de Richer, que la Terre est aplatie aux pôles. L'un et l'autre supposaient la Terre homogène, et d'ailleurs n'admettaient pas les mêmes principes. D'autre part, les mesures de degrés faites en France, parurent d'abord conduire à un allongement. De là une opposition qui longtemps divisa les savants et qui suscita de grandes opérations géodésiques.

On supposait, de part et d'autre, que la Terre est un ellipsoïde de révolution, dont il s'agit dès lors de déterminer les deux demi-axes, a et b, ou l'un des deux, le plus grand par exemple a, et l'aplatissement $\alpha = \dfrac{a-b}{a}$.

Dans cette nouvelle conception, les mesures d'arcs de méridien conservent leur importance, mais doivent être interprétées d'une autre manière que dans le cas de la sphère.

Dans la sphère, toutes les normales, ce que nous appelons des verticales, sont des rayons et convergent au centre ; dans l'ellipsoïde, les normales n'ont plus de point commun de convergence ; on démontre en effet que dans une ellipse, telle que ABA'B' (fig. 22), dont AA' est le grand axe et BB' le petit, si l'on considère de petits arcs tels que DE, FG,... les points de

16

rencontre C, C',... de leurs normales extrêmes sont d'autant plus éloignés de leurs points de départ D, E; F, G,... que l'arc considéré est pris plus loin du grand axe; autrement dit le rayon de courbure de l'ellipse croît à mesure qu'on se déplace en allant d'une extrémité du grand axe vers une extrémité du petit. Il en résulte que les arcs d'un degré, ou les *degrés*, comme on dit en abrégeant, croissent aussi en allant du grand axe au petit, puisque le rayon croît dans le même sens.

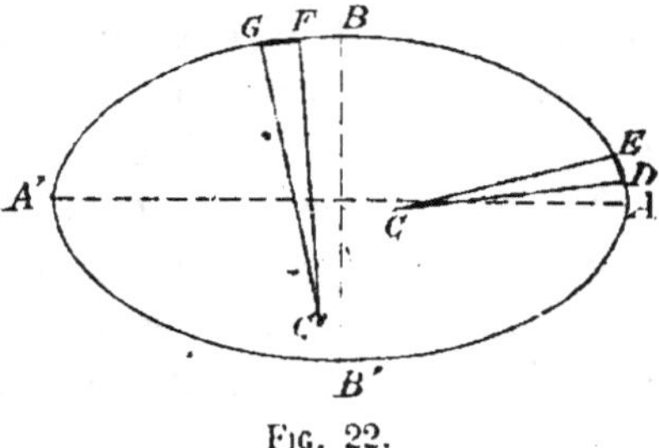

Fig. 22.

On voit dès lors comment les mesures géodésiques peuvent décider la question pendante de l'aplatissement ou de l'allongement aux pôles :

Si les degrés croissent à mesure qu'on s'éloigne de l'équateur, la Terre est aplatie aux pôles; si au contraire ils décroissent, comme le crurent d'abord les Cassini, elle est allongée vers les pôles.

Voyons plus en détail, quels furent les résultats des mesures géodésiques entreprises à cette époque.

Prolongement de l'arc de Picard. — Les mesures de degré n'avaient pas seulement un but théorique; Picard avait montré toute leur utilité pour servir de base à une bonne carte de France. On comprend, en effet, que pour empêcher l'accumulation des erreurs de détail, il est nécessaire de s'appuyer sur un canevas de triangles bien vérifiés, formant un réseau rigide auquel la topographie devra être assujettie.

C'est pour commencer de réaliser cette idée que le prolongement de l'arc de Picard à travers toute la France fut décidé : l'opération était déjà commencée en 1683, lorsque la mort de Colbert, survenue la même année, la fit interrompre jusqu'à 1700.

Lorsque, en 1701, Cassini I eut prolongé cette méridienne jusqu'aux Pyrénées, il trouva que la longueur des degrés du sud de Paris est un peu supérieure à la longueur de celui de Picard ; il ne conclut rien sur la forme de la Terre, mais il parut pencher pour l'aplatissement aux pôles. Plus tard, lorsque la méridienne fut prolongée jusqu'à Dunkerque, Cassini II en publia les résultats en 1720, dans le traité *De la Grandeur et de la Figure de la Terre*, et se prononça nettement pour une diminution des degrés en allant vers le pôle, autrement dit, pour un allongement vers les pôles : l'opposition était complète avec les conclusions tirées par Newton de la théorie de l'attraction ; et comme cette théorie, on le verra, était combattue par d'autres considérations, la lutte fut fort vive.

En 1726, Désaguliers objectait aux résultats des Cassini que les latitudes de l'arc français n'étaient pas déterminées avec assez de précision pour pouvoir conclure à un allongement ; et il suggère l'idée de résoudre la question en mesurant des degrés de longitude, c'est-à-dire des arcs de parallèle.

La discussion, assoupie quelque temps, reprit d'une manière très vive en 1733, lorsque, à l'occasion d'une lettre de Poleni, une revue hollandaise attaqua le traité *De la Grandeur et de la Figure de la Terre*, et montra de grandes discordances dans les mesures de l'amplitude ; on ajoutait que quelques secondes d'erreur sur les latitudes de Dunkerque et de Collioure renverseraient les conclusions. Cassini II répliqua aussitôt, dans les *Mémoires de l'Académie*, en insistant sur la nécessité de distinguer les observations extrêmes, faites avec un grand secteur, de celles des points intermédiaires, faites avec des instruments beaucoup plus petits.

Mesure des parallèles de Paris et d'Orléans. — La mesure d'un arc de parallèle offrait tout à la fois le moyen d'aborder la question d'un autre côté et de perfectionner la carte générale de la France. Aussi, de Maurepas procura les fonds nécessaires à l'Académie, et la triangulation du parallèle de Paris fut entreprise en 1733 par Cassini II, aidé de son fils et de J.-D. Maraldi.

Dans cette première année, la mesure fut poussée jusqu'à Brest, et la nouvelle opération amenait à conclure encore à un allongement vers les pôles. Le résultat fut le même l'année suivante, quand la mesure de ce parallèle de Paris eut été poussée jusqu'à Strasbourg; et encore, en 1735, quand on eut mesuré le parallèle d'Orléans.

Les mesures de parallèles pouvaient surtout paraître suspectes, car elles auraient exigé, pour la détermination des longitudes, une précision plus grande encore que celle qu'on peut attendre des satellites de Jupiter; les Newtoniens opposaient aux partisans des Cassini, outre l'expérience de Richer, la découverte de l'aplatissement de Jupiter au pôle faite par Cassini I lui-même. Suivant l'expression de Bouguer, « la « Géométrie et la Physique paraissoient se trouver « en contradiction, sans qu'on vît assez le moyen « de les concilier.... L'Académie même se trouvoit « indécise, et les doutes ne pouvoient être entière- « ment dissipés que par des voyages entrepris « vers le Pôle et vers l'Équateur. Tant qu'on ne « compare que les seuls degrés de latitude mesurez « dans un espace peu étendu, leur inégalité, qui est « trop petite, ne se manifeste pas assez au travers « des erreurs auxquelles nos opérations sont sujettes. « Ce n'est plus la même chose, si l'on compare des « degrés mesurez dans des régions fort éloignées « les unes des autres, comme des degrés mesurez « proche le Cercle polaire et proche l'Equateur. »

Missions de l'Équateur et du Cercle polaire. — Les discussions devenant de plus en plus vives, on prit donc le seul parti qui pouvait décider en dernière instance, celui qui vient d'être indiqué par Bouguer, et que proposaient aussi Godin, La Condamine, etc.

Une mission envoyée à l'Équateur et composée de Godin, La Condamine et Bouguer, devait opérer sur les États du roi d'Espagne, au Pérou. Aussi lui fut-il adjoint deux jeunes officiers espagnols, George Juan et Antonio de Ulloa.

Partis en 1735, nos missionnaires mirent près d'une année pour se rendre à destination, et dix ans pour faire leur mesure, qui fut, d'après d'Alembert, l'entreprise la plus grande que les sciences eussent jamais tentée. Malheureusement elle fut troublée par des querelles retentissantes qui éclatèrent surtout après le retour de Bouguer et La Condamine en France.

C'est durant cette expédition célèbre que fut mesurée, pour la première fois, l'*attraction des montagnes*, attraction qui était soupçonnée depuis l'établissement du principe de la gravitation par Newton, et qui a été une source de grandes difficultés dans les mesures de degrés.

La mission du Cercle polaire, ou de Laponie, composée de Maupertuis, Camus, Clairaut, Le Monnier et Outhier, auxquels s'adjoignit le physicien suédois Celsius, partit en 1736, un an après celle de l'Equateur, mais fut de retour à Paris bien plus tôt, en 1737; et c'est elle qui trancha la question de l'aplatissement conformément aux idées de Newton. Maupertuis triompha même un peu bruyamment, et se fit peindre, enveloppé de fourrures, aplatissant la Terre au pôle, ce qui lui valut de Voltaire, après leur brouille, le surnom de *grand aplatisseur*.

Les résultats de la mission de l'Équateur confirmèrent d'ailleurs ceux de la mission du Nord.

Attraction des montagnes. — Par le calcul, Newton avait montré qu'une montagne hémisphérique de trois milles de hauteur et six milles de largeur produirait, sur un fil à plomb placé à son pied, une déviation de la verticale de $1'18''$. Bouguer et La Condamine les premiers, dans la célèbre expédition de l'Équateur, mesurèrent cette déviation produite par le Chimboraço. L'effet de cette attraction est évidemment d'écarter les zéniths de deux lieux placés de côté et d'autre de la montagne, c'est-à-dire d'augmenter la différence de leurs latitudes si l'un est au Nord et l'autre au Sud, ou la distance de leurs méridiens apparents si l'un est à l'Est et l'autre à l'Ouest. Aussi, dans la suite, on évita de choisir dans le voisinage des montagnes les termes des arcs mesurés.

La méridienne de France vérifiée. — Les partisans de l'allongement vers les pôles étant définitivement battus, il restait à reconnaître quelles erreurs avaient été commises. Cassini III (de Thury), aidé de J.-D. Maraldi et surtout de Lacaille, reprit la mesure de la méridienne de France : on s'astreignit, mais un peu tard, à rejeter tout triangle mal conformé et à mesurer tous les angles ; en outre, l'arc total fut subdivisé en plusieurs parties, et des déterminations de latitude furent faites aux points de jonction, près desquels on mesura aussi des bases de vérification.

Ce travail remarquable fut fait dans les années 1739 et 1740, presque entièrement par Lacaille, et publié en 1744 sous le titre de *Méridienne vérifiée*. Le nouveau résultat montra que la valeur du degré croît à travers la France, en allant de l'équateur au pôle, ce qui est conforme à ce qu'avait montré la mission du Nord ; mais l'accroissement est si lent que de faibles erreurs pourraient produire une marche contraire, ce qui explique les résultats obtenus primitivement par les Cassini, quand on n'apportait pas autant de soins à ces déterminations.

Cette opération fit reconnaître aussi un fait qui, de son côté, a occasionné beaucoup de discussions, à savoir que la toise nouvelle, dite du Pérou, est plus longue de $^1/_{1000}$ environ de sa valeur que celle qu'avait employée Picard, et que l'on n'avait pas eu soin de conserver après sa mort.

Mesures d'arcs à l'étranger. — La question irritante de l'aplatissement de la Terre étant résolue, pendant quelque temps on ne mesura guère qu'un petit nombre d'arcs, de faible amplitude ; les méthodes suivies étaient d'ailleurs celles de Picard : ainsi furent mesurés ceux du Cap (1751), par Lacaille ; des États de l'Église ou de Rome, par Maire et Boscowich (1751) ; d'Autriche (1762), et de Hongrie (1769), par Liesganig) ; du Piémont (1774), par Beccaria ; de Pensylvanie (1768), par Mason et Dixon : dans ce dernier, la longueur fut mesurée non par la méthode de Snellius, mais directement, ce qu'on n'eût pu faire ailleurs que dans un pays plat et encore inhabité.

Troisième mesure de la méridienne de France : détermination du mètre. — A la fin du XVIIIᵉ siècle on se préoccupait peu de la grandeur et de la figure de la Terre, assez bien connues l'une et l'autre pour les besoins réels de la Géographie, de la Navigation et même de l'Astronomie.

On sentait d'ailleurs l'impossibilité de ramener tous les degrés mesurés à une même ellipse, et on admettait $^1/_{300}$ en nombre rond pour l'aplatissement, sans voir comment on pourrait désormais éviter les petites erreurs qui affectaient les opérations antérieures. C'est alors que l'établissement du Système métrique fut l'occasion d'un nouveau progrès.

L'unité de longueur à établir, le *mètre*, devait être la dix-millionième partie du quart du méridien terrestre ou de la distance du pôle à l'équateur. Les mesures de la Terre faites jusque-là, et que nous venons de rappeler, auraient suffi à fournir la longueur du mètre avec toute la précision nécessaire ; mais on voulut donner autant que possible au nouveau système de mesures un caractère de solennité, d'universalité et de rigueur qui pût contribuer à le faire adopter par toutes les nations. D'ailleurs, la supériorité récemment établie du cercle répétiteur sur les anciens instruments, d'autres moyens nouveaux encore, firent décider une nouvelle mesure de la méridienne de France, prolongée au Sud jusqu'à Barcelone : par là, les deux points extrêmes avaient l'avantage d'être au niveau de la mer et aussi à égale distance du 45ᵉ degré de latitude, ce qui devait rendre la détermination du mètre indépendante de l'aplatissement, comme on le démontre géométriquement.

Les événements de cette époque firent durer l'opération beaucoup plus longtemps qu'on n'avait pensé : la partie géodésique, faite par Delambre et Méchain, fut commencée en 1792 et terminée en 1798 ; même les dernières latitudes ne furent terminées qu'en 1799.

La nouvelle mesure se distinguait par l'emploi du cercle répétiteur et aussi par la plus haute précision obtenue dans la mesure des bases, grâce aux règles bimétalliques de Borda. Les *bases* des opérations antérieures avaient été mesurées d'abord avec des règles de bois (pour éviter les dilatations), puis avec des règles métalliques simples, dont il est toujours difficile de connaître la température quand elles sont exposées à l'extérieur. En Angleterre, des essais furent faits avec des tiges de verre, tantôt pleines, tantôt creuses, puis on préféra des chaînes d'acier, imaginées par Ramsden.

Borda eut l'idée de faire marquer la température par les règles elles-mêmes, qu'il composa chacune de deux métaux inégalement dilatables, en contact sur toute leur longueur, et formant ainsi un véritable thermomètre : ce principe des règles *bimétalliques* est resté dans la science, et la précision qu'il donne n'a guère été dépassée ; mais les procédés de mesure des bases ont été simplifiés par l'emploi de fils et par la découverte de métaux très peu dilatables.

CHAPITRE VII

LES MESURES GÉODÉSIQUES DU XIXᵉ SIÈCLE MÉTHODES MODERNES

I

Arcs de méridien. — Cette opération de Delambre et Méchain, base du système métrique, servit de modèle à quelques triangulations du commencement du XIXe siècle, comme celle de Svanberg en 1802, celle de Biot et Arago de 1806 à 1808, de Schumacher en 1816 : Svanberg remesura, en le prolongeant, l'arc de Maupertuis en Suède ; Biot et Arago prolongèrent la méridienne de France de Barcelone aux Baléares. Mais ailleurs, en Angleterre, en Allemagne, en Russie le cercle répétiteur n'eut pas le même succès ; on a même vu que Bessel avait bientôt substitué le principe de réitération au principe de répétition, sans toutefois obtenir une précision très nettement supérieure : dès lors, c'est-à-dire dès la mesure de la méridienne pour la détermination du mètre, la précision possible était à peu près atteinte, et c'est plutôt dans le mode de discussion des observations que, sous l'impulsion de Legendre, Laplace, Gauss et Bessel, les progrès furent le plus nets.

Les principales opérations de cette époque sont les suivantes :

La triangulation de l'Angleterre par l'*Ordnance Survey*, commencée en 1783 et terminée en 1858 : la chaîne méridienne principale va de l'île de Wight au Sud à une des Shetland, sur une longueur de 10°13′ :

La triangulation des Indes, poursuivie de 1790 à 1884, qui comprend plusieurs chaînes méridiennes d'environ 24° d'amplitude;

L'arc russo-scandinave, commencé par W. Struve en 1817, prolongé ensuite d'un côté jusqu'à l'extrémité nord de la péninsule scandinave et de l'autre jusqu'à la mer Noire, a 25°20′ d'amplitude.

En Allemagne, diverses mesures d'arcs de méridien furent exécutées à partir de 1821, mais leur amplitude est assez restreinte, comparée à celle de l'arc russo-scandinave ou de l'arc anglo-franco-hispano-algérien.

Par tout ce qui précède, on comprend, en effet, l'importance d'avoir des arcs de grande amplitude, puisque l'erreur inévitable des latitudes extrêmes se trouve ainsi de plus en plus réduite ; aussi a-t-on eu soin partout de souder les arcs les uns aux autres, afin d'augmenter cette longueur. C'est ainsi que la méridienne de France a été reliée vers le Nord à l'arc anglais en 1787, en 1821, et définitivement en 1861-1862; et, vers le Sud, à la triangulation espagnole; puis celle-ci à la triangulation algérienne en 1879. Ainsi a été obtenu un arc immense de plus de 27° d'amplitude, allant des Shetland au Nord, à Laghouat au Sud. C'est surtout pour reviser encore le travail de Delambre et Méchain, et mettre la précision de la partie française au niveau de celle des autres, que fut décidée en 1869 une nouvelle mesure de la méridienne de France.

Il faut également citer en Amérique l'arc de l'Équateur, remesuré par la France de 1899 à 1906; et aux États-Unis trois arcs déjà étudiés, mais dont les résultats ne sont pas encore publiés en entier.

Enfin, en Afrique, un arc de méridien déjà mesuré, traversera presque tout le continent, jusqu'à l'Équateur, à partir du Cap, avec une amplitude totale d'environ 65°; et, comme il correspond en longitude à l'arc russo-scandinave, le jour où ces deux arcs partiels auront été réunis, on aura un arc total de 106° d'amplitude allant de l'extrémité sud de l'Afrique à l'extrémité nord de la Suède, réalisant ainsi la chaîne méridienne la plus étendue que l'on puisse tracer sur notre globe. On peut dire qu'alors les erreurs sur l'amplitude se trouveront, en quelque sorte, complètement éliminées, et le résultat ne sera affecté que des erreurs de triangulation.

II

Arcs de parallèle. — Pendant longtemps les triangulations n'ont été entreprises que dans un but purement scientifique. Mais déjà Picard avait nettement entrevu qu'une triangulation est la base indispensable de toute carte. Et, en 1733, c'est surtout cette considération qui fit entreprendre la mesure du parallèle de Paris.

Les mêmes besoins se sont reproduits partout, et c'est sous leur influence que l'Europe s'est couverte d'autant d'arcs de parallèle que d'arcs méridiens. En France, par exemple, la Carte de Cassini est appuyée sur plusieurs chaînes de triangles dirigées suivant des parallèles. Plus tard, pour servir de base à notre carte de l'Etat-Major au 80.000ᵉ, on établit cinq chaînes analogues, sur deux desquelles on effectua les déterminations astronomiques nécessaires pour les faire concourir à la mesure de la Terre : ce sont le parallèle de Paris et le parallèle *moyen ;* ce dernier est ainsi appelé parce qu'il correspond a la latitude de 45°, parce qu'il est également distant du pôle et de l'équateur.

Mesure du parallèle moyen. — Ce parallèle célèbre commence à l'Océan et se terminera prochainement à la mer Noire, de sorte qu'il aura une longueur de 31° de longitude. La partie occidentale, de l'Océan à Fiume, a été mesurée à plusieurs reprises, à partir de 1811 ; et en 1822 les longitudes furent déterminées par des signaux de feu, entre Fiume et Marennes. Dans la suite, ce parallèle a été continué en Autriche-Hongrie et les dernières parties, qui s'étendent en Roumanie au nord du Danube, sont presque terminées.

Parallèle de Paris. — Ce parallèle s'étend de Brest à Strasbourg et a été prolongé à travers l'Allemagne et la Russie jusqu'à la mer Caspienne, sur 53° environ de longitude. Les parties occidentales ont été mesurées à plusieurs reprises, à partir de 1801, et même de 1733, mais les parties orientales ne sont pas terminées, de sorte qu'il n'a pu encore être utilisé en entier pour la détermination de la figure de la Terre. Cet arc est dit souvent « du parallèle 47° 1/2 ».

Parallèle de 52°. — Cet arc de 4.730 kilomètres, le plus long des trois, s'étend de l'ouest de l'Irlande à Orsk, dans l'Oural, et a une amplitude totale de 69° de longitude. La triangulation traverse l'Irlande, l'Angleterre, emprunte la jonction anglo-française et court ensuite à travers la Belgique, l'Allemagne et la Russie.

A côté de ces trois arcs de parallèle, on peut en placer trois dans les Indes, où le plus long a 21° d'amplitude, et un en Algérie-Tunisie qui a 12° d'amplitude : ce dernier est rattaché à la triangulation italienne par l'intermédiaire de la Sicile.

Enfin, dans l'Amérique du Nord on a mesuré un arc de près de 49°, voisin du 39e parallèle, et on projette d'en mesurer deux autres sur les 32e et 46e parallèles : ce dernier aura une amplitude totale de plus de 60°.

III

Perfectionnements récents apportés à la mesure des bases. — L'immense étendue des opérations en cours donne une grande importance à tout perfectionnement qui permet ou d'aller plus rapidement, ou d'obtenir plus de précision : et c'est ce résultat qui se trouve atteint par les nouveaux procédés de mesure des bases.

Le système des règles bimétalliques de Borda a des avantages incontestés, mais il a aussi ses inconvénients : outre que les deux règles, de nature différente, ne sont pas également exposées à l'air, n'ont pas le même pouvoir émissif... et par suite n'ont pas à tout instant la même température, elles sont très coûteuses par exemple, car l'un des métaux doit être très peu dilatable et on choisissait le platine. Aussi, vers 1850, quelques géodésiens employèrent à nouveau des règles simples, mais munies de dispositifs faisant connaître la température mieux que par le passé. On est allé même jusqu'à maintenir les règles dans la glace fondante pendant toute l'opération.

Avec les uns et les autres de ces dispositifs, la mesure d'une base est toujours très longue, car on n'avance guère de plus de 300 mètres par jour, même avec un personnel nombreux. Mais la découverte d'alliages très peu dilatables et l'emploi de fils dans ces opérations, sont récemment venus rendre la mesure des bases beaucoup plus facile.

Vers 1885, M. Jäderin, professeur à l'École polytechnique de Stockholm, proposa de remplacer, dans la mesure des bases, les règles courtes et lourdes employées alors, par des fils métalliques légers et beaucoup plus longs, soumis toujours à la même tension. On conserva d'ailleurs le principe bimétallique en mesurant chaque partie de la base au moyen de deux fils d'inégale dilatation, l'un d'acier et l'autre de laiton. Quant à l'évaluation du petit intervalle laissé entre les règles, et mesuré au moyen de microscopes, elle se trouvait ici supprimée par l'emploi de réglettes divisées et fixées aux extrémités de chaque fil, permettant de déterminer directement les distances d'une série de repères disposés momentanément le long de la ligne à mesurer.

Les avantages de cet ingénieux procédé sont évidents : simplicité du matériel, rapidité de manœuvre, économies de tous genres. Mais, d'abord, il ne parut pas susceptible de fournir une précision suffisante pour la géodésie, notamment parce que les fils étaient fort sensibles aux variations de la température extérieure ; le but essentiel de la méthode, aller vite avec un matériel léger, empêchait d'ailleurs de les abriter.

C'est alors que la découverte, par M. Ch.-Ed. Guillaume, d'un alliage de fer et nickel très peu dilatable et, pour cette raison, appelé *invar*, vint permettre de perfectionner la méthode primitive tout en la simplifiant. Cet alliage, à 36 p. 100 de nickel, se dilate, par la chaleur, dix fois moins que le platine, vingt fois moins que le laiton ; il en résulte qu'il n'est pas nécessaire de connaître sa température avec précision pour pouvoir conclure sa longueur, et que l'on peut abandonner le principe encombrant du bimétallisme ; l'invar jouit d'ailleurs d'autres avantages : il est malléable, peu oxydable, homogène, susceptible d'un beau poli et enfin il est d'un prix peu élevé.

Après de longues études, poursuivies au Bureau international de Breteuil, MM. R. Benoît et Guillaume sont parvenus à rendre l'emploi des fils d'invar aussi sûr que pratique, et, sauf vérifications fréquentes, la plupart des bases sont mesurées maintenant au moyen de ces fils. Pour permettre de juger de la simplification ainsi obtenue, il suffira de dire qu'avec une dizaine de personnes on peut avancer à raison de 500 mètres à l'heure ; en outre, le choix et la préparation du terrain de la base sont beaucoup simplifiés ; au besoin, grâce à la longueur des fils, on peut franchir même de larges fleuves ; ainsi, récemment, on a pu mesurer, en une seule portée, la largeur de la Rance au moyen d'un fil d'environ 200 mètres de long ; les fils employés couramment ont une longueur de 24 mètres et sont tendus par un poids constant de 10 kilos à chaque extrémité. Tel est, en somme, le procédé employé pour la mesure des bases des arcs récents du Spitzberg, du Pérou, de l'Amérique du Nord et de l'Afrique.

IV

Les services géodésiques. — L'Association géodésique internationale. — Dès 1730, et même avant, diverses triangulations furent entreprises non seulement dans un but scientifique, mais pour répondre à des besoins économiques et militaires. Cependant ces opérations restèrent encore quelque temps entre les mains des savants. Mais, en 1750, nous voyons la Carte de Cassini commencer avec le concours de l'Etat; elle redevint, il est vrai, une entreprise privée, mais ce fut à cause de la pénurie du Trésor; et, à la Révolution, elle fut mise à la disposition de la Nation.

D'un autre côté, il existait depuis longtemps des ingénieurs et des géographes militaires qui avaient levé les pays où les armées opéraient; mais on ne pouvait assembler les matériaux ainsi recueillis, parce que le plus souvent on n'en connaissait pas l'échelle; et ce n'est qu'en 1746 que les levés de la campagne de Flandre furent appuyés sur une triangulation : celle-ci fut même confiée à Cassini de Thury; et c'est ce qui amena l'entreprise de la grande Carte de France, qui resta indépendante du Dépôt de la Guerre jusqu'à 1793; depuis cette dernière époque, il n'y eut plus de grand établissement géographique indépendant de ce Dépôt.

Lorsque, en 1817, on jeta les bases de notre Carte d'État-Major, les observations astronomiques étaient encore réservées aux membres du Bureau des Longitudes; et la Carte devait être au 50.000ᵉ. Malheureusement on suivit l'avis du Dépôt de la Guerre, qui préféra le 80.000ᵉ. Dans la suite, ce Dépôt, devenu depuis le Service Géographique de l'Armée, fut chargé de toutes les opérations, tant astronomiques que géographiques ou topographiques. Cette transmission, de tout ce qui se rapporte à la grandeur et à la figure de la Terre, à des organisations militaires, est d'ailleurs aujourd'hui un fait accompli dans tous les pays, et s'explique par le but principal du travail.

Les opérations géodésiques du XVIIIe siècle furent surtout des opérations françaises; et le petit nombre de celles que l'on fit à l'étranger adoptèrent naturellement la toise de France comme unité, afin de rendre leurs résultats comparables à ceux déjà obtenus. C'est ce qui eut lieu encore dans la première moitié du XIXe siècle; mais alors la métrologie, ou la comparaison des mesures, n'existait pas, et les étalons de la toise de France répandus en Europe présentaient de petites discordances qui, répétées sur toute la longueur des divers arcs, rendaient ceux-ci tout à fait disparates.

D'un autre côté, l'Europe centrale, divisée en petits États, sentait le besoin de coordonner les mesures d'arcs, afin de donner à ceux-ci une certaine longueur. C'est sous l'influence de ces idées, soutenues par le général Bäyer, que le gouvernement prussien organisa une *Association de l'Europe centrale pour la mesure des degrés (Mitteleuropaïsche Gradmessung)*, dont la première réunion générale eut lieu à Berlin en octobre 1864, et qui réunit, outre les représentants de la Prusse, de l'Autriche et de divers États allemands, ceux de la Belgique, du Danemark, de la Hollande, de l'Italie, de la Russie, de la Suède et Norvège et de la Suisse.

Un peu plus tard, en 1867, l'adhésion de l'Espagne et du Portugal fit changer le nom de l'Association, qui devint l'*Europaïsche Gradmessung*.

La France s'y fit représenter pour la première fois en 1873.

En 1886, cette Association devint l'*Internationale*

Erdmessung ou *Association géodésique internationale*, à laquelle ont adhéré presque tous les pays civilisés.

Cette Association, qui se réunit au moins tous les trois ans, entretient à Potsdam, près de Berlin, un Bureau central chargé de poursuivre toutes les études qui intéressent la haute Géodésie ; et les comparaisons des étalons employés dans les divers pays sont faites au Bureau international de Breteuil, près de Paris.

V

Résultats fournis par la méthode géométrique. — Ellipsoïdes divers. — Géoïde. — Dès que l'observation de Richer eut montré que la Terre n'est pas sphérique, on lui attribua la forme d'un ellipsoïde de révolution autour de son axe de rotation. Théoriquement, deux arcs suffisent pour déterminer cet ellipsoïde, par exemple son demi-grand axe a et son aplatissement α. Mais quand on disposa de plusieurs arcs, vers 1740, on trouva que leurs combinaisons deux à deux conduisaient à des valeurs discordantes de a et α ; autrement dit ces combinaisons correspondaient à des ellipsoïdes différents.

Ces discordances furent attribuées surtout aux attractions locales, à l'inégale distribution des masses invisibles à l'intérieur de la Terre, qui, en déviant les verticales des extrémités des arcs, faussaient les amplitudes. Comme tous les arcs avaient été réduits au niveau de la mer, il résultait de là que la surface des mers, au repos, prolongée sous les continents (et qui constitue ce qui a été appelé depuis le *géoïde*) n'est pas exactement un ellipsoïde de révolution ; et c'est ce qui a été confirmé depuis.

Aussi, a-t-on obtenu un grand nombre d'ellipsoïdes différents, oubliés pour la plupart, et dont les plus connus sont ceux de Bessel (1837) et de Clarké (1880). Et le problème à résoudre actuellement est de déterminer la forme du géoïde. Pour cela, au lieu de se borner, comme autrefois, à la détermination de deux latitudes et d'un azimut dans le cas d'un arc de méridien, ou d'une différence de longitude avec une latitude quand il s'agit d'un arc de longitude, on multiplie le plus possible les observations de longitude, de latitude et d'azimut.

D'ailleurs, si la surface du géoïde est assez tourmentée, son écart, par rapport à un ellipsoïde, n'est pas grand, et ne paraît dépasser nulle part 100 mètres; il y a quelques années encore on croyait cet écart bien plus grand : on le portait jusqu'à 2.000 mètres.

Enfin, voici les deux valeurs des grands axes et des aplatissements des deux ellipsoïdes les plus connus :

$$
\begin{array}{lll}
\text{Bessel} \ldots \ldots \ldots & a = 6.377.397 \text{ mètres} & \alpha = 1 : 299,1 \\
\text{Clarke (1880)} \ldots \ldots & \underline{ 6.378.249} & 1 : 293,5. \\
& 852 &
\end{array}
$$

La différence de 852 mètres entre les demi-grands axes permet de se faire une idée de l'incertitude qui subsiste encore.

CHAPITRE VIII

LA FIGURE DE LA TERRE, D'APRÈS LA MÉTHODE DYNAMIQUE

La méthode dite *dynamique*, dont on a vu la naissance avec la célèbre observation de Richer, est basée sur la détermination de l'intensité g de la pesanteur et sur les relations théoriques entre cette intensité et l'aplatissement $\alpha = \dfrac{a - b}{a}$. Ces relations ont été établies d'abord par Clairaut, en supposant la Terre composée de couches concentriques dont la densité, en partie hypothétique, est supposée varier suivant une loi déterminée; aussi elles portent le nom de lois de Clairaut et sont exprimées par les relations suivantes:

$$(1) \qquad g_\varphi = g_a \, (1 + \beta \sin^2 \varphi),$$

$$(2) \qquad \alpha = \frac{5}{2} \gamma - \beta,$$

dans lesquelles

$$\beta = \frac{g_b - g_a}{g_a}, \qquad\qquad \gamma = \frac{\omega^2 \, a}{g_a};$$

ω est la vitesse angulaire de la Terre, φ la latitude, g_a, g_b, g_φ les intensités de la pesanteur respectivement à l'équateur, au pôle et en un lieu quelconque de latitude φ; toutes ces intensités de la pesanteur sont supposées réduites au niveau de la mer.

Depuis Clairaut on a cherché à s'affranchir de toute hypothèse sur la loi de variation de la densité à l'intérieur de la Terre ; les formules en sont devenues plus compliquées, mais on leur conserve en général la même forme en ajoutant des termes correctifs : la question est d'ailleurs des plus compliquées.

Réduction au niveau de la mer. — Soit S (fig. 23) un point où a été déterminée l'intensité g de la pesanteur, et S_o le point où la verticale du point S rencontre la surface F G des mers prolongées, comme par un tunnel joignant le point S_o à la mer. Ce que l'on cherche c'est $g_{\bar{\tau}}$, l'intensité de la pesanteur en S_o, et que l'on veut déduire de g observé en S, à la même latitude. Pour cela on apporte à g les trois corrections suivantes :

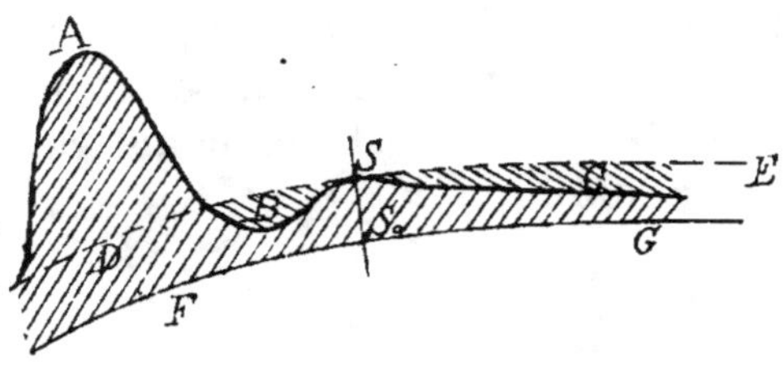

Fig. 23.

1° La valeur observée g a été influencée par les accidents de terrain avoisinant le point d'observation, par exemple par la montagne A, par les vallées B, C. Imaginons une surface D E passant par le point S et parallèle au géoïde F G ; on calcule la correction $\delta_1 g$ correspondante, de manière à obtenir la même valeur que si le sol avait été plat autour de S, ou si l'on veut, parallèle au géoïde. C'est ce qu'on appelle la *correction topographique*, ordinairement très petite ; son calcul, d'ailleurs compliqué, suppose que l'on possède une représentation topographique du sol et que l'on connaisse la densité du massif A et du sol sous-jacent à la station S. Cette correction peut évidemment être tantôt positive tantôt négative.

2° Nous supposons le point S plus élevé que le niveau S_o de la mer, ce qui est le cas ordinaire. La pesanteur en S_o est plus grande qu'en S, parce que S_o est plus rapproché du centre d'attraction, celui de la Terre. Cette seconde correction, que nous appellerons $\delta_2 g$ a pour expression :

$$\delta_2 g = 2\,g\,\frac{H}{R} - 0,000.308.6\,H\,;$$

R est le rayon de la Terre et H l'altitude SS_o du point d'observation, exprimés l'un et l'autre en mètres.

3° Enfin un dernier terme correctif $\delta_3 g$ représente l'attraction de la couche D E F G, d'épaisseur $SS_o = H$, qui agit en S_o pour diminuer l'attraction du reste de la masse terrestre, de sorte qu'elle est ici négative. Ce terme $\delta_3 g$ a pour expression :

$$\delta_3 g = 2\,g\,\frac{H}{R}\,\frac{3}{4}\,\frac{\theta}{\theta_m}\,,$$

en appelant θ la densité de la couche considérée et θ_m la densité moyenne de la Terre : θ_m est maintenant assez bien déterminé (5,52), mais il est souvent difficile de connaître θ.

Ce terme $\delta_3 g$ est connu sous le nom de *terme de Bouguer*, et la correction $\delta_2 g - \delta_3 g$ est la *correction de Bouguer*, parce que c'est lui qui le premier l'a appliquée ; mais ce sont Th. Young, puis Poisson, qui ont les premiers traité dans toute sa généralité le problème de la réduction au niveau de la mer pour les pesanteurs observées.

Il faut ajouter que, pour des raisons diverses, les géodésiens ne sont pas d'accord sur la nécessité d'appliquer toujours ces trois termes correctifs, et, en particulier le *terme* de Bouguer.

Détermination expérimentale de g. — 1° Jusqu'ici, c'est presque toujours au moyen du pendule qu'on a déterminé le nombre g. On sait que dans un pendule simple, oscillant dans le vide et dont les oscillations sont de très petite amplitude, la durée t

d'oscillation est liée à la longueur l du pendule et à l'intensité g de la pesanteur par la formule

$$t = \pi \sqrt{\frac{l}{g}}, \text{ ou } g = \frac{\pi^2 l}{t^2}.$$

On peut d'ailleurs faire très facilement les corrections nécessitées par la présence de l'air, etc.

L'élément le plus difficile à obtenir avec précision c'est la longueur l du pendule simple correspondant au pendule employé.

Dans la plupart des cas, on évite cette difficulté par l'emploi du *pendule invariable*, que l'on observe eu un lieu où g est connu et ensuite au lieu où l'on veut déterminer la même quantité.

Soit t_0 la durée d'oscillation observée au lieu où l'on connaît g_0, et soient t et g les mêmes quantités pour le lieu où l'on veut déterminer g. On a, la longueur l du pendule restant la même,

$$t_0 = \pi \sqrt{\frac{l}{g_0}} \qquad t = \pi \sqrt{\frac{l}{g}}$$

et par suite $\qquad g = g_0 \frac{t_0^2}{t^2}.$

C'est par cette méthode qu'ont été obtenues la plupart des valeurs de l'intensité de la pesanteur employées aujourd'hui.

2° L'emploi du pendule est impossible sur mer, à cause des mouvements des navires ; et c'est là cependant, où l'on est sur le géoïde même, qu'il serait le plus intéressant de déterminer l'intensité de la pesanteur, car on n'aurait plus à lui faire subir de correction pour rendre les résultats comparables.

Dans les régions polaires on peut se placer sur les glaces, et c'est ce qu'on a fait dans certaines expéditions.

Pour les mers libres, on a proposé divers appareils dont le principe est généralement de comparer la force élastique d'un gaz au poids d'une colonne de mercure : le poids de cette colonne change avec g, et il n'en est pas de même de la force élastique du gaz, ramenée toujours aux mêmes conditions de volume, de température et de pression.

Le seul moyen employé jusqu'ici sur une grande échelle, a été de comparer d'un côté la colonne de mercure qui fait équilibre à la pression atmosphérique, et de l'autre la force élastique correspondante de la vapeur d'eau, qui, elle aussi, fait exactement équilibre à la même pression atmosphérique au moment où l'eau entre en ébullition ; et l'on connaît exactement, par des déterminations de laboratoire, les pressions qui répondent aux diverses températures d'ébullition de l'eau. Aussi l'observation se réduit aux lectures d'un baromètre et d'un thermomètre. Mais ces lectures doivent être faites avec une précision qu'il est très difficile d'atteindre : une fraction de micron (millième de millimètre) pour le baromètre, et quelques millièmes de degré pour la température. Depuis 1901, cette méthode a été appliquée avec assez de succès par M. Hecker, dans l'Atlantique, le Pacifique et la mer Noire.

3° Mentionnons ici seulement pour mémoire divers appareils de physique très délicats dits *balances de gravité, balances de torsion, gravimètres de flexion*, qui remplaceraient le pendule dans les opérations différentielles sur terre, et qui ont été peu employés jusqu'ici.

Résultats obtenus par la méthode dynamique. — Deux valeurs de g obtenues à des latitudes différentes, suffisent pour déterminer l'aplatissement α ; en effet, portées dans la première formule de Clairaut, elles donnent deux équations entre g_a et β, et par suite feront connaître ces quantités ; d'autre part,

γ est connu puisque l'on peut (et même on y est obligé) emprunter a aux méthodes géométriques : la seconde formule de Clairaut donnera donc l'aplatissement α.

Cette méthode dynamique fut d'abord peu appliquée, quoique les diverses missions du xviiie siècle, comme celles de l'Équateur, de Laponie... eussent eu soin de faire des déterminations de pendule. Et Laplace ne disposait encore que de 15 déterminations de g pour appliquer ce procédé ; mais aujourd'hui on en possède près de 2.000, qui ont été discutées surtout par M. Helmert. Il a obtenu

$$g_? = 9^m,78046\,(1 + 0,005\,302\,\sin^2\varphi - 0,000.007\,\sin^2 2\varphi);$$

ce qui donne

$$g_a = 9^m,78046,\quad g_b = 9,83232 \quad \text{et} \quad \beta = \frac{g_b - g_a}{g_a} = 0,00532.$$

Anomalies de la pesanteur. — Cette valeur générale de $g_?$ étant connue, on peut lui comparer les diverses valeurs individuelles ; on obtient ainsi, entre la valeur calculée et la valeur observée, des différences parfois grandes, supérieures à l'influence des erreurs d'observation : alors on dit qu'aux points correspondants la pesanteur présente des *anomalies*, dont la cause évidente est l'irrégulière répartition des masses de l'écorce terrestre.

Parmi ces anomalies, les unes sont *générales*, c'est-à-dire se présentent avec le même signe sur de grandes étendues ; d'autres au contraire sont *locales :* lorsque celles-ci ne s'expliquent pas uniquement par des masses visibles extérieurement, elles peuvent donner des indications précieuses sur la nature et la situation de masses intérieures. Par ce moyen, la Géodésie se rattache à la Géologie et peut lui rendre de grands services. C'est ainsi que dans l'Allemagne du Nord, on a pu établir l'existence d'une chaîne souterraine qui s'étend est-ouest depuis le Harz, par-dessous l'Elbe et l'Oder.

On sait depuis longtemps que dans les îles l'intensité de la pesanteur est généralement en excès, ou, comme on dit, que les îles présentent de fortes anomalies positives. Mais les observations récentes de pesanteur en mer n'ont révélé aucune anomalie considérable ; aussi on est porté à penser que ces anomalies positives sont produites par l'attraction des piliers rocheux qui supportent les îles.

Dans les stations côtières, les anomalies sont plus souvent positives, et en général·conservent le même signe sur le contour d'une même mer. Enfin, à l'intérieur des continents les anomalies sont ordinairement négatives, principalement dans les régions montagneuses. Aussi a-t-on été conduit à admettre sous les continents l'existence de masses sous-jacentes de faible densité, et sous les mers au contraire des masses de densité relativement forte, pour compenser le défaut de densité des eaux. Telle est l'*hypothèse isostatique*, dans laquelle la somme des masses élémentaires serait la même sur tous les rayons terrestres, hypothèse qui se trouve appuyée par des faits assez nombreux : ainsi les montagnes se seraient formées aux dépens de masses intérieures dont la densité aurait ainsi été diminuée, tandis qu'au fond des océans la croûte terrestre serait plus dense que la moyenne au même niveau.

Enfin, disons que les observations de la pesanteur ont conduit, pour l'aplatissement, à la valeur $\dfrac{1}{298,3}$, très vive de celle de l'ellipsoïde ee Bessel.

CHAPITRE IX

MOUVEMENTS DIVERS DE L'AXE DE LA TERRE

Précession. — Depuis Hipparque on sait que les points équinoxiaux (ceux où se trouve le Soleil aux moments des équinoxes) ont un lent mouvement rétrograde connu sous le nom de *précession*. Les Anciens attribuaient ce mouvement à la sphère des fixes; mais on sait que cette sphère n'existe pas, et que la précession est produite par un mouvement de la Terre tel qu'en 26.000 ans, son axe fait un tour entier autour de l'axe de l'écliptique.

Nous savons, en outre, que la Terre est animée de deux autres mouvements bien connus :

Celui de rotation sur elle-même en 24 heures, qui produit les apparences du mouvement diurne, l'alternative des jours et des nuits;

Celui de révolution autour du Soleil en un an, qui produit la succession des saisons.

Ces deux mouvements doivent se répercuter l'un et l'autre dans le ciel en produisant des changements apparents dans les positions des étoiles, soit les unes par rapport aux autres, soit par rapport aux pôles et aux cercles de la sphère; mais longtemps il fut impossible de mettre ces changements en évidence, à cause de l'imperfection des instruments d'observation; et on admit à la fois que les étoiles sont à des distances comme infinies, c'est-à-dire ont une parallaxe insensible, et que l'axe de la Terre reste parallèle à lui-même, tant dans son mouvement de rotation en un jour que dans son mouvement de révolution en un an.

Cependant, à diverses époques, des changements dans les coordonnées de certaines étoiles furent signalés par Riccioli, Picard, Cassini, Rœmer, etc.; et en général on les considéra comme des effets de la parallaxe annuelle de ces étoiles, c'est-à-dire comme un déplacement apparent produit par le mouvement annuel de la Terre.

Aberration. — S. Molyneux conçut le projet de contrôler tout ce qu'on avait dit sur la parallaxe et les mouvements singuliers des étoiles, et pour cela fit construire par Graham un secteur de 24 pieds qu'il installa à Kew, près de Londres, pour observer les distances zénithales de γ Dragon, étoile qui culminait à quelques minutes du zénit' de son observatoire.

Les observations furent commencées le 3 décembre 1725, et Molyneux ayant été empêché de les continuer, ce fut Bradely qui se chargea de ce soin. Il reconnut ainsi un changement de distance zénithale qu'il confirma sur d'autres étoiles. Ayant trouvé que ces petits déplacements ne pouvaient s'expliquer, ni par la parallaxe annuelle, ni par un mouvement de l'axe de la Terre, il reconnut enfin qu'ils tenaient à la transmission successive de la lumière, combinée avec le mouvement annuel de la Terre dans son orbite : ainsi fut découverte *l'aberration de la lumière*, annoncée en 1728 ; ce fut la première conséquence nécessaire du mouvement de la Terre autour du Soleil, dont la réalité se trouvait ainsi établie.

Nutation. — Après avoir découvert l'aberration, Bradley continua encore les mêmes observations et fit ainsi une seconde découverte capitale, celle de la *nutation*. Il reconnut en effet que l'aberration ne pouvait pas rendre complètement compte des déplacements observés sur les étoiles, et que les résidus indiquaient un balancement de l'axe de la Terre se produisant dans une période de 18 ans $^2/_3$: c'est en cela que consiste la nutation.

Variation des latitudes. — Une question qui intéresse la forme de la Terre et la possibilité de ses changements avec le temps, est celle de la variation des latitudes ou du déplacement des pôles ; c'est d'ailleurs une des plus récentes dont on ait entrepris l'étude.

Jusqu'au milieu du xviii° siècle, on n'avait pas mis en doute que la ligne des pôles, l'axe autour duquel tourne la Terre, coïncide exactement et constamment avec l'axe de l'ellipsoïde, et par suite est fixe dans la Terre. Euler le premier, démontra que, dans l'hypothèse d'une Terre absolument rigide, l'axe de rotation doit décrire autour de l'axe de l'ellipsoïde un cône circulaire, accomplissant une révolution complète dans le temps que la Terre elle-même met à faire 305 rotations, c'est-à-dire en 305 jours sidéraux.

Plus tard, on étudia le cas où la Terre ne serait pas absolument rigide, mais présenterait une certaine élasticité ou une certaine viscosité.

Au point de vue de l'observation, un moyen se présente immédiatement pour vérifier si un tel mouvement est sensible : c'est de déterminer de temps à autre l'angle que la ligne des pôles fait avec une ligne fixe, la verticale par exemple, qui ne peut changer que par le déplacement de masses terrestres. Cela revient à déterminer de temps à autre la latitude d'un même lieu : si la latitude est fixe, la ligne des pôles l'est aussi dans l'intérieur de la Terre.

Ce n'est que vers le milieu du xix° siècle que des observations de ce genre furent entreprises pour vérifier ces déductions théoriques ; elles donnèrent des résultats négatifs, c'est-à-dire que si le pôle se déplace c'est de quantités très petites.

Perdue de vue quelque temps, cette question fut

reprise quand des observations faites à Berlin par M. Küstner, en 1884-85, eurent mis en évidence une diminution de latitude de $0'',2$ dans cette période, c qui répond à un déplacement des pôles de 6^m (30^m pour $1''$).

Il était bien peu probable que ce fût là un phénomène local ; cependant une entente eut lieu entre les observatoires de Berlin, Potsdam et Prague, qui exécutèrent des déterminations concertées de latitude en suivant les mêmes méthodes, employant les mêmes étoiles, etc., de janvier 1889 à la fin de 1890. Le résultat fut décisif : dans les trois stations, la latitude avait varié d'une manière analogue, continue, et présentait un maximum en août 1889, un minimum en février 1890 ; l'amplitude totale de la variation atteignait $0'',5$ à $0'',6$.

Depuis quelque temps l'Association géodésique internationale avait pris ces études à sa charge. On décida alors une autre vérification en faisant répéter les observations en d'autres points du même hémisphère, mais distants de 180° de longitude : si le pôle se déplace réellement, quand la latitude de l'un de ces points diminue celle de l'autre doit augmenter, et inversement ; c'est ce que l'observation vérifia.

Les observations spéciales faites depuis dans les deux hémisphères ont confirmé ces résultats, et aujourd'hui on peut tracer la courbe continue que chaque pôle de rotation parcourt autour de sa position moyenne ; c'est une sorte de spirale irrégulière dont les spires sont de grandeur variable et dont les diamètres varient de $0''2$ à $0''4$, c'est-à-dire que le pôle réel de la Terre se déplace 5^m à 6^m de part et d'autre de sa position moyenne.

Quand ce déplacement a été bien démontré, il a été possible de le mettre en évidence dans des observations anciennes, et on a pu ainsi remonter jusqu'en 1825. M. Chandler a montré que depuis cette époque le mouvement du pôle peut s'expliquer par deux déplacements élémentaires et superposés ayant l'un

18.

12 mois de période et l'autre 14; l'explication du phénomène devient ainsi facile :

1° Le terme de 12 mois de période aurait sa cause dans les déplacements de masses qui se reproduisent tous les ans, comme ceux des glaces polaires, des pluies...; il n'est pas jusqu'à l'atmosphère qui ne puisse exercer une action sensible : en hiver des masses d'air s'accumulent sur les continents qui sont plus froids, et en été se transportent sur les océans; on a calculé que cela correspond à 1.000 kilomètres cubes de mercure. L'amplitude de ce premier terme varie de 0″,115 à 0″,155.

2° Le terme de 14 mois de période correspondrait au déplacement calculé par Euler, mais non pour une Terre rigide; il suffit pour cela de supposer à la Terre une élasticité voisine de celle de l'acier. L'amplitude de ce terme varie de 0″,085 à 0″,185.

LIVRE V

ASTRONOMIE MATHÉMATIQUE OU DE POSITION

CHAPITRE I

APPARITION DE L'ASTRONOMIE MATHÉMATIQUE EN CHALDÉE — SON AVORTEMENT

La Lune est incontestablement l'astre dont le mouvement propre se remarque le plus facilement. On a dû observer d'abord les pleines lunes, les nouvelles lunes, déterminer ainsi la valeur de la lunaison, vérifier qu'elle est constante, puis reconnaître que la pleine lune divise en deux parties à peu près égales l'intervalle de deux nouvelles lunes consécutives, dont l'une la précède et l'autre la suit.

De même, et toujours à un degré d'approximation supérieur à celui que comportaient les premières observations, on aura reconnu que les phases où la Lune est exactement demi-circulaire ou *dichotome* (ce que nous appelons premier et dernier quartiers), subdivisent aussi les demi-lunaisons en parties égales.

Dès lors il était naturel d'admettre que le mouvement de la Lune est toujours égal, et c'est ce que l'on fit d'abord chez tous les peuples. Ceux qui, par le génie de leur race, furent portés à représenter géométriquement ce mouvement, les Grecs par exemple supposèrent immédiatement qu'il s'effectue, avec une vitesse angulaire toujours la même, sur une circonférence dont la Terre occupe le centre. Et ainsi fut adopté, dès l'origine, le principe des mouvements circulaires uniformes que plus tard Pythagore étendit à tous les astres : il fut universellement admis dans toute l'antiquité et jusqu'aux temps modernes.

Quand les observations devinrent plus précises, on s'aperçut que le mouvement de la Lune n'est pas absolument régulier; et c'est ici que se présente une bifurcation bien marquée entre l'esprit grec et l'esprit chaldéen : les Grecs, essentiellement géomètres, conservèrent le principe posé par Pythagore et cherchèrent à représenter le mouvement par des cercles excentriques, tandis que les Chaldéens, plutôt calculateurs et mercantiles, se bornèrent uniquement à calculer le lieu de la Lune pour leurs besoins astrologiques, sans chercher à pénétrer le secret des lois réelles du mouvement.

C'est l'esprit chaldéen que nous allons essayer de suivre ici dans son développement. Mais ce que nous connaissons de cette ancienne astronomie est encore très fragmentaire, et les détails ne se rattachent pas bien les uns aux autres, malgré les découvertes faites dans les dernières années, principalement par les PP. Epping, Strassmayer et Kugler.

Ephémérides chaldéennes. — On a vu que, du temps des Sargonides, les Chaldéens tentaient avec quelque succès de prédire les éclipses de Lune. Une tablette déjà citée, celle de l'an 7 de Cambyse, montre que plus tard l'Astronomie avait fait de grands progrès; on y trouve, en effet, pour la première fois, le calcul anticipé des positions relatives du Soleil et de la Lune, avec de nombreuses observations de la même année, complètement datées. Ce sont deux éclipses de Lune, des conjonctions de la Lune avec les cinq planètes, des conjonctions de planètes entre elles, des levers et couchers héliaques de ces planètes. On y trouve aussi, mais d'une manière grossière, les positions des planètes par rapport aux 12 signes du zodiaque, qui n'a pas encore sa division régulière en degrés, mais où l'on distingue le milieu, le commencement et la fin de chaque signe.

Malheureusement nous manquons de renseignements sur la période suivante, jusqu'à l'époque où nous trouvons des tablettes de 123 et 111 ans avant J.-C., traduites et interprétées par Epping et Strassmayer ; ces tablettes sont un véritable annuaire astronomique, la *Connaissance des Temps* de l'époque, donnant à l'avance et pour toute l'année une éphéméride de la Lune, une autre des planètes, etc., indépendamment des commencements des saisons, des levers et couchers héliaques des planètes et de Sirius, etc.

C'est dans la période intermédiaire, du vi^e au iie siècle avant J.-C., que les Chaldéens durent découvrir des inégalités du mouvement du Soleil, de la Lune et des planètes, dont nous les trouvons en possession au second siècle avant J.-C. ; toutefois comme les Grecs, de leur côté, faisaient ces découvertes à la même époque, il n'est pas encore possible de dire auquel des deux peuples appartient la priorité, d'autant que depuis l'expédition d'Alexandre leurs communications étaient faciles et nombreuses.

Mais nous savons aujourd'hui comment procédaient les Chaldéens pour tenir compte de ces inégalités dans le calcul des éphémérides. Nous prendrons d'abord comme exemple l'inégalité annuelle du mouvement du Soleil, reconnue par Euctémon à Athènes 430 ans avant J.-C., et dont une indication manifeste se trouve sur une tablette babylonienne un peu antérieure à 150 ans avant J.-C.

Ephémérides du Soleil. — Il est bien connu aujourd'hui que le mouvement annuel du Soleil autour de la Terre n'est pas uniforme, parce qu'il s'effectue dans une orbite légèrement aplatie, elliptique. Ainsi dans le courant de l'année le mouvement angulaire du Soleil en un jour varie de 51'13" à 61'11". Pour cette raison il ne met pas le même temps pour parcourir les quatre quarts de l'écliptique déterminés par les solstices et les équinoxes; autrement dit les quatre saisons ne sont pas tout à fait égales, ainsi que le reconnut Euctémon.

Les Babyloniens employèrent deux méthodes différentes pour tenir compte de cette inégalité, dans leurs calculs anticipés de la position du Soleil : rappelons qu'ils en avaient besoin pour leurs prédictions astrologiques.

La première et la plus ancienne consistait à diviser l'écliptique en deux parties supposées parcourues chacune par le Soleil d'un mouvement uniforme, mais avec des vitesses qui changeaient de l'une à l'autre de ces parties; pour la première, allant de 13° de la Vierge à 27° des Poissons, soit 194°, la vitesse était supposée de 30° par lunaison moyenne, soit à raison de 1°,0159 par jour; et pour la seconde, comprenant le reste de l'écliptique, la vitesse était de 28° 1/8 pour le même temps, ce qui correspond à 0°,9524 par jour. Ce procédé était commode pour le calcul arithmétique, mais comme on voit, bien peu conforme au principe de continuité. Il est à noter que le point milieu du premier arc, celui qui est parcouru avec la plus grande vitesse, tombe à 20° du Sagittaire et correspond assez bien à la position occupée alors par le périgée solaire.

Dans la seconde méthode, qui fut adoptée et peut être inventée par le célèbre Kidinnu[1], le passage de la vitesse maxima à la vitesse minima, et inversement, ne se fait plus en saut unique, mais d'une manière

---

1. Kidinnu fut le plus célèbre des astronomes babyloniens. Il est cité par Strabon et Pline l'Ancien sous le nom de Kidenas ou Cidenas, mais ce sont les récents travaux du P. Kugler qui l'ont mis en évidence.

uniforme; les vitesses extrêmes, pour une lunaison moyenne, sont $28°10'39''40'''$ et $30°1'59''0'''$, et d'un mois à l'autre on fait décroître graduellement cette vitesse de $18'$, puis croître d'autant dans la seconde partie. Le lieu de la vitesse maxima se trouve à $19°49'$ du Sagittaire, au lieu de $20°$ comme dans la première méthode.

Ephémérides de la Lune. — Pour la Lune, qui présente une inégalité analogue, on procédait de la même manière : Kidinnu adoptait, pour les extrèmes de la vitesse, les valeurs $15°16'5''$ et $11°5'5''$, et les faisait varier régulièrement pour les positions intermédiaires.

Ce procédé, qui consiste à représenter un mouvement varié au moyen d'un mouvement uniformément accéléré ou retardé, se trouve appliqué partout dans l'astronomie babylonienne des deux siècles qui ont précédé notre ère : il est évidemment inexact, mais on l'employait à défaut de la Trigonométrie que les Grecs seuls surent créer. Parmi les autres calculs où on l'employait, on peut citer celui de la latitude de la Lune, de la partie visible du disque lunaire, de la longueur du jour dans les diverses saisons, etc.

Les Babyloniens avaient, non seulement mesuré le diamètre de la Lune, mais ils connaissaient sa variabilité et ils la calculaient à l'avance, en admettant comme valeurs extrêmes $34'16''$ et $29'27''$, au lieu de $32'55''$ et $29'30''$ que donnent les mesures modernes.

Il semble que cette variabilité du diamètre apparent aurait dû les conduire à la recherche de la variation correspondante de la distance de la Lune, et à construire ainsi la véritable forme de l'orbite ; mais rien ne permet de croire que les Babyloniens aient cherché autre chose que la représentation empirique et purement numérique des mouvements lunaires.

Eclipses. — Kidinnu savait également calculer les éclipses de la Lune, et sa théorie ne différait pas essen-

tiellement de la nôtre. Soit A C (fig. 24) l'écliptique,
B D l'orbite de la Lune ; N, intersection de ces deux
cercles, sera un des nœuds de l'orbite lunaire. L'ombre O de la Terre se meut le long de A C avec la
vitesse du Soleil, et la Lune L se meut le long de B D
avec une vitesse environ treize fois plus grande. Pour

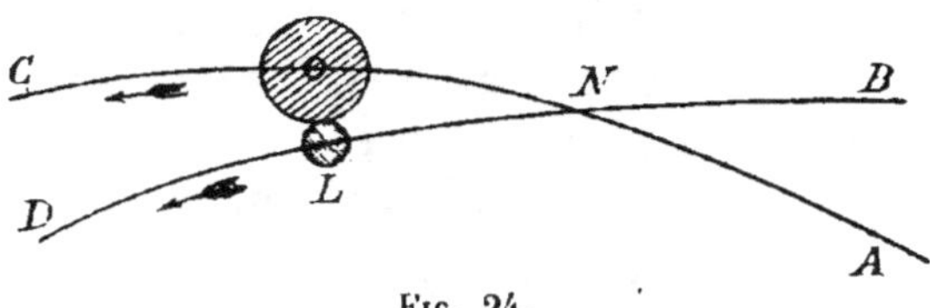

Fig. 24.

que la Lune s'éclipse, il faut que dans ce mouvement
elle vienne rencontrer l'ombre O. En tenant compte
de ce que les diamètres apparents de la Lune et de
l'ombre varient d'une époque à une autre, voici ce
qu'on trouve aujourd'hui :

1° Si, à l'époque d'une pleine lune, la distance N O
de l'ombre au nœud le plus voisin est plus grande
que 12°3′, il ne peut pas y avoir éclipse ;

2° Si, alors, la même distance est plus petite que
9°31′, il y a certainement éclipse ;

3° Si la distance N O est comprise entre ces limites
9°31′ et 12°3′, il y a doute, et il faut calculer en détail
les circonstances de l'éclipse pour savoir si elle aura
lieu réellement.

Or, Kidinnu admettait que pour qu'une éclipse de
lune fût possible, la latitude L O de la Lune devait
être inférieure à 1°44′ : en admettant 5° pour l'inclinaison de l'orbite de la Lune sur l'écliptique, cela répond
à une valeur de N O égale à 20°18′, au lieu de 12°3′,
comme on a dit.

Quant aux éclipses de Soleil, il résulte des recherches du P. Kugler que l'on fit aussi, à Babylone,
quelques tentatives pour les prédire ; et la limite de
latitude adoptée ici fut la même que pour les éclipses
de Lune, soit environ 20° de distance au nœud, ce qui

est assez exact. Mais de cette égalité même il résulte qu'on n'avait aucune connaissance géométrique relativement à ces éclipses : les calculs des Babyloniens ne présentent aucun indice de parallaxe lunaire, et sans doute ils l'ignorèrent.

Mois lunaires. — On sait que les Chaldéens excellèrent dans la détermination des périodes de révolution de la Lune et des planètes. Voici les valeurs que Kidinnu employait pour la Lune, mises en parallèle avec celles qu'on admet aujourd'hui :

	Suivant Kidinnu.				Valeurs modernes.				Différ.
	j.	h.	m.	s.	j.	h.	m.	s.	s.
Mois synodique. . .	29	12	44	3,3	29	12	44	2,9	— 0,4
Mois sidéral	27	7	43	14,0	27	7	43	11,5	— 2,5
Mois anomalistique.	27	13	18	34,7	27	13	18	39,3	+ 4,6
Mois dracontique. .	27	5	5	35,8	27	5	5	36,0	+ 0,2

L'erreur du mois synodique de Kidinnu est si faible qu'après 5.000 lunaisons, ou environ 400 ans, la Lune ne serait pas déplacée de plus de 1.000″, soit environ le demi-diamètre de son disque.

La valeur du mois sidéral donnerait 3.008 de ces mois pour 2.783 mois synodiques : ce rapport était également connu d'Hipparque.

Les astronomes babyloniens admettaient le rapport plus simple de 361 mois sidéraux pour 334 lunaisons, ce qui est la période dite de Kaksidi, connue déjà 533 ans avant J.-C.

Éphémérides perpétuelles des planètes. — Les Babyloniens connaissaient aussi les durées des révolutions des planètes ; mais ici le problème est plus complexe à cause des stations et rétrogradations, qui tiennent à ce que le mouvement ne se fait pas autour de la Terre comme au centre. Malgré cela, ils étaient parvenus à former des périodes renfermant un nombre entier d'années et un nombre entier de révolutions synodiques de la planète. Par exemple, pour Vénus, ils reconnurent qu'elle revient à la même position, par rapport au Soleil et par rapport aux étoiles, au bout de huit ans, et que, pendant ce temps, elle fait cinq révolutions synodiques. Cela connu, si pendant huit ans on enregistrait avec soin les circonstances du mouvement de Vénus en longitude et latitude, ainsi que les divers phénomènes qui en dépendent, on pouvait être sûr que tout cela se répéterait exactement de huit ans en huit ans, et, par suite, construire avec facilité et sécurité l'histoire future de la planète pour l'avenir.

Ce relevé complet de tout ce qui pouvait s'observer pour Vénus dans l'espace de huit années consécutives constituait une *éphéméride perpétuelle* pour la prédiction des mouvements et des phénomènes de la planète.

De même, une longue série d'observations de Jupiter avait appris qu'en douze ans cette planète accomplit 11 révolutions synodiques, et graduellement, toujours avec plus d'exactitude, que 71 ans embrassent 65 révolutions synodiques, que 83 années en embrassent 76, de sorte que de même une série d'observations de 83 ans pouvait servir d'éphéméride perpétuelle pour Jupiter.

Ainsi naquirent, pour les diverses planètes, les cycles suivants :

Planètes.	Années.	Rév. synod.
Jupiter. . .	77	65
Id. . . .	83	76
Vénus . . .	8	5
Mercure . .	46	145
Saturne . .	59	57
Mars. . . .	32	15
Id. . . .	47	22
Id. . . .	79	37

Ces divers cycles devaient se perfectionner graduellement, et, en même temps, chacun d'eux comblait les lacunes des précédents. Aussi on peut imaginer avec quel zèle les astronomes babyloniens s'appliquèrent à perfectionner leurs éphémérides perpétuelles, pour eux si importantes, puisqu'elles donnaient immédiatement les conjonctions et les oppositions avec le Soleil, les passages près des étoiles, les levers et les couchers héliaques, les stations, les rétrogradations, les entrées dans les divers signes du zodiaque.

De là, on déduisit parfois des éphémérides annuelles de tous les phénomènes célestes, c'est-à-dire de véritables calendriers astronomiques, dont la tablette déjà mentionnée de 523 ans avant J.-C. est un exemplaire ; et on possède des calendriers analogues pour les années 208, 192, 123, 118 et 111 avant J.-C.

Ephémérides de Jupiter. Méthodes diverses de calcul. — L'usage des éphémérides perpétuelles des planètes se prolongea bien longtemps, ce qui s'explique par la facilité avec laquelle on peut les composer, les améliorer, puis en déduire des prédictions relativement sûres, quoique assez imparfaites toutefois. Aussi au second siècle avant J.-C. l'idée prévalut de calculer directement les phénomènes célestes, comme on le faisait, sans aucun doute et depuis longtemps déjà, pour le Soleil et pour la Lune. Alors des astronomes inconnus, et plus ou moins pénétrés de l'esprit grec, tentèrent pour la première fois, non de faire une théorie des planètes à la façon dont les Grecs la comprenaient, mais de reproduire plus ou moins exactement, par une série de nombres artificiellement combinés, les lois des mouvements des planètes en longitude.

A la base de leur système ils ne posèrent pas, comme les Grecs, l'hypothèse du mouvement circulaire uniforme, combiné de diverses manières ; ils ne se proposèrent pas davantage de figurer géométriquement les orbites parcourues par les astres ; ils bornaient leurs vues à la prédiction des principaux phénomènes et à l'indication des points du ciel où ils devaient se produire, sans aspirer à une détermination des distances à la Terre. Leurs principes propres étaient que les mouvements doivent être ou simples, ou résulter d'éléments simples ; — que leur vitesse doit être uniforme ou uniformément variable. Comme le remarque le P. Kugler, tel est le plus haut degré de perfection auquel parvint la science astronomique des Babyloniens.

Sur la mise en œuvre de ces principes il ne nous est parvenu que des fragments plus ou moins incomplets et qui, pour Jupiter seulement, ont été suffisants pour permettre de retrouver les lignes générales des méthodes ou systèmes de calcul employés par les diverses écoles du IIe siècle avant J.-C., auquel tous ces documents appartiennent.

Ces tables de Jupiter ont la forme d'une éphéméride étendue à un grand nombre de révolutions synodiques consécutives. Pour chacune de ces révolutions successives, on considère cinq phénomènes : lever héliaque, — première station ; — opposition, — seconde station, — coucher héliaque : la conjonction avec le Soleil est omise parce qu'elle n'est pas observable. Pour ces phénomènes, on donne la date, rapportée à l'ère des Séleucides, ainsi que les mois et jour babyloniens ; en outre, on donne pour le même instant le lieu de Jupiter dans l'écliptique.

La formation d'une telle table revient à résoudre ce problème : étant donnés, par des observations faites dans une première révolution synodique, les époques des cinq phénomènes considérés et les lieux de Jupiter dans l'écliptique, trouver par le calcul les époques et lieux analogues pour une quelconque des révolutions synodiques suivantes. Pour cela, il est nécessaire de connaître la loi de variation des intervalles, par exemple celle des levers héliaques, d'une révolution à l'autre. Cette loi ne pouvait être empruntée qu'aux observations, dont la série aura des lacunes inévitables. Comment y aura-t-on suppléé? Comment a-t-on procédé exactement? C'est ce que nous ignorons.

Si la Terre et Jupiter tournaient autour du Soleil d'un mouvement uniforme, chacun avec sa période propre, toutes les révolutions synodiques de Jupiter auraient même durée, 398 jours et 22 heures ; et son arc synodique (c'est-à-dire l'arc qu'il parcourt sur l'écliptique durant une révolution synodique) serait toujours le même, soit : 33°9'. Par suite, en ajoutant respectivement 398 jours 22 heures et 33°9' aux cinq dates et aux cinq longitudes de la première série, celle qui a été observée, on aurait les dates et longitudes de la seconde; et, de même, on passerait de la seconde à la troisième, de la troisième à la quatrième, et ainsi de suite de proche en proche [1]. Mais, en raison des excentricités des orbites autour du Soleil, tant pour la Terre que pour Jupiter, les diverses révolutions synodiques et les divers arcs synodiques ne sont pas les mêmes dans toutes les parties de l'écliptique ; l'excentricité de Jupiter étant de beaucoup la plus grande (0,048 contre 0,017 pour la Terre), son effet l'emporte considérablement, et il en résulte que la révolution synodique et l'arc synodique avaient alors, comme aujourd'hui encore, leur valeur maximum quand Jupiter était dans les Poissons, et leur valeur minimum quand il était dans la Vierge.

Ce fait n'était pas inconnu des astronomes chaldéens, qui savaient en tenir compte, mais par des procédés qui variaient avec les écoles. Voici trois de ces procédés :

1. En réalité, relativement aux levers et couchers héliaques il faudrait considérer la diversité qui tient à l'obliquité de l'écliptique, et qui fait que la route du Soleil n'est pas également inclinée sur l'horizon aux diverses saisons de l'année. Mais les calculateurs babyloniens ne paraissent pas s'être préoccupés de cette partie du problème. D'ailleurs, ils n'ont pas pu avoir égard davantage à l'influence de la latitude de la planète sur les phénomènes considérés : le problème des latitudes planétaires est resté inaccessible à l'astronomie babylonienne.

19.

1° Dans le plus ancien, qui paraît avoir été en usage à l'école astronomique de Borsippa, on se contente d'une approximation assez grossière : l'écliptique est divisé en deux arcs de 155° et 205°, dont le premier s'étend de 30° du Scorpion à 25° des Gémeaux et où l'on suppose que la révolution synodique est de 396 jours, et l'arc synodique de 30°, tandis que dans le second, — de 25° des Gémeaux à 30° du Scorpion, — les mêmes éléments sont supposés de 402 jours et de 36°. Et quand un arc synodique tombait partie sur la route de plus grande vitesse, partie sur l'autre, on adoptait des valeurs proportionnelles à celles qui précèdent, en raison de la part qui tombait dans chacune. Tout était disposé de manière à conserver exactement le rapport de l'année sidérale à la révolution sidérale de Jupiter.

C'est ainsi qu'on obtenait, l'une après l'autre, les dates des levers héliaques successifs de Jupiter et ses positions correspondantes dans l'écliptique ; et de même pour les stations... en ayant soin d'adopter chaque fois la valeur convenable de la révolution synodique et de l'arc synodique. La valeur adoptée dans ces calculs, pour la révolution synodique, est de 65 de ces révolutions pour 71 ans, ou plus exactement pour 878 lunaisons : cela donne, en jours, 398,89 pour la durée de la révolution synodique, à peine différente de celle qu'on emploie aujourd'hui, 398,92.

2° Un second procédé diffère de celui qui précède en ce que la variation de l'arc synodique est mieux représentée ; ici, l'écliptique est divisé non plus en deux sections, mais en quatre, correspondant l'une à la vitesse maximum, l'autre à la vitesse minimum, et les deux autres à une vitesse intermédiaire, le tout comme il est indiqué par le tableau suivant :

Limite des sections.	Étendue.	Arc synodique.
9° du Cancer — 9° de la Vierge . . .	120°	30°. 0'
9° de la Vierge — 2° du Capricorne. .	53°	33°.45'
2° du Capricorne — 17° du Taureau.	135°	36°. 0'
17° du Taureau — 9° du Cancer. . .	52°	33°.45'

Le point milieu de la troisième de ces sections, correspondant à la valeur maximum de l'arc synodique et à la vitesse maximum du mouvement de la planète, tombe à 9° $1/_2$ des Poissons, ce qui correspond assez bien à la position qu'occupait alors le périhélie de Jupiter.

Une autre modification importante présentée par ce procédé, c'est que le calcul des cinq phénomènes considérés (lever héliaque, première station.....) est basé sur celui d'un seul de ces phénomènes et sur les intervalles de temps dont les autres étaient distants du premier.

3° Dans le troisième procédé, le calcul des arcs synodiques et des intervalles entre deux phénomènes consécutifs de même nom, ne sont plus fondés sur une division ronde de l'écliptique en deux ou quatre parties, avec une valeur constante de l'arc synodique pour chaque partie ; mais de sa valeur maximum (38°2′) à sa valeur minimum (28°15′30″) l'arc synodique est supposé décroître uniformément de 1°48′ pour chaque révolution synodique, et la durée de la révolution synodique va en croissant parallèlement de 394,34 jours à 404,12. La valeur moyenne résultante (398,89), identique à celle employée dans le premier procédé, est, en outre, presque identique à celle des tables modernes.

Pour l'arc synodique moyen, les Chaldéens adoptaient 33°8′45″, et les tables de Le Verrier donnent, pour l'époque actuelle, 33°8′37″,54 : d'après le P. Kugler, la différence tiendrait à la grande perturbation produite par Saturne sur Jupiter, dont l'effet, vers 150 avant J.-C., aurait augmenté cet arc synodique de 6″ : l'erreur des Babyloniens se réduirait donc à 1″5, soit $1/_{80.000}$ de l'arc considéré.

Cas de Mercure. — C'est, avons-nous dit, pour Jupiter que les documents recueillis sont le plus complets. Si nous passons à Mercure, le P. Kugler a pu tirer, des fragments retrouvés, quelques éléments principaux dont la précision est surprenante, et supérieure à celle d'Hipparque.

La représentation numérique du cours apparent de Mercure en longitude est obtenue suivant un schéma analogue à celui employé pour Jupiter, mais moins régulier. La variation de l'inclinaison de l'écliptique sur l'horizon introduit, dans les observations des levers et couchers héliaques, de graves anomalies qui se superposent aux anomalies propres de la planète, et qui ont fait donner au calcul une marche bizarrement asymétrique. Et cela met bien en pleine évidence le caractère purement empirique de l'astronomie planétaire babylonienne.

Résumé. — Malgré le petit nombre des documents que nous possédons, relativement à certaines périodes, nous pouvons maintenant jeter un coup d'œil d'ensemble sur l'astronomie chaldéenne.

Dès les premiers âges, nous trouvons l'Astrologie en grande faveur sur les rives de l'Euphrate et du Tigre. Sous son influence, les astres sont observés avec assiduité ; on découvre le retour périodique de divers phénomènes, et ainsi sont rendues possibles des prédictions qui finalement conduisent à l'Astronomie, d'abord simple servante de l'Astrologie.

Quand, de progrès en progrès, on fut parvenu à prédire les éclipses de Lune, les observations furent continuées avec plus d'ardeur encore, organisées plus systématiquement ; les périodes ainsi devinrent plus exactes et on vit apparaître les éphémérides perpétuelles ; de là naquit, vers le commencement du second siècle avant notre ère, l'astronomie empirique des Babyloniens, où l'on cherchait à obtenir une représentation approximative des mouvements célestes par le moyen de séries numériques procédant par différences constantes, ou, tout au plus, par différences uniformément croissantes ou décroissantes.

Une semblable représentation des faits n'est pas à vrai dire une théorie, mais elle se rapproche beaucoup des formules que nous appelons aujourd'hui empiriques ; et c'est ainsi que l'on peut appeler également les procédés de calcul employés dans l'astronomie babylonienne, procédés que l'on appliquait à des questions qui ne le comportaient point, mais qui étaient les seuls connus, et dont la Trigonométrie devait donner la solution. N'ayant pas inventé la Trigonométrie, les Babyloniens étaient condamnés à l'insuccès, alors même que leur antique cité aurait pu continuer son histoire.

A l'impuissance de ces procédés empiriques de calcul s'ajoutait, pour les problèmes lunaires, la difficulté qui tenait aux idées fausses des Babyloniens sur la grandeur et la forme de la Terre, à leur ignorance de la parallaxe, peut-être à leur obstination à repousser les méthodes grecques, car Séleucus, astronome babylonien du II° siècle avant J.-C., connaissait la rondeur de la Terre. Pour représenter les phénomènes, l'emploi des nombres leur parut suffisant et ils ne virent point que les problèmes astronomiques sont par-dessus tout des problèmes de Géométrie. D'ailleurs, dans cette dernière science ils ne firent point de progrès, et cela montre leur énorme contraste avec les Grecs : ceux-ci, philosophes et raisonneurs plus qu'observateurs, commencent d'abord par les spéculations. Les Ioniens ne connaissent encore que les phénomènes les plus communs et ils tentent de remonter à l'origine des choses. De leur côté, les Pythagoriciens arrivent à concevoir la rondeur de la Terre et son isolement dans l'espace ; puis Héraclide du Pont et Aristarque de Samos comprennent que la question des mouvements du Soleil, de la Lune et des planètes est un problème de mouvements relatifs qui comporte les trois solutions, connues depuis sous les noms de Ptolémée, de Tycho et de Copernic.

Mais ces brillantes spéculations du génie ne pouvaient donner qu'une idée générale du monde et ne permettaient pas de calculer avec précision les lieux des astres : il manquait une base formée d'observations prolongées ; c'est alors, au moment opportun, que l'expédition d'Alexandre met en contact les infatigables observateurs et calculateurs babyloniens avec le génie philosophique et spéculatif de l'Hellade ; et des trois éléments mis en présence, observation, théorie spéculative et calcul, naît l'astronomie grecque proprement dite dont la nôtre est la fille. Et dans cette longue succession d'hommes et d'idées, tout en haut nous apercevons les hôtes assidus et les calculateurs infatigables des observatoires de Babel et de Borsippa, d'Erech et de Sippara, de Ninive et de Nippur : leurs efforts n'ont donc pas été inutiles, et ils ont droit à notre reconnaissance.

CHAPITRE II

NAISSANCE DE L'ASTRONOMIE MATHÉMATIQUE EN GRÈCE

Les premières écoles grecques de philosophie s'étaient formées presque à l'insu l'une de l'autre, et n'eurent d'abord que peu ou point de communication entre elles. Aussi voyons-nous par exemple Anaxagore donner à la Terre une forme plate, alors que Pythagore, plus d'un demi-siècle auparavant, avait montré qu'elle est ronde.

Mais la Grèce était devenue une nation plus homogène, et les divers systèmes philosophiques finirent par se rencontrer à Athènes, dont la suprématie s'affirma surtout après les guerres Médiques. Là les adeptes de ces diverses écoles, venus de tous les pays, poussèrent à l'extrême ce qu'il y avait d'exclusif dans chaque système, et on vit naître les *sophistes*, dont l'influence d'ailleurs paraît avoir été nulle sur le développement de l'Astronomie, à moins qu'on veuille en voir un écho dans les railleries dont Aristophane accable Méton.

Alors parut Socrate (470 à 400 ans av. J.-C.), qui opéra dans la philosophie une révolution complète, mais n'exerça pas une action bien notable sur les progrès de l'Astronomie, dont il bornait l'utilité à la confection du calendrier : ce qui confirme bien ce que nous avons dit sur l'influence qu'exerça le besoin de diviser le temps sur le développement de l'Astronomie.

L'influence de Platon (430 à 347 av. J.-C.), dont les idées cosmogoniques sont dispersées dans ses divers dialogues, fut plus grande : héritier d'une partie des idées pythagoriciennes, il attribue aux planètes les distances suivantes à la Terre, centre supposé de leurs mouvements :

Planètes	☽	☉	♀	☿	♂	♃	♄
Distances	1	2	3	4	8	9	27

Ces distances sont les termes enchevêtrés de deux progressions géométriques ayant respectivement pour raison 2 et 3, savoir 1, 2, 4, 8 — 1, 3, 9, 27; on voit que l'unité est, comme chez Pythagore, la distance de la Terre à la Lune.

Dans un passage célèbre du livre X de sa *République*, Platon indique l'arrangement mécanique des sphères, des planètes et de leurs axes : c'est la première tentative faite pour relier par une machine matérielle le mouvement diurne général du ciel avec les mouvements particuliers des planètes, ainsi que la substitution d'organes matériels à la force centrale des pythagoriciens.

Platon, qui recommande aux astronomes l'étude de la géométrie, leur posa aussi, d'une manière précise, et en ces termes, analogues à ceux de Pythagore, le problème à résoudre : représenter, par des mouvements circulaires et uniformes, les apparences que présentent les planètes, c'est-à-dire leurs stations et rétrogradations. Nous allons voir avec quelle habileté Eudoxe son disciple résolut cette question, au moyen de ses sphères homocentriques, et donna un caractère nettement mathématique à la science des astres.

Eudoxe naquit à Cnide, en Asie Mineure, dans la Carie, au sud de cette province d'Ionie qui a donné le jour à tant de philosophes. On sait qu'il florissait vers 370 avant J.-C., mais on ignore les dates précises de sa naissance et de sa mort : on peut les placer approximativement vers 410 et 355.

Il commença de suivre les leçons de Platon vers 386, et fit, vers 362, un voyage en Égypte, d'où il rapporta, dit Pline, l'année de 365 jours $1/4$. Trois ans après, il fonda une école à Cnide, ainsi qu'un observatoire que l'on montrait encore du temps de Strabon. Archimède nous apprend qu'il faisait le diamètre réel du Soleil égal à neuf fois celui de la Lune, et Vitruve lui attribue le cadran solaire qu'on appelait l'Araignée, sans doute à cause du grand nombre d'arcs et de lignes qui s'y entrecoupaient. Il avait perfectionné l'octaétéride et construit une sphère céleste sur laquelle il avait indiqué les positions des étoiles, et dont nous avons déjà parlé : il est à peine besoin de dire que cette sphère est bien différente de celles qui lui servaient à représenter les mouvements célestes, et dont on attribue parfois l'invention à Anaximandre.

I

SYSTÈME D'EUDOXE

Dans ce système, la Terre est supposée sphérique, complètement immobile et placée au centre du monde, au centre de toutes les révolutions célestes. Les divers astres, Soleil, Lune, planètes, sont tous supportés par des systèmes analogues de sphères concentriques à la Terre, de sorte qu'il suffit de considérer l'un de ces astres A en particulier.

Cet astre A est fixé invariablement à l'équateur d'une sphère qui tourne d'un mouvement uniforme autour d'un axe fixe dans cette sphère, dont le centre se confond avec celui de la Terre. Cet axe est porté par une seconde sphère, concentrique aussi à la Terre, plus grande que la première et tournant de même d'un mouvement uniforme, mais ordinairement avec une vitesse différente de celle de la première.

L'axe de cette seconde sphère est porté à son tour par une troisième sphère plus grande encore, etc. ; et ainsi de suite. Tous les astres n'avaient pas le même nombre de sphères : on n'admettait que celles qui

20

paraissaient nécessaires pour expliquer les mouvements observés ; mais les sphères de tous les astres considérés tournaient chacune uniformément, et toutes avaient, répétons-le, un centre commun, celui de la Terre : d'où le nom d'homocentriques qui leur a été donné plus tard.

Comme d'ailleurs ces sphères entraînent l'astre, elles ont reçu le nom de sphères motrices ou déférentes, par opposition avec les sphères réactives que nous rencontrerons plus tard. Enfin, le système des sphères de chaque astre est supposé complètement indépendant de tous les autres.

En examinant les effets de ces mouvements, combinés ensemble, Eudoxe trouva qu'avec des positions des axes et des vitesses de rotation convenablement choisies, il pouvait représenter les mouvements du Soleil et de la Lune en supposant chacun de ces astres porté par trois sphères, tandis que les mouvements plus variés des planètes en exigent quatre. Quant aux étoiles fixes, une seule sphère, sur laquelle toutes sont supposées placées, suffit pour représenter leur mouvement. Et comme l'ordre admis des distances est celui de Platon, l'ensemble du système est le suivant :

Astres.	Nombre de sphères motrices.
Étoiles	1
Saturne	4
Jupiter	4
Mars	4
Mercure	4
Vénus	4
Soleil	3
Lune	3
	27

Mais quelle est la cause des mouvements de ces sphères, de l'entraînement des unes par les autres ? On ne trouve pas qu'Eudoxe l'ait cherchée, pas plus que les grandeurs relatives ou absolues de ces sphères, la matière qui les forme, le mode d'insertion des axes, etc. ; il paraît s'être abstenu totalement de rechercher quoi que ce soit de ce qui n'intéressait pas le problème simple qui était posé, la représentation géométrique des phénomènes ; il résolvait un problème géométrique, non un problème physique ; et tout porte à croire que pour lui ces diverses sphères n'étaient que les éléments d'une hypothèse mathématique : ainsi tomberait le reproche qui lui a été si souvent adressé d'avoir constitué l'univers avec des sphères de cristal.

Eudoxe avait décrit son système dans un ouvrage intitulé : *Sur les vitesses*, qui a été perdu comme tous ceux qu'il avait composés ; mais il en est question dans Aristote et dans son commentateur Simplicius. Longtemps il fut négligé, critiqué, confondu avec le système des épicycles : mais, mieux étudié par C. Schaubach en 1800, par Ideler en 1828 et 1830, il a été complètement mis en lumière par G. Schiaparelli, que nous prenons pour guide dans l'exposition suivante.

. Voyons comment ce système permet de représenter les mouvements des divers astres, en commençant par celui des étoiles, qui est de beaucoup le plus simple.

Étoiles. — Elles sont supposées fixées à une sphère tournant autour de l'axe du monde, en un jour sidéral et de l'est à l'ouest : comme la Terre est supposée immobile, il est évident que cela explique le mouvement journalier ou diurne des étoiles.

Planètes. — Comme elles participent au mouvement diurne, Eudoxe attribue à la sphère extérieure de chacune d'elles un mouvement identique à celui de la sphère des fixes : pour abréger, nous désignerons par I cette sphère extérieure du système de chaque planète, et les suivantes, en allant vers l'intérieur, par II, III...

Lune. — En corrigeant, d'après Ideler, les indications erronées de Simplicius, le système des sphères II et III de la Lune était formé ainsi : la sphère II avait, de l'est à l'ouest, une révolution très lente (elle s'effectuait sans doute en 223 lunaisons ou 18 ans), et son axe faisait avec le plan de l'orbite de la Lune un angle égal aux plus grandes latitudes de cet astre; quant à la sphère III, elle avait, de l'ouest à l'est, une révolution d'un mois (une lunaison) autour d'un axe perpendiculaire à l'orbite de la Lune, c'est-à-dire faisant avec l'écliptique un angle égal aux plus grandes latitudes de la Lune, autrement dit égal à l'inclinaison du plan de l'orbite sur celui de l'écliptique.

Il résulte de là que pour Eudoxe la longitude de la Lune croissait *uniformément*, qu'il ne connaissait aucune anomalie en longitude, ou que du moins il ne l'admettait pas; on verra que 20 ou 30 ans après, vers 325 ans avant J.-C. Callipe en avait connaissance. Mais Eudoxe savait que la Lune s'éloigne de l'écliptique en latitude, et aussi que les nœuds de son orbite ont un mouvement rétrograde qui fait un tour entier en 18 ans. Ces connaissances avaient-elles été acquises en Grèce? c'est bien peu probable, étant donné qu'on y spéculait plus qu'on n'y observait, et aussi en raison des très imparfaits moyens d'observation alors connus, qui se réduisaient à des globes grossièrement construits sur lesquels on portait à vue les positions notées de la Lune parmi les étoiles.

Soleil. — Eudoxe expliquait les mouvements du Soleil au moyen de trois sphères, comme pour la Lune. Il faisait tourner la sphère II d'un mouvement très lent dans le sens des signes, c'est-à-dire de l'ouest à l'est, et autour d'un axe légèrement incliné sur l'écliptique; enfin, la sphère III tournait également dans le sens des signes autour de l'axe de l'écliptique et avait une période d'une année environ.

Une première conséquence est qu'Eudoxe rejetait

l'anomalie annuelle du Soleil en longitude, celle qu'on expliqua plus tard au moyen de l'excentrique, et qui avait été mise en évidence, sous un aspect un peu plus caché, par les observations de Méton et d'Euctémon, 60 à 70 ans plus tôt. On sait, en effet, qu'ils reconnurent ce fait, alors presque incroyable, que le Soleil ne met pas le même temps pour parcourir les quatre parties de sa route annuelle limitées par les équinoxes et par les solstices, autrement dit que les quatre saisons n'ont pas la même longueur. Mais Eudoxe semble l'ignorer, et son papyrus indique des saisons égales de 91 jours chacune, excepté l'automne, auquel il en donne 92 pour atteindre la durée de 365 jours.

En second lieu, les sphères I et III suffisent pour expliquer le mouvement diurne et le mouvement annuel du Soleil. Pourquoi Eudoxe fait-il intervenir la sphère II avec son lent mouvement dans le sens des signes et une faible inclinaison sur l'écliptique? Elle a pour effet de placer la route du Soleil hors de l'écliptique, de donner à son orbite une sorte de balancement ou de nutation. D'après Simplicius, c'est pour expliquer le fait (inexact pour un temps assez court), noté par Eudoxe et par ses prédécesseurs, qu'au moment des solstices le Soleil ne se lève pas toujours au même point de l'horizon. On peut supposer aussi que cette seconde sphère fut établie par analogie avec ce qui a lieu pour la Lune et les planètes, qui se déplacent en latitude ; et on ne pouvait penser alors que le Soleil, rangé au nombre des planètes, fût une exception.

Quoi qu'il en soit, cette idée d'un mouvement du Soleil en latitude paraît avoir existé déjà du temps de Thalès ; on la retrouve du temps d'Aristote, puis d'Hipparque. Adraste, d'Aphrodisias en Carie, qui vivait vers la fin du premier siècle de notre ère, avait écrit une théorie complète de la nutation de l'orbite du Soleil, et, du temps de Charlemagne, Bède attribuait au Soleil une latitude qui pouvait atteindre 2°.

De ce mouvement des points où se lève le Soleil aux solstices, Bailly a voulu conclure qu'Eudoxe connaissait la *variation* de l'obliquité de l'écliptique, et d'autres ont cru voir dans le mouvement de cette sphère II une explication de la précession des équinoxes; mais il est constant que ce dernier phénomène n'a pas été connu avant Hipparque.

Les planètes en général. — On sait que, pour les planètes, comme pour le Soleil, la Lune et les étoiles, ce que nous avons appelé sphère I, tourne toujours en 1 jour sidéral, de l'est à l'ouest, pour expliquer le mouvement diurne.

Pour toutes les planètes, la sphère II sert à produire la révolution le long de l'écliptique, dans un temps égal aux révolutions proprement dites, aux révolutions zodiacales; pour les planètes supérieures ($\hbar$, $\mathcal{Z}$, σ), ces révolutions coïncidaient avec nos révolutions sidérales; et pour les planètes inférieures (φ et ξ) elles étaient d'une année, comme dans tous les systèmes géocentriques. Comme la rotation de cette sphère II. qui se faisait de l'ouest à l'est, était uniforme, il est évident qu'Eudoxe n'avait aucune idée de l'anomalie des planètes en longitude, tenant à l'excentricité de leur orbite; et par suite aussi les conjonctions et les oppositions successives étaient équidistantes en temps et sur l'écliptique, et les arcs de rétrogradation de chaque planète étaient toujours égaux dans toutes les parties du zodiaque. Autant que nous puissions le savoir, l'axe de cette sphère II coïncidait, pour toutes les planètes, avec celui de l'écliptique; du moins on ne trouve pas la plus légère mention relative à une inclinaison des orbites des planètes sur le plan de l'écliptique.

Les sphères III et IV étaient destinées à représenter l'anomalie des planètes par rapport au Soleil et les mouvements en latitude : la sphère III avait ses pôles sur deux points opposés de l'écliptique supposé tracé sur la sphère II, et sa durée de révolution était celle de la restitution synodique de la planète, c'est-à-dire de l'intervalle de deux conjonctions ou de deux oppositions consécutives par rapport au Soleil. Ces pôles de la sphère III, dit Aristote, variaient de position (sur l'écliptique de la sphère II) quand on passait d'une planète à l'autre, excepté pour Vénus et pour Mercure, cas où ils étaient les mêmes. Quant au sens de la rotation de cette sphère III, il n'est pas spécialement indiqué : c'est qu'en effet il est indifférent pour la représentation des phénomènes.

La sphère IV avait son axe porté par la sphère III et faisait avec l'axe de celle-ci un angle qui changeait d'une planète à l'autre. Cette sphère IV avait sa durée de révolution égale à celle de la sphère III et de sens contraire; enfin, on le sait, la planète était fixée sur l'équateur de cette sphère IV.

Par ce moyen, chaque planète avait un mouvement diurne, un mouvement zodiacal, et deux autres mouvements réglés sur la révolution synodique; la combinaison de ces deux derniers mouvements, exécutés en sens contraire autour de deux axes obliques l'un à l'autre, était la base du mécanisme par lequel Eudoxe produisait simultanément l'anomalie par rapport au Soleil, les stations, les rétrogradations et les digressions en latitude; et c'est là que brille le génie du géomètre, surtout si l'on considère les connaissances extrêmement limitées dont on disposait alors.

Il paraît avoir considéré séparément le mouvement relatif des sphères III et IV et étudié, sous le nom d'*hippopède*, cette sorte de lemniscate sphérique décrite par un point de l'équateur de la sphère IV (c'est-à-dire par la planète) quand cette sphère tourne comme il a été indiqué, avec une vitesse égale et contraire à celle de la sphère III, mais autour d'un axe oblique à celui de cette dernière.

Schiaparelli a pu, au moyen de quelques propositions élémentaires accessibles à la géométrie de l'époque d'Eudoxe, indiquer la construction par points de cette courbe vue du centre des sphères (la Terre) et projetée sur la sphère des fixes.

Simplicius donne, mais en nombres ronds seulement, les valeurs adoptées par Eudoxe pour les deux révolutions les plus importantes des planètes, la révolution *zodiacale* et la révolution *synodique;* voici ces nombres, comparés aux valeurs modernes :

	RÉVOLUTIONS SYNODIQUES		RÉVOLUTIONS ZODIACALES		
	Eudoxe.	Modernes.	Eudoxe.	Modernes.	
	jours.	jours.	ans.	ans.	jours.
Saturne	390	378	30	29	166
Jupiter.	390	399	12	11	315
Mars.	260	780	2	1	322
Mercure	110	116	1	1	0
Vénus	570	584	1	1	0

La révolution synodique de Mars peut avoir été altérée, car le papyrus d'Eudoxe la porte à deux ans.

Il reste à voir comment, avec ces nombres, Eudoxe représentait séparément le mouvement de chaque planète; mais il faut noter que le problème n'est pas entièrement déterminé, car on ne nous a pas conservé l'inclinaison relative des axes des sphères III et IV; nous savons seulement qu'elle variait d'une planète à l'autre. Dans ces conditions on ne peut qu'adopter la valeur la plus probable. Or, il n'est pas douteux que le but principal d'Eudoxe, au moins pour Saturne, Jupiter et Mars, était d'expliquer les rétrogradations; nous admettons, avec Schiaparelli, que la grandeur moyenne de ces rétrogradations a fixé cette inclinaison inconnue.

Saturne. — L'arc de rétrogradation est d'environ 6°; en adoptant cette valeur pour l'inclinaison relative des axes des deux sphères intérieures (III et IV) et les durées ci-dessus des révolutions synodique et zodiacale, on obtient, pour la marche apparente de Saturne parmi les étoiles, une courbe à boucles et à nœuds dans laquelle les digressions en latitude ne dépassent pas 9′, quantité négligeable à cette époque ; et par suite le mouvement apparent de la planète se trouve bien représenté par l'hypothèse d'Eudoxe, avec une approximation égale, sinon supérieure à celle des observations.

Jupiter. — En supposant de même aux axes des sphères III et IV une inclinaison relative de 13°, la courbe que l'on obtient est encore à boucle et à nœuds, et les digressions maxima en latitude sont de $\pm$ 44′, quantité petite et même insensible comme grandeur absolue, au temps d'Eudoxe ; ainsi son hypothèse représentait encore les observations.

Mars. — Pour cette planète, que Pline disait déjà *maxime inobservabilis*, la théorie d'Eudoxe est en défaut. Si l'on adopte, pour la révolution synodique, la valeur exacte (780 jours), il est impossible d'obtenir une représentation, même grossière, de la marche de la planète ; mais avec la valeur d'Eudoxe (260 jours) et une inclinaison de 34°, la représentation, *au moment de l'opposition* avec le Soleil, est assez bonne ; en effet, les digressions maxima en latitude montent à $\pm$ 4°43′, ce qui n'est pas bien différent de la réalité, non plus que l'arc de rétrogradation, qui est de 16° ; et c'est sans doute pour cela qu'Eudoxe avait adopté une telle durée de révolution synodique, égale au tiers de la vraie. Mais alors la planète aurait deux rétrogradations en dehors de l'opposition et six stations, dont quatre n'existent pas. Ainsi, de toute manière l'hypothèse d'Eudoxe est impuissante à représenter les mouvements apparents de Mars, et quelques années après nous verrons Callipe tenter de la corriger.

Mercure. — Pour Mercure et pour Vénus, le lieu

moyen coïncide avec celui du Soleil; le centre de l'hippopède de ces deux planètes devait donc se confondre constamment avec cet astre, ce qui exige que les pôles de la sphère III, pour l'une et l'autre de ces planètes, fussent constamment à 90° du Soleil; et, comme ils étaient dans l'écliptique, ils étaient aussi les mêmes pour les deux planètes; c'est donc à bon droit qu'Aristote dit que les pôles de la troisième sphère sont divers pour les diverses planètes, excepté pour Vénus et Mercure, qui ont les mêmes.

Pour Mercure, avec une inclinaison des axes de III et IV égale à 23° (qui est l'élongation), les digressions maxima en latitude sont de $\pm$ 2°14′, un peu inférieures à la réalité; mais l'arc de rétrogradation (6°) est beaucoup trop petit; il est vrai que dans cette partie de son cours synodique la planète n'est pas observable; et Eudoxe pouvait croire que sa théorie représentait bien les observations.

Vénus. — En admettant, pour les axes de III et IV, l'inclinaison 46°, qui est l'élongation maximum, on obtient une digression en latitude égale à $\pm$ 8°54′, presque égale à celle qu'on observe; mais la vitesse en longitude n'est pas bien représentée; même la planète ne peut devenir rétrograde; et cela est inévitable, quelle que soit l'inclinaison adoptée. Mais il est à noter que les stations et les rétrogradations de Vénus se produisent généralement dans le crépuscule, et alors il est difficile de comparer la planète aux étoiles voisines, de sorte qu'Eudoxe n'a peut-être pas connu ces phénomènes. Une autre erreur assez grave de sa théorie, c'est d'exiger que la révolution synodique de 570 jours soit divisée en deux parties égales par les instants des maxima d'élongation orientale et d'élongation occidentale, tandis qu'en réalité sur les 584 jours de sa vraie révolution synodique Vénus en met 441 à passer de l'élongation orientale à l'élongation occidentale, et 143 seulement pour retourner de l'élongation occidentale à l'élongation orientale. Ainsi, la révolution synodique est divisée en deux parties dans le rapport de 3 à 1, tandis que la théorie la divise dans le rapport de 1 à 1. Par suite, les époques des maxima réels d'élongation peuvent différer de 70 jours et plus de ce qu'indique la théorie d'Eudoxe, à cause du faible mouvement de Vénus relativement au Soleil. Il est vrai que l'erreur sur l'élongation ne passe pas 10°, mais dans la partie inférieure du cours de la planète l'erreur peut être beaucoup plus grande; il faut ajouter toutefois qu'alors la planète n'est pas observable.

La même théorie est également défectueuse pour représenter les mouvements en latitude : cela était peu sensible pour les autres planètes, mais pour Vénus le défaut est considérable, de sorte qu'Eudoxe avait échoué dans la représentation de cette planète, comme pour Mercure et pour Mars.

Ainsi la théorie d'Eudoxe représentait bien les mouvements du Soleil et de la Lune, à l'irrégularité près en longitude qu'il n'admettait pas. Pour Saturne, Jupiter, et jusqu'à un certain point pour Mercure, elle donnait une explication générale assez satisfaisante des mouvements en longitude, des stations et des rétrogradations. Mais pour Vénus ses défauts étaient manifestes, et enfin pour Mars ils étaient tout à fait apparents. Aussi nous allons voir ses successeurs s'attacher particulièrement à corriger les hypothèses relatives à ces deux dernières planètes. Malgré cela, Eudoxe conserve l'honneur d'avoir tenté le premier l'explication géométrique des principales inégalités des mouvements planétaires; et si sa représentation est grossière, il faut se souvenir qu'il n'emploie pour chaque planète que trois constantes, trois éléments, au lieu des six qui nous sont nécessaires aujourd'hui.

On voit combien sont injustes certains historiens de l'Astronomie, par exemple Bailly, Montucla, Delambre, Hœffer..... qui ont douté si Eudoxe était géomètre, alors que son système est un prodige d'élégance et de finesse géométrique.

II

LA RÉFORME DE CALLIPE

Eudoxe enseigna assez longtemps à Cyzique, sur la côte sud de la Propontide (mer de Marmara). Polémarque, natif de cette ville, étudia les sphères homocentriques et en avait sans doute reçu la tradition de l'inventeur lui-même. Callipe, né également à Cyzique, est surtout connu par la réforme du cycle de Méton ; il paraît avoir été trop jeune pour recevoir les leçons d'Eudoxe, mais il semble qu'il fut initié à ses théories par Polémarque ; et ils purent aisément vérifier qu'elles ne représentaient pas les observations.

Attirés par la réputation d'Aristote, Polémarque et Callipe se rendirent, ensemble dit-on, à Athènes, à une époque qui doit être comprise entre 336 avant J.-C. (date du retour d'Aristote dans cette ville) et 330 commencement de la première période callipique.

Les sphères d'Eudoxe avaient séduit Aristote : elles s'accordaient avec ses idées cosmologiques, car elles permettaient de placer à l'extérieur le principe moteur de l'Univers, en opposition avec les pythagoriciens qui le plaçaient au centre. Aussi, le système des sphères homocentriques fut adopté comme base de la doctrine péripatéticienne des mouvements célestes, et celle-ci fut ainsi sauvée de l'oubli. Toutefois, elle fut bientôt modifiée, soit par Callipe aidé d'Aristote et de Polémarque, soit plutôt par Callipe seul, puisque, dans la suite, Aristote apporta lui-même des modifications au système de Callipe.

Voici en quoi consistèrent ces modifications de Callipe :

Saturne et Jupiter. — Pour ces planètes, il conserva le même nombre de sphères qu'Eudoxe, et la même disposition; d'où l'on peut conclure que l'inégalité zodiacale de ces planètes était encore ignorée, quoique elle puisse atteindre 6°; et, sans doute, on regardait aussi comme nulles leurs digressions en latitude.

Mars. — On a vu combien les quatre sphères d'Eudoxe étaient insuffisantes pour cette planète. Callipe en ajouta une cinquième, sans doute pour représenter le mouvement synodique. On ne sait pas comment il la disposa, mais il est certain qu'il put ainsi se rapprocher beaucoup plus des mouvements réels de la planète, ainsi que l'a montré Schiaparelli.

Mercure et Vénus. — Pour chacune de ces planètes, Callipe ajouta également une nouvelle sphère, et il dut améliorer beaucoup la représentation de leurs mouvements; mais on ignore ce qu'il obtint réellement.

Soleil. — D'après Eudème, Callipe avait ajouté deux sphères pour les mouvements du Soleil, et représenté l'anomalie du mouvement en longitude, découverte un siècle avant, par Méton et Euctémon. Comme on l'a dit, cette anomalie s'était manifestée d'abord par l'inégale longueur des saisons. Par un heureux hasard, le papyrus d'Eudoxe nous a conservé les durées des saisons d'après Callipe, et cela nous permet de juger des progrès qu'avait faits la théorie du Soleil en un siècle, entre Euctémon et Callipe, c'est-à-dire entre 430 et 330 avant J.-C. Pour cela, dans le tableau suivant nous donnons les durées des saisons d'après Euctémon et d'après Callipe, avec les durées calculées pour les mêmes époques au moyen des tables actuelles :

	En 430 avant J.-C.			En 330 avant J.-C.		
	Euctémon.	Val. calc.	Erreur d'Euctémon.	Callipe.	Val. calc.	Erreur de Callipe.
	jours	jours	jours	jours	jours	jours
Printemps.	93	94,23	—1,23	94	94,17	—0,17
Eté	90	92,01	—2,01	92	92,08	—0,08
Automne .	90	88,52	+1,48	89	88,57	+0,43
Hiver . . .	92	90,50	+1,50	90	90,44	—0,44

On voit que les erreurs de Callipe n'atteignent jamais un demi-jour, et que ses durées des saisons sont aussi exactes que possible, puisqu'elles sont données en nombres entiers de jours, tandis que les erreurs d'Euctémon atteignent deux jours. Et il est à peine nécessaire de faire observer que ces déterminations ne sont pas de celles qui deviennent de plus en plus parfaites à mesure que les observations se prolongent, ainsi que cela se produit, par exemple, dans la détermination des moyens mouvements : la détermination de l'anomalie solaire ne gagne pas en précision avec le temps, mais seulement à mesure que se perfectionnent les moyens d'observation ; et la comparaison des résultats d'Euctémon à ceux obtenus par Callipe montre combien celui-ci avait amélioré les observations.

On ne peut douter que, si nous possédions les données exactes de Callipe, déduites de ses observations d'équinoxes et de solstices, il serait possible d'en conclure une valeur assez exacte de l'anomalie solaire : Eudème dit, en effet, que pour représenter cette anomalie, Callipe employait deux sphères ; évidemment il procédait comme l'avait fait Eudoxe pour l'anomalie synodique des planètes ; et ainsi on peut représenter l'anomalie de la longitude du Soleil à peu près aussi bien qu'avec l'excentrique et l'épicycle employés plus tard, où l'erreur n'atteint pas le carré de l'excentricité.

Quant à la durée de l'année solaire, elle était, pour Callipe, la même que pour Eudoxe, 365 j. $^1/_4$, ainsi qu'il résulte de la période callipique, dans laquelle 76 ans renferment exactement 27.759 jours.

Lune. — Callipe connaissait le mouvement de la Lune plus exactement que Méton, ainsi qu'il résulte de sa période, où 27759 jours sont supposés embrasser exactement 940 lunaisons; cela donne, pour la lunaison, une durée de 29 j. 12 h. 44 m. 15 s., trop forte seulement de 10 s.

Pour représenter les mouvements de la Lune, aux trois sphères d'Eudoxe il en avait ajouté deux autres, peut-être par analogie avec le Soleil, et pour représenter, l'anomalie lunaire en longitude, qui peut monter à 8° : par ce moyen, il pouvait représenter la marche réelle aussi bien que par les théories qui furent imaginées dans la suite, avant la découverte de l'évection.

Telles sont les corrections apportées par Callipe aux hypothèses d'Eudoxe : il avait comparé la théorie reçue aux observations, et trouvant que celles-ci n'étaient pas bien représentées, il fit mieux en corrigeant les hypothèses antérieures, procédant ainsi comme nous faisons encore aujourd'hui.

Eudoxe et Callipe manquaient à la fois d'instruments exacts et des secours de la Trigonométrie; mais en s'aidant de constructions graphiques, et sans doute aussi de cette branche de la mécanique à laquelle les Grecs avaient donné le nom de Sphéropée [1] (σφαιροποιία) ils parvinrent à se former une idée exacte des mouvements combinés de nombreuses sphères et ils purent les adapter à la représentation des mouvements des planètes : ainsi se trouvait résolu le problème posé par Platon.

---

1. D'après les Anciens, la sphéropée (art de construire les sphères), était la partie de la mécanique dont l'objet était l'imitation matérielle des mouvements célestes.

III

LE SYSTÈME DES SPHÈRES HOMOCENTRIQUES D'ARISTOTE

Pour Eudoxe, et probablement pour Callipe, les sphères de leurs systèmes, purement idéales, étaient de simples abstractions géométriques. Comment se produisaient les mouvements dont ils les supposaient animées? Certainement ils n'auraient pu le dire, et il est probable que, se plaçant uniquement au point de vue des observations, ils regardaient la recherche des causes comme échappant à leur compétence, comme relevant de la physique. On a vu d'ailleurs que les sphères de chaque planète formaient un système complètement indépendant, ce qui montre bien que c'étaient de simples hypothèses adaptées à la représentation du mouvement de chaque planète en particulier.

On comprend que ces systèmes indépendants ne pouvaient satisfaire l'esprit d'Aristote, et il les rendit solidaires les uns des autres, de manière à former un tout dans lequel le mouvement de la sphère extérieure se transmettait successivement à toutes les autres jusqu'à la plus petite, celle qui porte la Lune. Il fallait éviter, cependant, de troubler ainsi les mouvements dont les sphères de chaque planète étaient déjà animées; et pour cela il imagina, entre la sphère extérieure d'une planète quelconque et la sphère intérieure de la planète immédiatement suivante, en allant vers le centre, un certain nombre de sphères nouvelles dites *réactives*, dont le but était précisément de neutraliser l'action des sphères déférentes de la première sur celles de la seconde.

Le mode d'action de ces sphères réactives a été longuement décrit par Sosigène, dans un fragment qui nous a été conservé par Simplicius; on peut le résumer ainsi :

Soient I, II, III, IV les quatre sphères déférentes

de Saturne, IV étant, comme précédemment, la sphère la plus petite. Dans son intérieur plaçons une première sphère réactive IV' tournant autour d'un axe porté par IV, parallèle à celui de IV, avec une vitesse égale, mais de sens contraire : à chaque instant, les mouvements de IV et IV' se détruiront rigoureusement, et tous les points de IV' se déplaceront exactement comme si cette sphère était liée invariablement à la sphère III. De même une seconde sphère réactive III' placée à l'intérieur de IV', sur un axe parallèle à celui de III et tournant avec une vitesse égale et contraire à celle de III, détruira complètement l'influence du mouvement de III, de sorte que III' aura les mêmes mouvements que si elle était liée à II. Et de même une troisième sphère réactive II' aura le même mouvement que la sphère I, c'est-à-dire le mouvement des fixes. Si donc n est le nombre des sphères déférentes d'une planète quelconque, l'addition $n-1$ sphères réactives détruit l'effet des premières et empêche ainsi les sphères déférentes d'une planète quelconque d'être troublées par celles de la planète immédiatement plus éloignée du centre. Il est d'ailleurs évident qu'il n'y aura pas lieu d'appliquer des sphères déférentes à la planète la plus rapprochée du centre.

Comme Aristote adopta le système de Callipe, il en résulte que pour lui le nombre des sphères de chaque planète est celui indiqué par le tableau suivant :

Planètes.	SPHÈRES		
	Déférentes.	Réactives.	Total.
Saturne	4	3	7
Jupiter.	4	3	7
Mars.	5	4	9
Mercure	5	4	9
Vénus	5	4	9
Le Soleil.	5	4	9
La Lune.	5	0	5
	33	22	55

Le total est donc 55, comme l'indique Aristote. Mais il semble lui avoir échappé que ce nombre pouvait être un peu réduit, car la sphère II′ de Saturne a le même mouvement que celle des fixes, c'est-à-dire que celui de la sphère I de Jupiter ; l'une d'elles pourrait donc être supprimée, et de même entre Jupiter et Mars, etc., soit une suppression de 6 au total, de sorte que le nombre pouvait se réduire à 49.

IV

CHANGEMENTS APPORTÉS AU SYSTÈME D'ARISTOTE

Nous savons peu de chose sur ces changements. Théophraste, Eudème, sont cités comme s'étant occupés du système des sphères homocentriques, et Simplicius dit qu'on fit bientôt à cette hypothèse, même du temps de Polémarque, une objection très grave, insurmontable même, tirée des variations d'éclat des planètes, principalement de Mars et de Vénus : de ces changements d'éclat il résulte, en effet, que les distances des planètes à l'observateur changent considérablement, ce qui est incompatible avec des sphères concentriques à la Terre.

Cependant Autolycus, qui vivait dans la seconde moitié du IVe siècle avant J.-C., essaya d'expliquer les variations d'éclat en conservant le système des sphères homocentriques, mais nous ignorons par quels moyens.

Dans la suite, Sosigène, quoique péripatéticien, paraît avoir contribué à détruire ce système, sans doute en s'appuyant sur la variabilité des diamètres du Soleil et de la Lune qu'il avait découverte. Puis, le succès des excentriques et des épicycles plans s'étant affirmé, les partisans des sphères imaginèrent, de leur côté, de petites sphères épicycles, encastrées dans les plus grandes ; malgré cela, le système des sphères fut abandonné peu à peu, jusqu'à ce qu'enfin il disparut complètement au XVIe siècle, avec Jérôme Fracastor et J.-B. Amicus, qui, suivant le titre même de l'ouvrage de ce dernier, essayèrent encore d'expliquer les mouvements célestes *juxtà principia Peripatetica, sine eccentricis et epicyclis* (1536).

CHAPITRE III

L'ASTRONOMIE MATHÉMATIQUE CHEZ LES GRECS DE LA PÉRIODE ALEXANDRINE.

L'expédition d'Alexandre (334-323 avant J.-C.), qui mit en contact l'Orient et l'Occident au grand profit de l'Astronomie, eut aussi pour effet de déplacer le centre du monde grec et de le porter d'Athènes à Alexandrie.

Alexandre mourant avait prévu que ses généraux célébreraient ses funérailles les armes à la main, par des combats sanglants ; et, en effet, la fin du iv⁰ siècle avant J.-C. présente un désordre extraordinaire, dans lequel la majeure partie de l'empire macédonien fut partagée plusieurs fois.

Ce n'est que vers le commencement du siècle suivant que les trois grands royaumes formés des débris de l'empire d'Alexandre eurent pour longtemps des limites à peu près définitives. Ce sont :

Le royaume d'Égypte sous les Ptolémée Lagides ;

Le royaume de Macédoine avec les descendants d'Antigone et de Démétrius Poliorcète ;

Le royaume de Syrie ou empire des Séleucides, qui s'étendit de la mer Égée à l'Indus. Mais une partie de l'Asie Mineure ne tarda pas à s'en détacher pour former des royaumes indépendants : celui de Pergame, sous la dynastie des Attale, est le plus connu. La république de Rhodes forma aussi un pays indépendant.

Ces divers royaumes existèrent jusqu'à la conquête romaine, qui s'échelonne de 146 et 143 (Grèce et Macédoine) à 30 avant J.-C. (Égypte).

A la fin du IVe siècle avant J.-C., ces pays étaient gouvernés par des généraux macédoniens qui y répandirent la langue grecque, et on vit surgir de nombreuses écoles dont plusieurs éclipsèrent celles d'Athènes : la plus célèbre fut celle d'Alexandrie, dont l'éclat n'a pas fait oublier celles de Pergame, de Tarse en Cilicie, de Sicile, et surtout d'une des plus illustres, celle de Rhodes.

A la mort d'Alexandre (323 av. J.-C.), un de ses généraux, Ptolémée, fils de Lagus, fut gouverneur de l'Égypte; quelques années après (306 av. J.-C.), il prit le titre de roi, sous le nom de Ptolémée Soter, et fonda la dynastie gréco-macédonienne des Lagides, dont treize rois, sous le même nom de Ptolémée, se succédèrent sans interruption jusqu'au moment où la vallée du Nil devint à son tour une province romaine (30 ans av. J.-C.).

Les Lagides établirent leur capitale à Alexandrie, ville neuve, fondée par Alexandre en 332, dans une station admirable, et ils en firent la métropole artistique et scientifique du monde grec : Ptolémée Soter et ses successeurs y appelèrent des philosophes, des artistes, des savants; ils bâtirent des monuments magnifiques et formèrent une bibliothèque dont les manuscrits atteignirent le nombre énorme de 700.000.

Le centre intellectuel de cette capitale fut le Musée, fondé probablement par Ptolémée Ier : c'était un bâtiment spécial, avec des portiques, bâti près du palais du roi, affecté uniquement à des savants de tout genre qui prenaient là leurs repas en commun, et qui sans doute y avaient leur habitation; des revenus spéciaux lui avaient été assignés dès l'origine et lui furent conservés même après la conquête romaine.

Pour la première fois, des savants voués exclusivement à l'étude disposèrent, pour leurs recherches, d'abondantes ressources fournies par l'État; aussi les sciences d'observation firent de rapides progrès. L'Astronomie notamment prit un grand essor, dont l'origine remonte à la fondation du Musée; aussi la période que nous considérons a reçu le nom de période *alexandrine*, quoique beaucoup de ceux qui contribuèrent alors aux progrès des sciences n'aient pas habité Alexandrie; et tel fut même, pour l'Astronomie, le plus grand d'entre eux, Hipparque, dont les découvertes et les travaux dominent de bien haut. Comme d'ailleurs nous connaissons déjà ce qui se faisait parallèlement dans la Chaldée, nous n'avons qu'à suivre l'ordre chronologique, et nous diviserons cette période en trois parties, correspondant l'une à Hipparque, une autre à ses prédécesseurs et enfin la dernière à ses pâles successeurs.

I

LES PRÉDÉCESSEURS D'HIPPARQUE

Autolycus, qui vivait vers 320 avant J.-C., est l'auteur astronomique le plus ancien dont les ouvrages nous soient parvenus. Nous possédons de lui deux traités dont le premier a pour titre : *De la sphère en mouvement*; c'est un petit recueil de douze propositions de pure géométrie sphérique, conséquences immédiates du mouvement circulaire du ciel, et qui ont dû être entrevues par tous ceux qui ont admis ce mouvement; mais sans doute elles n'avaient pas encore été réunies en corps de doctrine. L'autre ouvrage traite *Des levers et couchers des étoiles fixes*, sujet affectionné par tous les anciens auteurs, en raison de son usage pratique pour la détermination de l'heure et la division de l'année.

Euclide, qui vécut à peu près en même temps qu'Autolycus ou peu après, ouvrit une école de mathématiques à Alexandrie vers 320 avant J.-C. Il est surtout célèbre par ses *Éléments* de géométrie en 15 livres, mais il avait composé, sous le titre de *Phénomènes*, un ouvrage analogue à celui *De la sphère* d'Autolycus, moins prolixe toutefois, moins obscur et offrant une doctrine plus complète.

Les Grecs manquaient encore d'observateurs, comme ils en manquèrent toujours. Les premiers que nous rencontrons à Alexandrie furent *Aristylle* et *Timocharis*, qui durent être contemporains de la vieillesse d'Euclide. Ils nous sont uniquement connus par un petit nombre d'observations rapportées par Cl. Ptolémée et dont celles qui sont datées ont été faites de 293 à 271 avant J.-C. L'*Almageste* nous a conservé d'eux, en effet, quelques solstices, observés sans doute au gnomon, — une position de Vénus par rapport à une étoile voisine, — des occultations d'étoiles et de constellations par la Lune, — les déclinaisons d'environ 20 étoiles, — enfin la mention d'une éclipse de Lune au moyen de laquelle Hipparque put fixer à 8° la distance qui séparait alors l'Épi de la Vierge de l'équinoxe d'automne : et cela lui servit de base pour la découverte de la précession des équinoxes.

De quels instruments disposaient Aristylle et Timocharis pour faire ces observations? C'est ce que nous ignorons complètement ; mais Hipparque paraît les regarder comme assez grossiers. On peut présumer que leurs déclinaisons d'étoiles auront été déduites de hauteurs méridiennes combinées avec la latitude, et observées avec une armille solsticiale, vénérable ancêtre de notre cercle mural.

A l'époque où Aristylle et Timocharis observaient à Alexandrie, *Aristarque* observait, de son côté, dans l'île de Samos sa patrie, vis-à-vis de Milet ; et l'*Almageste* rapporte un solstice d'été déterminé par lui 280 ans avant J.-C. Mais il est surtout connu par son système, qui revient à celui de Copernic, et par sa détermination des distances relatives du Soleil et de la Lune à la Terre.

Cette détermination célèbre se trouve dans son *Traité sur les grandeurs et les distances du Soleil et de la Lune*, où il s'exprime ainsi : A l'instant précis où la Lune L est dichotome, ou en quartier, nous, placés en A (fig. 25) sur la Terre T, nous nous trouvons dans le plan du cercle qui, sur la Lune, sépare la partie éclairée de la partie obscure ; de sorte que dans le

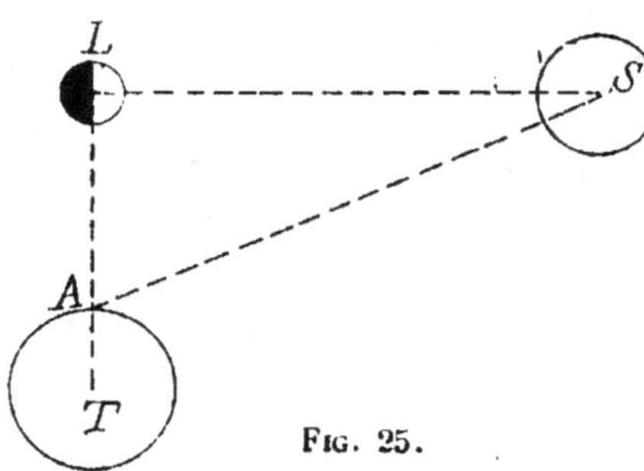

Fig. 25.

triangle SLA, où S est le Soleil, l'angle en L est droit. Or, Aristarque avait mesuré, à ce moment, l'angle en A, ce qui est possible puisque souvent alors le Soleil et la Lune se trouvent à la fois au-dessus de l'horizon ; et il l'avait trouvé égal à un quart de cercle (90°), moins la trentième partie de l'angle droit ou 3°, soit 90° — 3° = 87° : l'observation dut être grossière, car au lieu de 87° cet angle en A est réellement de 89°50'.

Quoi qu'il en soit, on connaissait ainsi les angles du triangle rectangle SLA, et aujourd'hui nous calculerions immédiatement le rapport $\dfrac{LS}{LA}$ qui est la tangente trigonométrique de l'angle mesuré en A. Aristarque aurait pu construire graphiquement et en petit le même triangle SLA, mais il ne s'avisa pas de ce moyen, ou ne voulut pas l'employer ; et il eut recours à un procédé géométrique et fort long par lequel il trouva que la distance de la Terre au Soleil est comprise entre 18 et 20 fois la distance de la Terre à la Lune : résultat lui-même 20 fois trop petit, il est vrai, mais qui étendait ainsi le monde bien au delà des limites où l'avaient enfermé jusqu'alors les astronomes et les géomètres ; et pendant 1.800 ans, c'est-à-dire jusqu'à Képler, on n'a pas connu de meilleure méthode pour déterminer la distance de la Terre au Soleil.

Comme les diamètres apparents du Soleil et de la Lune sont à peu près égaux, Aristarque conclut que le diamètre linéaire du Soleil doit égaler 18 à 20 fois celui de la Lune; et cela lui permet de calculer le rapport des volumes, qu'il fait supérieur à 5832.

Dans le même ouvrage, il fait le diamètre de la Lune égal à $^1/_{15}$ de signe du zodiaque ou à 2°, ce qui lui a valu de vives critiques; mais il a été justifié par le fait qu'il voulait, pour un exemple, prendre une valeur très manifestement supérieure à la valeur réelle.

Un autre titre de gloire d'Aristarque, et le principal incontestablement, c'est d'avoir le premier placé le Soleil au centre du monde et fait tourner autour de lui la Terre et les planètes, devançant ainsi Copernic de dix-sept siècles.

Dans son traité sur les grandeurs et les distances du Soleil et de la Lune il ne dit rien de ce système, et nous ne connaissons pas même le titre de l'ouvrage où il l'avait exposé; mais il lui appartient incontestablement, comme il résulte de divers passages de Simplicius, Archimède, Plutarque, etc. Et cela est confirmé par l'accusation d'impiété portée contre lui par les polythéistes grecs.

Archimède (287 à 212 ans av. J.-C.), fut plutôt mathématicien, mais appartient aussi un peu à l'Astronomie, car Hipparque le mentionne pour avoir observé des solstices, qui d'ailleurs ne nous sont point parvenus, et que peut-être il avait seulement calculés. Au dire de plusieurs auteurs, il avait construit une sphère mécanique, un *planétaire*, qui représentait simultanément tous les mouvements célestes, et dont il semble qu'on ait dit trop de merveilles pour que tout soit exact. Enfin dans son *Arénaire* il décrit la dioptre dont nous avons déjà parlé et qu'il avait imaginée pour mesurer le diamètre du Soleil : de ses procédés même il résulte qu'il ne devait pas exister encore d'instrument capable de donner le diamètre du Soleil à 4' ou 6' près, et que la Trigonométrie n'était pas encore inventée.

Ératosthène fut à la fois géomètre, astronome, géographe, philosophe, grammairien et poète ; mais tous ses ouvrages sont perdus. Appelé à Alexandrie par Ptolémée III Evergète pour diriger sa bibliothèque, il occupait encore cette charge sous Ptolémée V Épiphane.

Il est célèbre par une mesure de la Terre que nous connaissons et par la détermination de l'obliquité de l'écliptique, seule observation que l'on cite de lui. A ce sujet, Cl. Ptolémée dit très brièvement que la distance entre les tropiques est $^{11}/_{83}$ de la circonférence, « quantité qui est la même qu'Eratosthène avait trouvée, et dont Hipparque s'est servi » ; et il laisse ignorer quel instrument a été employé pour faire cette détermination. Il est naturel de penser que c'est au moyen des célèbres armilles qu'Ératosthène avait obtenues de la munificence de Ptolémée Évergète.

On lui attribue un petit ouvrage sur les constellations, ou *Catastérismes*, où il énumère 44 constellations renfermant 475 étoiles, sans aucune indication qui se rapporte ni à l'équateur, ni à l'écliptique : il y parle de la chevelure de Bérénice, constellation qui venait d'être créée.

Nous arrivons près de la fin du IIIe siècle avant J.-C., et le système des sphères homocentriques, parachevé par Callipe et Aristote depuis cent ans, n'a pas encore été remplacé. Il se heurta cependant de bonne heure à une très grave objection, tirée des variations considérables d'éclat des planètes, particulièrement de Mars et de Vénus : ces changements d'éclat indiquent. pour les distances à l'observateur, des variations qui sont incompatibles avec le système des sphères concentriques à la Terre, comme le sont celles d'Eudoxe, de Callipe et d'Aristote. Dans la suite, on expliqua ces changements d'éclat en faisant circuler le Soleil, la Lune et les planètes sur des épicycles et des excentriques.

Apollonius, né à Perge en Pamphylie, mais qui habitait Alexandrie sous Ptolémée Philopator, vécut environ 40 ans après Archimède, vers 210 avant J.-C. Il abandonna les sphères pour réduire les mouvements au plan, mais il conserva les mouvements circulaires et uniformes; et pour expliquer les stations et les rétrogradations des planètes, il les fit mouvoir sur des épicycles.

Ce géomètre, si connu par son *Traité des sections coniques*, fut-il l'inventeur des épicycles? C'est ce que ne permettent pas de dire les expressions employées par Ptolémée; et le traité qu'il avait composé sur ce sujet ne nous est point parvenu. D'ailleurs, l'application de ces courbes à la représentation du mouvement des planètes a été attribué aussi à un Apollonius Myndien qui n'est cité que comme disciple des Chaldéens, et qui aurait vécu vers 270 avant J.-C., soit un demi-siècle avant Apollonius de Perge. Celui-ci, pour le moins, démontra les propriétés des épicycles relatives à la représentation des mouvements célestes.

Voici d'abord en quoi consistent les épicycles, ἐπίκυκλοι, dont le nom signifie cercles superposés :

Considérons un cercle quelconque de centre O (fig. 26) et de rayon OC, et un autre cercle plus petit CM, situé dans le même plan et ayant son centre sur la circonférence du premier. Supposons que le centre C de ce second cercle se déplace sur la circonférence

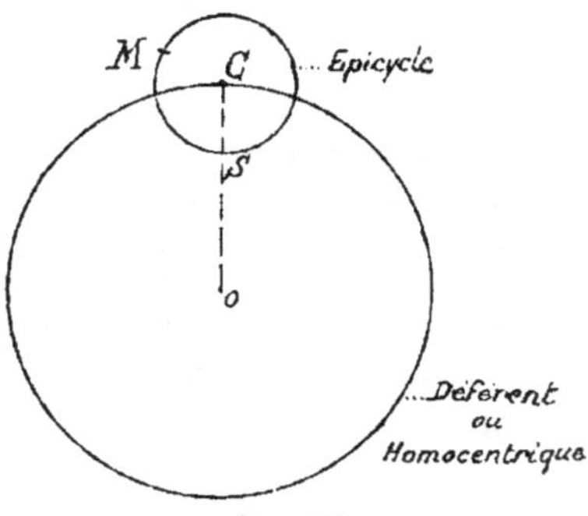

Fig. 26.

du premier, et que le point M se déplace sur la circonférence du second : alors le cercle CM prend le nom d'*épicycle* ou cercle superposé, et le cercle OC celui de *déférent*, ou encore d'*homocentrique*. La courbe décrite par le point M varie avec la loi du mouvement de ce point sur l'épicycle et avec celle du point C sur le déférent. Mais Apollonius, comme tous les Anciens, conserva la loi des mouvements uniformes ; et il est facile de voir que l'on peut ainsi expliquer l'inégale vitesse de la planète le long du zodiaque et même ses stations et rétrogradations.

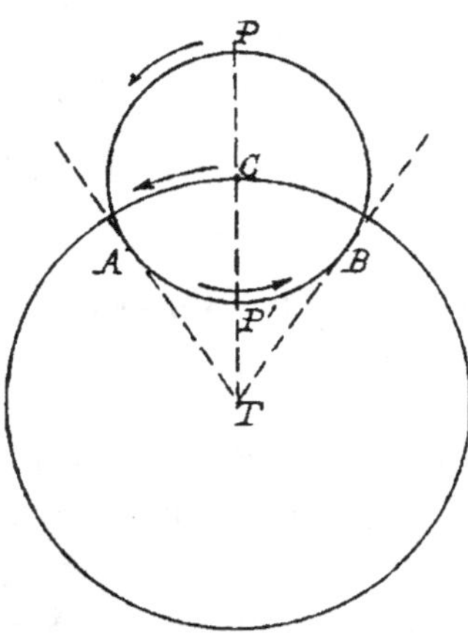

FIG. 27.

Soit T la Terre (fig. 27), T C le déférent de la planète considérée P, et C P son épicycle ; supposons que les sens des mouvements soient ceux indiqués par les flèches :

Tant que la planète se trouve dans la partie B P A de l'épicycle, sa vitesse s'ajoute à la vitesse uniforme du point C, tandis qu'elle se retranche quand la planète se trouve dans la partie A P' B ; et pour qu'il y ait station et même rétrogradation, il suffira de donner une vitesse convenable à la planète sur son épicycle. En outre, on obtient ainsi la variation des distances à la Terre, pierre d'achoppement des sphères homocentriques. On verra ce qui fut fait plus tard, car pour Apollonius nous manquons de détails sur ce qu'il avait supposé.

Avec les épicycles, les Anciens ont employé aussi les *excentriques* pour représenter les mouvements des astres ; et, comme l'ensemble constituait, suivant l'expression même de Ptolémée, « deux suppositions premières et simples », nous allons indiquer immédiatement en quoi consistait l'excentrique.

Soit A B C P (fig. 28) la circonférence de centre O décrite d'un mouvement uniforme par l'astre considéré, et soit T le centre de la Terre, à une certaine

distance O T, « de sorte, c'est Ptolémée qui parle,
« que le point A soit le plus éloigné de la Terre
« et le point P le plus rapproché : prenons des arcs
« égaux A B, P C ; joi-
« gnons B O et B T, C O
« et C T : il sera clair
« par là que l'astre
« ayant parcouru en
« temps égaux chacun
« des arcs A B, C P,
« paraîtra avoir par-
« couru des arcs iné-
« gaux du cercle décrit
« autour du point T,

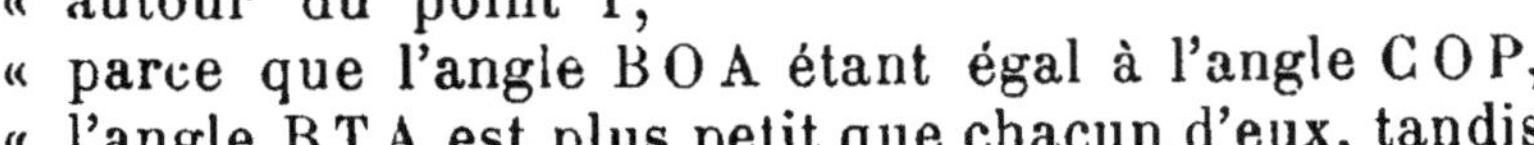

Fig. 28.

« parce que l'angle B O A étant égal à l'angle C O P,
« l'angle B T A est plus petit que chacun d'eux, tandis
« que C T P est le plus grand. »

Ce cercle A B C P, dont le centre O est en dehors du
point d'observation T, est ce qu'on appelle un excentrique. La distance O T, exprimée avec le rayon
comme unité, est l'*excentricité ;* — A, le point de l'orbite le plus éloigné de la Terre, est l'*apogée,* — et P,
le point le plus rapproché, est le *périgée.* — Enfin la
ligne A O T P est la ligne des *apsides,* ce mot apsides
désignant à la fois l'apogée et le périgée, qu'on appelait aussi respectivement l'apside supérieure et l'apside
inférieure (*summa apsis, infima apsis*).

Outre l'excentrique simple et l'épicycle simple, tels
qu'on vient de les décrire, on employa aussi l'épicycle
porté par un déférent excentrique, c'est-à-dire que
l'on superposa alors les deux hypothèses « simples ».

Dans le cas de l'épicycle simple, nous n'avons pas
établi de relation entre le mouvement de l'astre sur
l'épicycle et le mouvement du centre de celui-ci sur
le déférent. Mais les théories planétaires supposaient
généralement à ces deux mouvements la *même* vitesse
angulaire, c'est-à-dire que la planète faisait un tour

complet sur l'épicycle dans le même temps que le centre de celui-ci faisait un tour complet du déférent.

Dans ce cas particulier, on démontre facilement que les deux hypothèses, celle de l'épicycle et celle de l'excentrique, sont rigoureusement identiques, pourvu que le rayon C S (fig. 29) de l'épicycle soit égal à l'excentricité O T (fig. 28 et 29) de l'excentrique, et que le

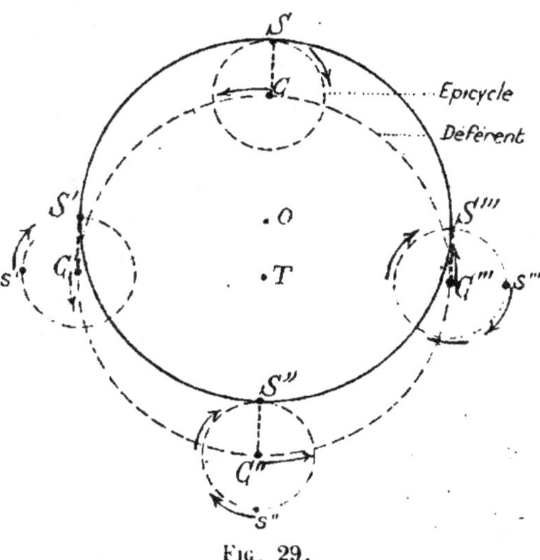

Fig. 29.

sens du mouvement de l'astre sur l'épicycle soit convenablement choisi : dans l'un et l'autre cas, la courbe réelle décrite par l'astre est une circonférence.

II

LES TRAVAUX D'HIPPARQUE

Le plus grand astronome de l'antiquité tout entière, et peut être de tous les temps, fut Hipparque. Venu après des hommes de génie, comme Eudoxe, Aristarque, Apollonius, il les surpassa tous; et les découvertes capitales qu'il a faites, ou qu'on lui attribue, sont si nombreuses, qu'on s'est refusé à admettre qu'un seul homme en ait été capable. Comme le champ des hypothèses est libre, en raison même du défaut habituel de données précises, nous éviterons de prendre parti dans ces discussions, tout en signalant à l'occasion ce qui nous paraît dépasser la mesure.

Hipparque lui-même se dit Bithynien, et Suidas lui

donne le surnom de Nicéen, d'où il résulte qu'il naquit à Nicée en Bithynie, entre le Pont-Euxin et la Propontide, dans cette Asie Mineure que nous voyons si féconde en hommes extraordinaires.

Nous ignorons la date de sa naissance et celle de sa mort, mais Ptolémée rapporte deux de ses observations faites à Rhodes en 128 et 127 avant J.-C. On a souvent répété sans examen qu'il observait à Alexandrie ; mais il paraît bien établi qu'il n'en fut rien ; il a été étranger à l'école du Musée, et il semble avoir fait la plupart de ses observations à Rhodes ; nous ne connaissons pas les raisons pour lesquelles il quitta sa patrie et se fixa dans cette île.

Il avait composé de nombreux ouvrages, qui sont tous perdus, à l'exception de celui que nous avons déjà eu l'occasion de citer, son *Commentaire* sur les *Phénomènes* d'Aratus et d'Eudoxe. Son Catalogue d'étoiles paraît être celui que Cl. Ptolémée a reproduit dans son *Almageste*, et ce dernier ouvrage est à peu près l'unique source de nos renseignements sur les découvertes astronomiques d'Hipparque ; il n'indique d'ailleurs pas l'ordre dans lequel il les a faites.

Invention de la Trigonométrie.

— La trigonométrie d'Hipparque, telle que la rapporte Ptolémée, est très différente de la nôtre par beaucoup de côtés. D'abord la trigonométrie rectiligne y tient très peu de place.

Ensuite, pour résoudre un triangle, on le suppose toujours inscrit dans un cercle, et ses côtés deviennent ainsi des cordes que l'on calcule en fonction du rayon ; aussi on fait un usage constant des cordes, au lieu des sinus qu'emploient les modernes depuis les Arabes. Et de là résultait la nécessité de *tables de cordes* dont il est toujours question chez les Anciens, et qui remplaçaient pour eux toutes nos tables trigonométriques, puisqu'ils ne connaissaient ni les tangentes, ni les sécantes.

Sur la sphère, on ramène tout aux triangles rec-tangles, en décomposant les obliquangles en deux par une perpendiculaire projetant le côté connu sur un autre. Et pour les triangles rectangles, les pro-blèmes résolus par Ptolémée reviennent uniquement aux suivants :

1° Calculer *l'hypothénuse*, connaissant deux côtés de l'angle droit ou un côté et l'angle opposé;

2° Calculer *un côté*, connaissant soit les deux autres, — soit l'angle adjacent et l'autre côté de l'angle droit, — soit l'angle opposé et l'hypothénuse;

3° Calculer *un angle*, connaissant soit le côté adja-cent et l'hypothénuse, — soit le côté opposé et l'hypo-thénuse.

Hipparque est généralement regardé comme l'inven-teur de la Trigonométrie, sans laquelle l'Astronomie ne pouvait progresser davantage. Il est, en effet, l'auteur le plus ancien qui soit connu pour avoir com-posé un traité du calcul des cordes; et dans un de ses premiers ouvrages, intitulé *Des levers simultanés*, il a, dit-il lui-même, démontré la solution des triangles sphériques nécessaires pour trouver le point orient de l'écliptique, c'est-à-dire celui qui se lève; cela exige que l'on sache calculer l'arc semi-diurne du Soleil quand on connaît la déclinaison et la latitude du lieu.

Ainsi l'invention était complète : Hipparque avait calculé une table des cordes et établi les formules pour résoudre numériquement les problèmes d'as-tronomie sphérique. On lui a disputé cependant le mérite d'avoir créé de toutes pièces cette science sans laquelle il n'y a point d'Astronomie. Mais la manière dont Aristarque de Samos calcule le rapport des distances de la Terre à la Lune et au Soleil prouve qu'alors les Grecs ne savaient pas encore résoudre numériquement un triangle rectangle. Et, plus tard, Hypsiclès expose une méthode analogue à celle des Chaldéens pour calculer en combien de temps se lève chaque degré de l'écliptique : il ignorait donc complètement la trigonométrie, tandis qu'à la même époque, ou peu d'années après, Hipparque la possédait pleinement.

A cela on objecte que la méthode employée par Archimède dans la détermination de π (rapport de la circonférence au diamètre), pour calculer ses polygones inscrits et circonscrits, est un acheminement vers le calcul des cordes, et qu'il avait *peut-être* abordé le calcul des cordes dans un ouvrage perdu.

On a également réclamé en faveur d'Apollonius de Perge, en refusant à Hipparque des aptitudes mathématiques suffisantes ; et quant à l'argument tiré du fait qu'Hypsiclès ne connaissait pas la trigonométrie, on a répondu qu'il connaissait *peut-être* des essais déjà faits, mais rejetés dans l'ombre quand Hipparque eut calculé une table de cordes plus exacte que ce qui avait été fait jusque-là. En un mot, faute de renseignements positifs toutes les opinions peuvent être soutenues, mais en général on n'a pas adopté celle qui, avec tant de *peut-être*, refuse à Hipparque la découverte de la Trigonométrie.

Commentaire sur les Phénomènes d'Aratus et d'Eudoxe. — Ce Commentaire a été commenté plus d'une fois lui-même, surtout lors des discussions qui s'élevèrent au XVIIe siècle, à l'occasion du nouveau système de chronologie de Newton.

On s'accorde à le regarder comme un ouvrage de la jeunesse d'Hipparque, comme l'un des premiers qu'il ait composés, et assurément comme antérieur à son Catalogue et à la découverte de la précession ; par suite il a dû croire que les étoiles étaient, du temps d'Eudoxe, à la place où il les observait lui-même. On peut soupçonner qu'il a été fait à Rhodes : Halley et Fréret le croyaient de 162 avant J.-C.

Hipparque se propose de corriger les erreurs qui se trouvent dans Aratus ; il dira, en outre, quelles sont les étoiles qui divisent les 24 espaces horaires, avec quel point du zodiaque chaque étoile se lève et se couche. etc., et promet que ses déterminations auront toute l'exactitude que peut exiger la pratique.

Mais quel est ce but pratique? Il paraît avoir été de guider les navigateurs, qui se servaient, comme l'on sait, de la sphère d'Aratus; et nous aimons à croire que si les astrologues en tirèrent parti, c'était contrairement au but poursuivi par Hipparque. En tout cas, la précision de ses déterminations atteint à peine 1° ou 2°, et quelquefois moins encore, ainsi qu'on peut le voir d'un coup d'œil jeté sur le Catalogue de 108 étoiles tiré du Commentaire par Delambre. (*Hist. Astr. Anc.*, I, pages 187-189.)

Ce Commentaire, dont nous avons déjà parlé à propos de l'histoire de l'heure, montre aussi qu'Hipparque observait des déclinaisons ou des distances polaires, ainsi que Timocharis l'avait déjà fait. Il ne parle nulle part de longitude, ni de latitude, ni de précession.

Catalogue d'étoiles d'Hipparque. — La construction de ce Catalogue a justement excité l'enthousiasme de Pline :

« Cet Hipparque, dit-il, qu'on ne louera jamais
« assez, car personne n'a jamais mieux prouvé que
« l'homme a une parenté avec les astres, et que nos
« âmes font partie du ciel, reconnut une étoile nou-
« velle qui venait de naître de son temps, et fut ainsi
« amené, par les changements qu'elle éprouva, à se
« demander si le fait ne se reproduirait pas souvent
« et si les étoiles, que nous regardons comme fixes,
« n'ont pas quelques mouvements. Il entreprit donc
« une tâche qui eût pu faire reculer même un dieu,
« de compter pour la postérité les étoiles et de leur
« assigner des noms dans les constellations; il
« inventa des instruments pour déterminer la posi-
« tion de chacune aussi bien que sa grandeur, afin
« qu'on pût facilement reconnaître, non seulement
« s'il en naissait ou s'il en disparaissait, mais égale-

« ment si quelques-unes se déplaçaient [1] ou bien
« augmentaient ou diminuaient; ainsi il laissa à tous
« le Ciel en héritage, s'il se trouve quelqu'un qui
« veuille l'accepter. »

Ce Catalogue, dont la description nous entraînerait
trop loin, paraît être, à quelques modifications près,
celui de l'*Almageste*. Il doit avoir été composé après
le Commentaire d'Aratus, où Hipparque donne seulement les étoiles qui divisent le temps en heures, et
ce commentaire en a peut-être été l'occasion.

On ignore comment Hipparque a déterminé la
position de ses étoiles, mais on a vu qu'il les définissait d'abord par l'ascension droite et la déclinaison.
D'autre part, Ptolémée nous apprend que lui, de son
côté, a observé avec un astrolabe toutes les étoiles qui
composent ce qu'il donne comme son propre Catalogue; et, avec cet instrument, on rapporte directement les étoiles à l'écliptique. Hipparque avait à
Rhodes un astrolabe qui lui servait pour la Lune. En
fit-il usage pour les étoiles? On peut supposer qu'il
abandonna les observations par ascensions droites et
déclinaisons quand il eut découvert la précession et
reconnu la fixité des latitudes, tandis que les déclinaisons varient avec le temps. Quoi qu'il en soit, les
astronomes modernes en sont revenus à la première
manière d'Hipparque, celle qui rapporte les étoiles à
l'équateur, par les ascensions droites et les déclinaisons, plus faciles à déterminer directement.

Quant à la précision des positions d'Hipparque,
celles du Catalogue valent à peu près celle du Commentaire, ou un peu mieux.

1. C'est pour cela aussi qu'Hipparque avait observé de nombreux alignements d'étoiles, conservés en partie par Ptolémée
dans le livre VII de son *Almageste*. Sans doute, ces alignements
étaient pour suppléer les déterminations par coordonnées absolues, qui doivent être moins précises. Ptolémée, qui ajoute
d'autres alignements analogues, dit même textuellement qu'Hipparque a, le premier, soupçonné cette fixité relative; mais
comme on a vu, cela devait être établi depuis longtemps.

Avait-il existé quelque Catalogue stellaire avant Hipparque? Nulle part on n'en voit de traces, à moins de remonter à ce qu'on soupçonne chez les Chaldéens ou de considérer les sphères comme l'équivalent. Les *Catastérismes*, attribués à Euclide, citent bien 475 étoiles, mais sans aucune indication qui se rapporte soit à l'écliptique, soit à l'équateur : ainsi il est à peu près certain qu'il n'a pas existé de vrai catalogue d'étoiles avant Hipparque.

Découverte de la précession des équinoxes. — Pline nous a montré Hipparque se demandant si les étoiles, regardées comme fixes, ne sont pas réellement animées de certains mouvements. Il devait donc comparer ses déterminations stellaires à celles des astronomes qui l'avaient précédé, et il ne trouva d'utilisables que celles d'Aristylle et de Timocharis, dont les observations avaient porté sur des déclinaisons et sur des distances de certaines étoiles à la Lune éclipsée.

Arrêtons-nous un instant à ces distances, qui offraient alors le meilleur moyen de déterminer les longitudes absolues des étoiles.

Les éclipses de Lune se produisent quand la Lune est dans l'ombre de la Terre. La Lune n'étant pas très éloignée de la Terre, c'est-à-dire ayant une parallaxe sensible, sa position est modifiée par cette parallaxe, relativement aux étoiles; mais il en est de même de l'ombre, qui est un détail de plus à la surface de la Lune, et qui a donc sa position modifiée de la même manière. Par suite, l'observation des phases de l'éclipse, quant au temps et à la grandeur, est indépendante de la parallaxe, de la position de l'observateur.

D'autre part, la situation du cercle d'ombre (section du cône d'ombre de la Terre à la distance de la Lune) est déterminée par la position du Soleil, auquel ce cercle est diamétralement opposé : à part de petites corrections dépendant de l'observation de l'éclipse, la longitude de la Lune diffère donc exactement de 180° de celle du Soleil. Or, la longitude du Soleil étant donnée assez exactement à Hipparque par ses Tables solaires, il pouvait donc conclure pour ce moment la longitude de la Lune et, par suite aussi, celle des étoiles qui lui ont été rapportées au milieu de l'éclipse.

C'est ainsi, dit Ptolémée, qu'ayant mesuré la distance de l'Épi de la Vierge à la Lune éclipsée, Hipparque trouva que cette étoile suivait l'équinoxe d'automne à la distance de 8° en longitude. Or, une observation analogue faite par Timocharis, 150 ans auparavant, donnait 6° pour la même distance; et Hipparque conclut que dans l'intervalle le point équinoxial s'est déplacé de 2° en se rapprochant de l'étoile. Il examina d'ailleurs, au même point de vue, diverses étoiles qui, presque toutes, accusaient le même mouvement, dans l'ordre des signes.

Restait à préciser l'axe autour duquel se fait ce déplacement; or, il trouve que dans son temps l'Épi a la latitude déjà obtenue par Timocharis. La distance à l'écliptique restant constante, « il présume, « dit Ptolémée, que ce mouvement se fait autour « des pôles du cercle mitoyen du zodiaque (éclip- « tique). Il en doute encore cependant, comme il le « dit lui-même, parce que les observations de Timo- « charis ne lui paraissent pas mériter une grande « confiance, attendu qu'elles avaient été faites assez « légèrement et qu'il n'y avait pas eu assez de temps « entre les unes et les autres pour rendre la conclu- « sion bien certaine ».

C'est avec ces justes réserves, motivées par l'imperfection des observations, qu'Hipparque donne sa grande découverte de la *précession des équinoxes.*

On a pensé que des idées astrologiques avaient pu induire Hipparque à faire ainsi tourner la sphère des fixes autour de l'axe de l'écliptique, à l'exclusion de l'axe de l'équateur. Sans doute Hipparque lui-même. on vient de le voir, n'attribue pas un grand poids aux observations qui lui indiquent cette rotation; et d'un autre côté il est certain que l'Astrologie babylonienne, en concentrant surtout l'attention sur les phénomènes du zodiaque, a donné la prépondérance à l'écliptique. A ce point de vue, il est permis de dire que l'Astrologie a excercé une influence sur la découverte de la précession des équinoxes; mais aller au delà, c'est dépasser ce que comportent les sources que nous connaissons.

Pour la vitesse de ce mouvement, Hipparque ne paraît pas avoir donné de nombre définitif, ainsi qu'il résulterait du passage suivant, tiré de son traité sur la longueur de l'année : « Car, si par cette cause les « points tropiques et les équinoxes ont marché vers « l'Occident, d'une quantité qui n'est pas au-dessous « du centième de degré par an, il faut qu'en 300 ans « ils se soient avancés d'une quantité égale à 3° ». Il aurait donc admis 36″ par an, et c'est le chiffre qu'on lui attribue d'ordinaire.

Mais cette citation, empruntée à un ouvrage qui avait précédé celui consacré au déplacement des points équinoxiaux, ne peut être décisive; d'autant qu'il semble n'avoir voulu indiquer là qu'une limite inférieure. D'ailleurs le déplacement de 2° de l'Épi, entre Timocharis et Hipparque, soit 154 ans environ, conduit à 46″,8 de précession annuelle, précisément celle que suppose une première période lunaire d'Hipparque.

Hipparque a-t-il été le premier à reconnaître la précession des équinoxes? *Oui*, est la réponse aujourd'hui unanime à cette question, qui a soulevé des discussions nombreuses, sur lesquelles on peut renvoyer à un important mémoire de Th.-H. Martin, intitulé : *La précession des équinoxes a-t-elle été connue des Égyptiens ou de quelque autre peuple avant Hipparque? (Mém. de l'Acad. des Inscriptions et Belles-Lettres.* t. VIII, 1re partie, 1869).

C'est Hipparque qui fixa les équinoxes et les solstices au commencement des signes, sans doute pour
donner une origine commune aux ascensions droites
et aux longitudes. Alors le zodiaque d'Hipparque fut

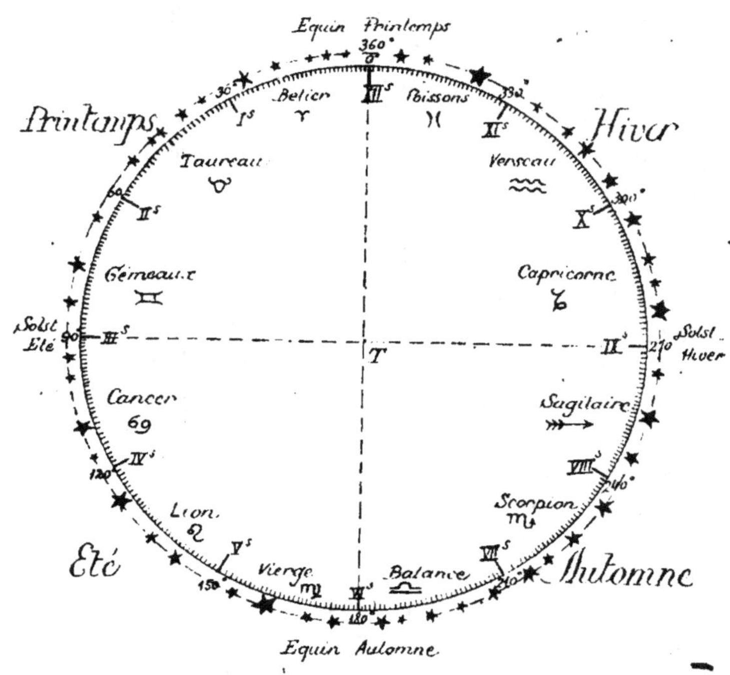

Fig. 30. — Zodiaque d'Hipparque.

constitué comme l'indique la figure 30, où la Terre **T**
occupe le centre.

Théorie et Tables du Soleil. — Longueur de l'année.

— Hipparque cherche d'abord la longueur
de l'année, en s'aidant surtout d'observations de solstices, que l'on déterminait depuis Méton. Il se
demande si cette longueur n'est pas variable, conclut
à sa fixité et fait sa durée de $365^{\text{j}}1/4 - 1/300$, valeur
trop forte de 6 minutes.

La question de la fixité de l'année avait-elle été
posée déjà? cela paraît bien probable, puisque cette

durée avait été cherchée par Thalès, Œnopide, Méton
et Euctémon, Eudoxe, Callipe, etc. Elle dut surtout
se poser quand on eut reconnu l'inégalité des saisons,
particulièrement quand les observations commencè-
rent de se multiplier, dans la première partie de la
période alexandrine. Théon de Smyrne donne quelques
détails qui, à cet égard, sont intéressants : il dit que
dans les mouvements du Soleil on aurait considéré
tantôt la période des longitudes, tantôt celle des latitudes, tantôt celle des hauteurs, et obtenu ainsi pour
complément des 365 jours, les fractions $1/2$, $1/8$, $1/4$: ce
doivent être là des valeurs de la durée de l'année obtenues par des procédés différents, et qui n'auraient pas
encore été ramenés à l'unité par une théorie générale.

Problème d'Hipparque. — On savait depuis Méton
et Euctémon que le Soleil ne fait pas le tour du
zodiaque en marchant uniformément, mais cette inégalité est la seule que connaisse Hipparque, et il sait
qu'il peut la représenter indifféremment par un épicycle ou par un excentrique ; il choisit l'excentrique
parce que, dit Ptolémée, cette hypothèse est plus
simple et ne suppose qu'un mouvement au lieu de deux.

Cela admis, il faut trouver la valeur de l'excentricité,
puis la direction de l'apogée par rapport au zodiaque, ou
sa longitude : c'est en effet de l'apogée que les anciens
comptaient les mouvements dans l'orbite, tandis
qu'aujourd'hui c'est à partir du périgée ou plutôt du
périhélie.

D'après Ptolémée qui, dans la durée de l'année,
$(360^\circ 1/4 - 1/300)$ néglige $1/300$, les données servant de
point de départ à Hipparque sont les suivantes :

Durée de l'année.	365 j. $1/4$	
Temps qui s'écoule de l'équinoxe du printemps au solstice d'été	94 j. $1/2$	
Temps qui s'écoule du solstice d'été à l'équinoxe d'automne.	92 j. $1/2$	187 jours.

Soit, dit Ptolémée (c'est-à-dire Hipparque), ΕΣΕ'Σ'

(fig. 31) l'écliptique, circonférence décrite autour de la Terre T comme centre, et EE′, SS′ deux diamètres perpendiculaires menés le premier par les équinoxes, le second par les solstices.

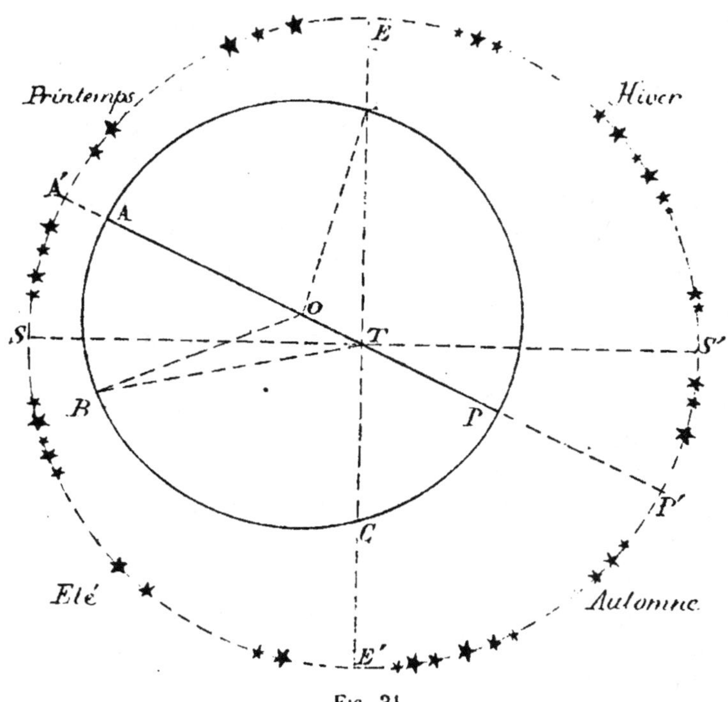

Fig. 31.

Puisque le printemps et l'été durent 187 jours, contre 178¼ pour les deux autres saisons, le centre O de l'excentrique doit se trouver dans la partie ESE′; et pour une raison analogue il doit se trouver dans le quadrant ETS.

On a alors tout ce qui est nécessaire pour calculer l'excentricité, ou le rapport $\dfrac{OT}{OA}$, ainsi que la position de la droite AOTP ou ligne des apsides. Hipparque trouva ainsi

$$\frac{OT}{OA} = \text{excentricité} = 1/24.$$

23.

Arc SA′ = 24°1/2 ou longitude apogée = EA′ = 2ˢ5°1/2,
et il put dès lors résoudre toutes les questions relatives au mouvement du Soleil dans son orbite. Ainsi
il trouve immédiatement :

Longueur de l'automne . . .	88 j. 2/15,
Longueur de l'hiver	90 j. 2/15;

puis il calcule la différence entre un arc quelconque
de mouvement égal[1] AOB et l'arc de mouvement inégal[2] correspondant ATB, ce qui est toujours facile,
car dans ce triangle OBT on connaît OT = excentricité, OB = rayon et BOT quand le mouvement égal
AOB est donné, ou OTB quand c'est le mouvement
inégal qui est donné. La différence de ces deux mouvements est la *prostaphérèse* des anciens, ainsi appelée
parce que, combinée par addition ou soustraction à
l'arc de mouvement égal, elle le rend *égal* à l'arc de
mouvement inégal ou observé. La prostaphérèse correspond à notre *équation du centre ;* et pour faciliter
les calculs, Hipparque en avait dressé, de 3° en 3°
d'anomalie moyenne, une table qui permettait de la
trouver immédiatement au moyen de cette anomalie,
comme aussi de résoudre le problème inverse, c'est-
à-dire de trouver l'arc de mouvement égal quand on
avait celui de mouvement inégal.

Cela fait, on peut calculer aussi l'époque de chaque

---

1. Ce mouvement égal, ou uniforme, est celui qui s'exécute
autour du centre O de l'excentrique ; il correspond à ce qu'on
appelle aujourd'hui l'*anomalie moyenne* ; et il a été toujours
entendu, pour les anciens comme pour nous, qu'il se compte à
partir de la ligne AOTP des apsides, ce qui s'impose parce que
le mouvement est symétrique par rapport à cette ligne. Seulement les anciens, on le sait, le comptaient de l'apogée A, tandis
que les modernes la comptent du périgée P.

Les anciens employaient aussi le nom d'*anomalie*, mais dans
un autre sens, celui d'inégalité.

2. Le mouvement inégal, ou apparent, est celui qu'on peut
observer de la Terre T ; il correspond à ce qu'on appelle aujour-
d'hui l'*anomalie vraie*, qui se compte à partir de AOTP comme
l'anomalie moyenne.

année où le Soleil passe à l'apogée. Supposons, par exemple, qu'on parte d'un équinoxe d'automne E′ observé : on connaît E′S′EA, qui peut être calculé, et on sait en déduire CPA, donc le temps mis par le Soleil pour passer de C en A, et par suite le passage cherché en A. On pourrait de même partir de l'équinoxe du printemps ou des solstices, et prendre une moyenne des divers résultats : la date du passage à l'apogée est donc définitivement connue, et se renouvelle tous les ans à la même époque, à des intervalles de $365^{j}1/4$, puisque Hipparque suppose le périgée invariable parmi les étoiles; et son mouvement est en effet trop lent pour être sensible pour lui.

Hipparque dressa aussi, pour faciliter les calculs, une table du mouvement égal ou moyen du Soleil pour les jours, les heures, les minutes...; dès lors, il avait tout ce qui était nécessaire pour calculer la position du Soleil, autrement dit sa longitude pour un moment quelconque. Et comme on voit, ses tables solaires se réduisent ainsi à deux tables :

Celle des multiples des mouvements égaux ou moyens;

Celle des prostaphérèses ou équation du centre.

Il est probable qu'Hipparque ajouta aussi des indications pour le calcul du temps égal ou *moyen* en partant du temps vrai, mais nous retrouverons cette question à propos de Ptolémée.

On doit présumer qu'Hipparque se préoccupa de contrôler ses tables, de voir comment elles représentaient les observations solaires dont il disposait; mais nous n'avons aucune donnée précise à ce sujet. Les observations de solstices et d'équinoxes devaient être bien représentées, car ce sont elles qui avaient fourni le point de départ. En avait-il d'autres? il pouvait en obtenir avec son astrolabe sphérique, et il semble même qu'il put concevoir quelque soupçon; en effet, d'après les nombres ci-dessus, la plus grande équation du centre est de 2°23′ et les tables actuelles donnent 1°55′19″ pour aujourd'hui : la différence, aurait pu être sensible aux observations à l'astrolabe. Il devait aussi conclure de sa théorie que, la distance du Soleil changeant constamment, il doit en être de même de son diamètre apparent, mais ces variations de diamètre n'étaient pas encore constatées ; du moins Sosigène, qui vivait un siècle plus tard, passe pour les avoir découvertes. Dans la théorie d'Hipparque. les distances extrêmes diffèrent du double de l'excentricité, soit $1/_{12}$, et par suite le diamètre du Soleil devrait varier de 3′ de l'apogée au périgée : c'est une quantité que les moyens d'observation de l'époque ne permettaient guère de reconnaître. En somme, Hipparque put donc penser que sa théorie solaire représentait les observations.

Théorie et Tables lunaires d'Hipparque. — Hipparque savait, et c'était connu depuis longtemps, que la Lune a une marche inégale dans le zodiaque, c'est-à-dire une inégalité en longitude analogue à celle du Soleil. En outre, il connaissait les trois causes d'inégalité suivantes du mouvement lunaire :

1° Le déplacement de la ligne des apsides ou le mouvement de l'apogée, point qui a été supposé fixe pour le Soleil, mais qui, pour la Lune, se meut assez rapidement dans le même sens que le mouvement de circulation de la Lune. Ce déplacement s'était révélé par ce fait que les points de vitesse maximum et minimum de la Lune tournent tout autour du ciel.

Le temps que met la Lune à revenir à sa plus grande ou à sa plus petite vitesse fut appelé, par les Grecs, le *temps de restitution de l'anomalie*; on l'appelle maintenant *mois* ou *révolution anomalistique*.

2° Le mouvement rétrograde des nœuds de la Lune, c'est-à-dire des points où la Lune traverse l'écliptique ; comme ce mouvement se produit sans qu'il y ait de changement sensible dans les plus grandes latitudes lunaires, on avait conclu qu'il est produit par une rotation du plan de l'orbite autour de l'axe de l'écliptique, tout en faisant toujours le même angle avec cet axe. Et la période correspondante fut appelée période de la *restitution de la latitude*.

C'est notre mois *dracontique*[1], ou temps qui sépare deux passages consécutifs de la Lune par le même nœud.

3° La parallaxe, qui est la différence entre une observation effective et celle qui serait faite au même instant par un observateur placé au centre du mouvent de la Lune, c'est-à-dire au centre de la Terre; et toute observation sujette à l'influence de la parallaxe doit, avant de pouvoir être utilisée, être ramenée au centre de la Terre, c'est-à-dire corrigée de la parallaxe.

Cette correction varie nécessairement avec la distance de la Lune, de sorte que pour la calculer il faudrait connaître cette distance, c'est-à-dire supposer résolu le problème posé lui-même.

Hipparque aurait pu procéder par approximations successives; mais il tourna plus ingénieusement la difficulté en employant uniquement des observations où les effets de la parallaxe s'éliminent d'eux-mêmes, savoir, des longitudes et latitudes déduites d'éclipses de Lune, en partant des coordonnées du Soleil, comme il a été déjà indiqué.

Il reste donc trois inégalités à représenter :

L'inégalité en longitude,

Le mouvement de l'apogée,

Le mouvement des nœuds.

1. Ce nom *dracontique* vient de la tradition astrologique : le nœud ascendant était appelé la *tête du dragon* (caput draconis) et le nœud descendant était la *queue du dragon* (cauda draconis). Cela se rattache à l'explication primitive des éclipses, qui ne se produisent que dans les passages aux nœuds, et qui partout étaient attribuées à un monstre céleste. Les nœuds ascendant et descendant sont encore désignés par les signes astrologiques ☊ et ☋.

Avant tout autre chose, il faut connaître la période exacte de chacune de ces inégalités, et cette recherche, sur laquelle nous ne pouvons nous étendre, présentait alors de grandes difficultés, à cause du petit nombre d'observations dont on disposait. Malgré cela, Hipparque obtint ces périodes avec une précision qui n'a cessé d'exciter une grande admiration; et évidemment il s'aida d'observations chaldéennes. Cela fait, il put former des tables séparées représentant les longitudes et les latitudes, et permettant de calculer aussi les distances : tout cela constituait précisément le problème proposé.

Longitudes. — Hipparque suppose le plan de l'orbite lunaire couché dans l'écliptique; autrement dit, il néglige l'influence de la petite inclinaison (5°) de l'orbite sur les longitudes; et, en effet, cette influence était pour lui insensible. Comme il ne connaît qu'une inégalité en longitude, analogue à celle du Soleil, il la représente de même par un excentrique; et ce qu'il s'agit de déterminer, également comme pour le Soleil, c'est l'excentricité et la longitude de l'apogée.

Pour le Soleil, cette détermination a été faite au moyen des durées de deux saisons consécutives; pour la Lune, elle fut faite de la manière suivante, au moyen des longitudes déduites de trois éclipses de Lune rapprochées : on connaît les époques t_1, t_2, t_3 des milieux de ces trois éclipses et les longitudes correspondantes l_1, l_2, l_3 de la Lune, de sorte que l'on a les différences $l_2 - l_1$ et $l_3 - l_2$ correspondant aux intervalles $t_2 - t_1$ et $t_3 - t_2$.

D'autre part, on connaît les fractions de la révolution anomalistique correspondant aux mêmes intervalles $t_2 - t_1$ et $t_3 - t_2$; on peut donc calculer la variation de l'arc de mouvement égal ou de l'anomalie moyenne. Soit OA (fig. 32), la circonférence de centre O parcourue par la Lune, et soit T la Terre, de sorte que OT est l'excentricité. Sur cette circonférence, prenons deux arcs contigus $L_1 L_2$ et $L_2 L_3$ égaux à ces variations de l'arc de mouvement égal : les points L_1, L_2, L_3 sont les positions correspondantes de la Lune sur son excentrique.

D'autre part, la position du centre T de la Terre doit être telle que ces mêmes arcs soient vus sous les angles $l_2 - l_1$ et $l_3 - l_2$: c'est là un problème de géométrie auquel s'appliquent facilement les formules trigonométriques, et on put obtenir successivement la position du point T ou l'excentricité, la direction de la ligne des apsides ou la longitude de l'apogée, ainsi que le temps du passage par cet apogée.

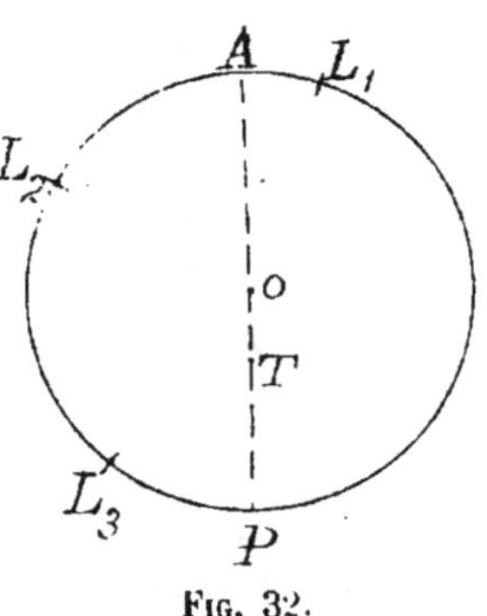

Fig. 32.

Cela suppose, il est vrai, que dans l'intervalle des éclipses employées l'apogée ne s'est pas déplacé ; mais si les éclipses sont très rapprochées, comme nous l'avons supposé, et si la valeur obtenue de la longitude de l'apogée est considérée comme correspondant à l'éclipse du milieu, l'erreur est négligeable.

En appliquant cette méthode à des éclipses formant des groupes ternaires éloignés, chacun de ces groupes donne séparément l'excentricité et la longitude de l'apogée, de sorte que l'on peut conclure la variation de ces éléments. Dès lors la marche pour former les tables des longitudes est analogue à celle suivie pour le Soleil : nous manquons d'ailleurs de détails sur ce que fit réellement Hipparque.

Latitudes. — Les détails manquent ici également, mais on pense que la marche d'Hipparque est celle suivie trois siècles plus tard par Ptolémée dans l'*Almageste* :

L'observation des plus grandes latitudes de la Lune fait connaître l'inclinaison de l'orbite sur l'écliptique : c'est une donnée.

D'autre part, on connaît la période qui ramène les mêmes latitudes : c'est le mois dracontique, dont la durée est aussi connue. Dès lors, il est facile de calculer l'argument de la latitude pour un moment quelconque, et ensuite la latitude elle-même, par la résolution d'un triangle sphérique rectangle où l'on connaît un angle et l'hypothénuse.

Distance de la Lune. — Sa parallaxe. — Pour achever de résoudre le problème proposé, il fallait calculer la distance de la Lune ou sa parallaxe.

Cette parallaxe est nécessaire pour le calcul des

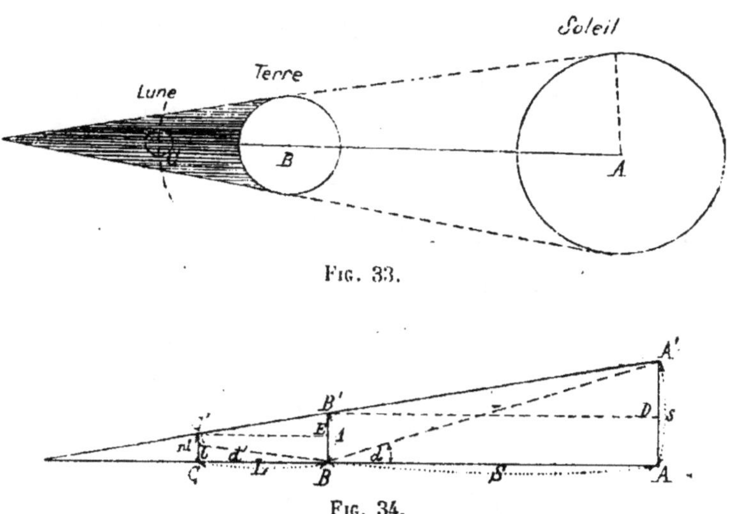

Fig. 33.

Fig. 34.

éclipses de Soleil ; donc inversement ces éclipses doivent conduire à la parallaxe cherchée : Hipparque l'avait vu, et, par ce moyen, essaya de déterminer la distance de la Lune. Voici la méthode qu'il employa, et qui lui est d'ailleurs antérieure :

Considérons les figures 33 et 34 qui se correspondent, et soient, dans chacune d'elles, A, B, C, les centres respectifs du Soleil, de la Terre et de la Lune, au moment d'une éclipse de lune.

Appelons :

S, L les distances du Soleil et de la Lune à la Terre ;

s, l les demi-diamètres linéaires respectifs du Soleil et de la Lune, en prenant le rayon de la Terre comme unité ;

d, d' leurs demi-diamètres angulaires vus du centre de la Terre ;

n le rapport $\dfrac{C C'}{l}$, C C' étant le rayon du cône d'ombre de la Terre à la distance de la Lune, de sorte que $C C' = n l$.

Menons (fig. 34) B′ D, C′ E parallèles à la ligne des centres A B.

Les triangles semblables A′ D B′, B′ E C′ donnent :

$$\frac{s - 1}{S} = \frac{1 - nl}{L};$$

d'ailleurs, on a sensiblement :

$$s = S \sin d, \qquad l = L \sin d';$$

substituant dans la relation précédente et simplifiant, il vient :

$$\mathrm{Sin}\, d + n \sin d' = \frac{1}{S} + \frac{1}{L};$$

ou, comme les diamètres apparents du Soleil et de la Lune sont petits et sensiblement égaux,

$$(1 + n)\, d = \frac{1}{S} + \frac{1}{L}.$$

La qualité C C′ ou n se déduit de la durée des éclipses de lune : nous ignorons la valeur qu'adopta Hipparque pour cette quantité et pour le rapport de S à L, mais Ptolémée accepta la valeur trouvée par Aristarque de Samos, antérieurement à Hipparque, soit 18 ou 20 ; et pour n le nombre 2,6 qui est trop fort, le véritable étant 2,575. Enfin, pour le diamètre de la Lune il adopte une valeur trop forte aussi, de sorte qu'il trouve pour la distance du Soleil une valeur inférieure à 10.000 rayons terrestres, tandis qu'elle est de près de 24.000.

Calcul des éclipses.

Calcul des éclipses. — Ces théories du Soleil et de la Lune, qui nous paraissent aujourd'hui si rudimentaires, donnèrent cependant la solution d'un problème qui, durant de longs siècles, avait provoqué les plus grands efforts, celui de la prédiction des éclipses.

On a vu le procédé empirique, incertain et sans issue, employé pour les éclipses de lune par les Chaldéens, leur échec complet pour les éclipses de soleil : maintenant la question est résolue, et c'est ce qui excita justement l'admiration universelle dont Pline, deux siècles plus tard, se faisait ainsi l'écho :

« Plus tard, Hipparque a prédit pour 600 ans la
« course des deux astres ; il a embrassé les mois, les
« jours, les heures, la situation des lieux et ce que
« verraient les différents peuples ; la suite des temps
« a témoigné qu'il n'eût pas mieux fait s'il eût pris
« part aux décisions de la nature. Grands hommes,
« qui vous êtes élevés au-dessus de la condition des
« mortels en découvrant la loi que suivent de telles
« divinités....., salut à votre génie, interprètes du
« ciel, démonstrateurs de l'univers, créateurs d'une
« science pour laquelle vous avez surpassé les hom-
« mes et les dieux ! »

Planètes. — Hipparque manquait des observations nécessaires pour constituer une théorie des planètes ; il avait fait cependant un travail préparatoire de la plus haute importance, en déterminant les périodes de leurs inégalités ; et Ptolémée, qui nous les a transmises, les emploie comme autant de faits ; elles sont. d'ailleurs aussi d'une exactitude surprenante : on n'avait guère mieux du temps de Képler, plus de dix-sept siècles après ; et aujourd'hui même on ne trouve que peu de chose à y changer.

Il fit voir aussi, chose capitale, que chaque planète a deux inégalités, l'une rapportée au Soleil et l'autre au zodiaque : cela pouvait le mettre sur la voie du système héliocentrique ; mais il a tant fait que, sans doute, le temps lui manqua pour aller plus loin.

Tels sont les travaux et les grandes découvertes d'Hipparque, auxquels il faut joindre celle de la méthode des longitudes géographiques, la création d'instruments nouveaux et l'invention de la projection stéréographique.

Avec cet homme extraordinaire paraît tout à coup une astronomie perfectionnée, extrêmement supérieure à celle de l'âge précédent : les théories du Soleil et de la Lune sont faites et celles des planètes sont ébauchées ; — le grand desideratum de l'antique astronomie, la prédiction des éclipses, est un problème maintenant résolu. — Pour la première fois, on connaît les positions d'un grand nombre d'étoiles dispersées dans tout le ciel, et la découverte de la précession permet de calculer leurs coordonnées pour une époque quelconque ; et ainsi on pourra définir bien plus facilement les positions des astres errants, que l'on rapportera à ces points fixes. — D'ailleurs, la création d'instruments d'observation (car on peut presque dire qu'il n'y en avait pas avant Hipparque) va faciliter encore le rôle de ceux qui observent les astres, soit pour régler le temps, soit avec la prétention de prédire l'avenir. — En même temps, la puissance des procédés de calcul est plus que centuplée par l'invention de la Trigonométrie. Enfin, Hipparque fit de très nombreuses observations, et, chez les Grecs, il fut, pour ainsi dire, le premier à observer. Aucune autre époque ne montre, en Astronomie, des progrès comparables et faits en aussi peu de temps.

C'est donc avec raison qu'Hipparque a été appelé le « vrai père de l'Astronomie », le « véritable fondateur de l'astronomie mathématique », et même le plus grand de tous les hommes de l'antiquité « dans les sciences qui ne sont pas purement spéculatives ».

Il faut, certes, regretter qu'il n'ait pas adopté le système héliocentrique d'Aristarque de Samos. Mais cette conception était apparue trop tôt, chez les Anciens, pour simplifier réellement les hypothèses astronomiques. Chez divers auteurs de l'antiquité on trouve bien des indices qu'ils avaient été conduits du système géocentrique à celui de Tycho, mais le pas ne fut pas franchi, et Hipparque fit dévier brusquement la science en revenant à l'hypothèse, d'ailleurs si naturelle, qui suppose la Terre fixe. Aussi peut-on soutenir, comme on l'a fait, qu'il ne fut pas assez métaphysicien.

III

LES SUCCESSEURS D'HIPPARQUE

En produisant le génie d'Hipparque, l'Astronomie grecque semble avoir épuisé toute sa sève : après lui, dans un intervalle de trois siècles, de 150 ans avant à 150 après J.-C., on ne voit poindre aucune idée nouvelle, et on ne trouve à citer que des compilateurs ou de rares astronomes, connus chacun pour avoir fait un très petit nombre d'observations. En suivant l'ordre à peu près chronologique, ce sont : *Posidonius* (133 à 49 av. J.-C.), qui fut, en quelque sorte, le successeur d'Hipparque, car il observait à Rhodes ; et il est connu surtout par sa mesure de la Terre ; — *Théodose* de Bithynie (vers 50 av. J.-C.), qui n'a fait que bien peu pour l'avancement de la science ; — *Sosigène*, principalement célèbre pour avoir collaboré à la réforme du calendrier, avec Jules César, et qui reconnut la variation du diamètre du Soleil ; — *Géminus* (vers 50 de notre ère), auteur d'une *Introduction aux phénomènes*, traité assez superficiel de cosmographie, mais précieux pour l'histoire de la science; — *Agrippa* qu'il ne faut confondre avec aucun des personnages politiques de même nom, et dont on connaît seulement une observation faite en Bithynie, l'an 92 de J.-C., une conjonction de la Lune avec les Pléiades; — *Cléomède* (1er siècle) auteur d'une *Théorie cyclique des météores*, ou théorie circulaire des astres, qui révèle peu de connaissances astronomiques, mais qui est précieuse pour les renseignements historiques qu'elle nous a conservés, particulièrement sur les mesures de la Terre d'Eratosthène et de Posidonius; — enfin, *Théon* l'Ancien et *Théon* de Smyrne, longtemps confondus ensemble, et qui vivaient au IIe siècle. Théon l'Ancien a fait quelques observations rapportées par Ptolémée, son contemporain, tandis que Théon de Smyrne a laissé un Manuel des sciences utiles pour la lecture de Platon.

Dans cette pénurie, Ptolémée fait figure de très grand astronome, quoiqu'il ait beaucoup perdu de son ancienne réputation.

Longtemps, en effet, il a été le plus célèbre astronome de l'antiquité, parce que son *Almageste* est le seul ouvrage qui nous fasse connaître l'astronomie grecque, — parce qu'il renferme le système du monde auquel Ptolémée a donné son nom quoiqu'il ne lui appartienne pas, — parce que les méthodes qu'il expose sont restées en usage pendant près de 1400 ans, jusqu'à Képler.

Claude Ptolémée naquit à Ptolémaïs, dans la Thébaïde, et vécut à Alexandrie; les dates précises de sa naissance et de sa mort sont inconnues, mais les observations qu'il rapporte comme faites par lui s'étendent de 127 à 141 de notre ère. On a vu qu'il imagina le quart de cercle et les règles parallactiques.

Ptolémée ne changea rien à la théorie solaire d'Hipparque; mais il modifia sa théorie lunaire et s'occupa des théories des planètes, où il utilisa les principes connus depuis longtemps des épicycles et des excentriques.

Théorie de la Lune de Ptolémée. — Hipparque

avait représenté le mouvement de la Lune dans son orbite par un excentrique simple, fournissant l'inégalité de 5°1′, qu'on appelait alors prostaphérèse, et qui répond à l'équation du centre.

Comme Hippaque n'avait employé à cette détermination que des éclipses, c'est-à-dire des positions de la Lune en syzygie, cette inégalité représentait bien alors les lieux de la Lune en conjonction et en opposition, mais il n'en était pas tout à fait de même dans toutes les quadratures, où l'on remarqua une seconde inégalité, appelée depuis *évection* par Boulliau, et dont la valeur maximum est de $2°2/_3$ (*Almageste*).

On considère Ptolémée comme ayant le premier connu cette seconde inégalité, et cette découverte passe pour son plus beau titre de gloire. Toutefois, Hipparque avait déjà senti l'insuffisance de la première inégalité vers certaines quadratures, quand la Lune est à 90° de son apogée ou de son périgée ; et ainsi il avait si bien préparé la voie de Ptolémée que parfois on lui attribue également la découverte de l'évection.

Mais on dispute beaucoup moins à Ptolémée la représentation géométrique simultanée des deux inégalités, équation du centre et évection, représentation qu'il a obtenue au moyen d'un épicycle monté sur déférent excentrique dont nous trouvons ici la première mention ; on a soupçonné toutefois qu'il l'a empruntée à ses prédécesseurs. La figure 35 en indique la disposition :

T est la Terre, seul point supposé complètement fixe ; le cercle $O_1 C_1$ est le déférent, dont le centre O_1 est à une distance de T égale à son excentricité $O_1 T$, et parcourt dans le sens de la flèche (sens rétrograde), la circonférence $T\,O_1'$ en une lunaison.

L'épicycle a son centre C_1 qui se déplace en sens contraire, c'est-à-dire suivant l'indication de la flèche

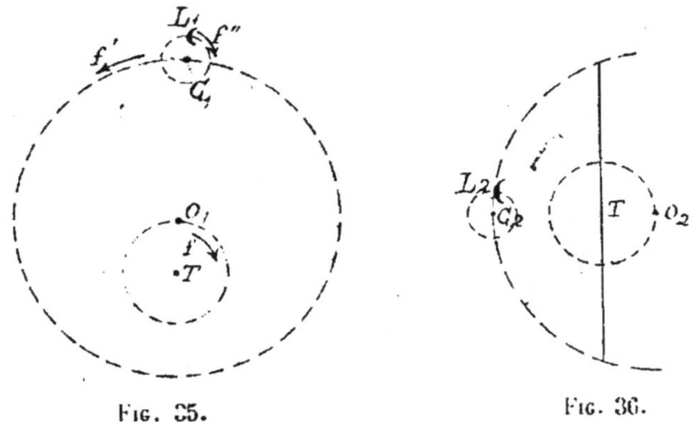

Fig. 35.   Fig. 36.

f', et fait le tour du déférent dans le même temps, la lunaison.

La Lune, supposée en L_1, sur la circonférence de l'épicycle, en fait le tour dans le même temps et en sens

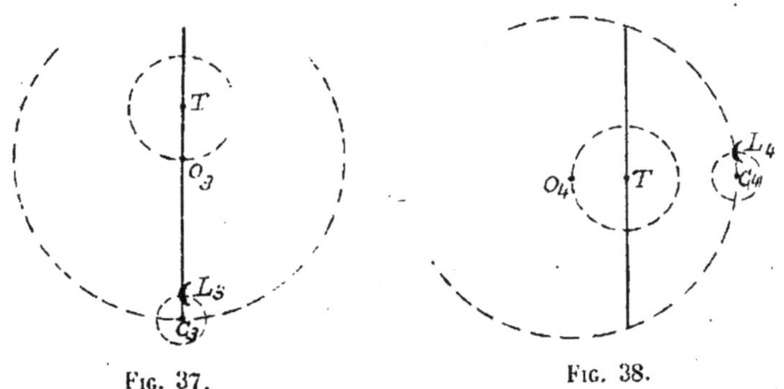

Fig. 37.   Fig. 38.

rétrograde[1]. Enfin, nous supposerons toujours le Soleil au loin, dans la direction de $TO_1\,C_1\,L_1$ prolongée :

[1]. En réalité Ptolémée la fait tourner un peu moins vite, afin d'avoir égard ainsi au mouvement de l'apogée, qui est d'environ 3° par mois. Pour un instant, nous faisons également abstraction de l'équant.

Par suite, les trois points mobiles O_1, C_1, L_1, se trouvent :

Après un quart de lunaison, en O_2, C_2, L_2, (fig. 36) ;

— une demi-lunaison, en O_3, C_3, L_3. (fig. 37) ;

— trois quarts de lunaison, en O_4, C_4, L_4, (fig. 38), pour se retrouver au point de départ à la fin de la lunaison.

La figure 39 met en comparaison l'hypothèse de Ptolémée et celle de l'excentrique simple, dans le cas où l'astre a parcouru un quart de lunaison, comme dans la figure 36 : O_2 TC_2 L_2 (fig. 39) reproduisent la figure 36 et $TC'_2 L'_2$ montrent le déférent simple et l'épicycle : l'observateur, placé toujours en T, verra la Lune L_2 (hypothèse de Ptolémée), en arrière de L'_2 où la placerait l'hypothèse de l'excentrique seul.

Dans l'hypothèse de Ptolémée (épicycle sur déférent

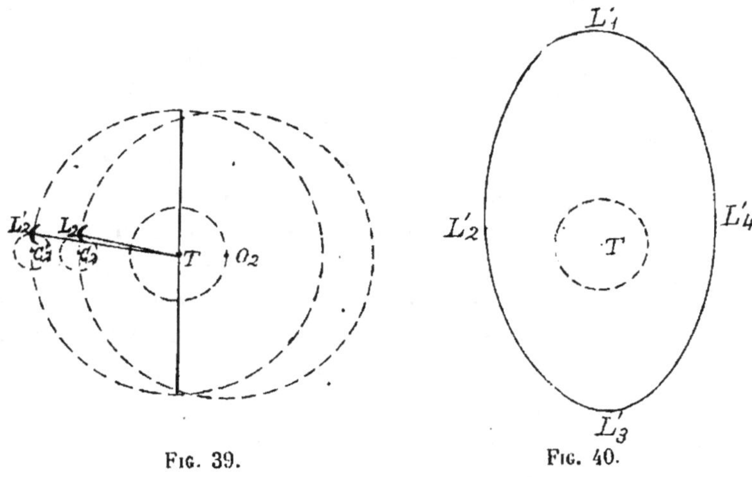

Fig. 39.Fig. 40.

excentrique), la Lune aura donc parcouru réellement la courbe $L'_1, L'_2 L'_3 L'_4$ (fig. 40) dont l'aplatissement est d'ailleurs très exagéré, parce que, pour la clarté des figures, on a dû prendre l'excentricité du déférent et le rayon de l'épicycle presque doubles de ce qui correspond au rayon du déférent.

La courbe réelle elle-même est d'ailleurs trop

aplatie aussi ; car en prenant le rayon du déférent comme unité, Ptolémée trouve 0,17 pour son excentricité et 0,09 pour le rayon de l'épicycle, soit 0,26 au total. D'après cela, les distances maxima et minima de la Lune à la Terre seraient donc comme $1 + 0,26$ à $1 - 0,26$, et par suite le diamètre apparent de la Lune vue de la Terre devrait varier dans le même rapport, comme le montrent bien les figures, ce qui n'a pas du tout lieu : la représentation géométrique de Ptolémée était donc tout à fait inacceptable, même pour les Anciens ; mais elle dura, faute de mieux, et aussi sans doute parce qu'elle donnait plus exactement qu'aucune autre les positions dans le zodiaque, seuls éléments dont on eût besoin pour l'astrologie.

D'ailleurs, sans s'expliquer à ce sujet, Ptolémée abandonne les diamètres auxquels conduirait sa théorie quand il s'agit du calcul des éclipses.

Pour compléter l'exposé de la théorie de la Lune de Ptolémée, il reste à parler de ce qui plus tard a été appelé l'*équant* et la *prosneuse*.

Ptolémée dit que sa théorie, telle qu'elle vient d'être exposée, représente bien les mouvements de la Lune dans les syzygies et dans les quadratures ; mais dans les positions intermédiaires, dans les octants en particulier, il n'en est plus tout à fait de même. Il conclut de deux observations d'éclipses de Lune observées par Hipparque, et, à ce qu'il assure, d'un grand nombre d'autres, qu'il évite cet écart, en ne supposant plus, comme jusqu'ici, que la ligne moyenne des apsides de l'épicycle passe constamment vers la Terre, mais bien par un point qui, par rapport à la Terre fixe, est toujours symétrique du centre du déférent excentrique, et par suite mobile comme lui.

Considérons la figure 41 où l'on a superposé les cercles correspondant à la position initiale $TO_1C_1L_1$, considérée jusqu'ici et à la position du premier octant TC_2 : au lieu de supposer que la ligne TC_1 est venue en TC_2, Ptolémée suppose qu'elle est venue en NC_2, de manière à passer par le point N symétrique du centre actuel O_2 du déférent ; et comme on

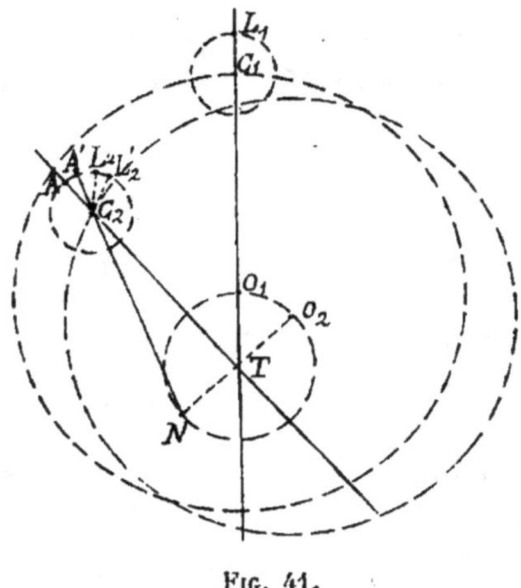

FIG. 41.

compte le mouvement de la Lune sur l'épicycle, non plus alors de A, mais de A', on place ainsi la Lune en L_2' au lieu de L_2, ce qui produit l'effet cherché de ralentir la Lune en longitude au premier octant, tout comme de l'accélérer dans le troisième octant.

A cause de l'égalité continuelle $TO_2 = TN$, on a donné le nom d'*équant* à ce point N. Il est à noter que sa conception est en contradiction avec le postulat pythagoricien de l'uniformité des mouvements circulaires dans le ciel.

On a donné le nom de *prosneuse* à l'inégalité produite par l'équant, mais alors cette dénomination absolue n'offre aucun sens.

Parallaxe de la Lune.

— On a vu comment Hipparque avait cherché à déterminer la parallaxe de la Lune, qu'il dut fixer à 57′ environ, en moyenne ; mais la première détermination directe que l'on connaisse est celle de Ptolémée ; et à cette occasion il décrit les règles parallactiques dont il fit alors usage. Voici en quoi consiste sa méthode, dite *des plus grandes latitudes*, et qui exige un choix assez spécial du lieu et du moment d'observation :

Au moment où la Lune atteignait sa plus grande latitude, vers le solstice d'été, et en un lieu A (fig. 42), qui alors avait l'astre près de son zénith Z, il mesurait la distance zénithale méridienne ZAL de la Lune. Puis vers le solstice d'hiver, quand la Lune en L' a une distance zénithale méridienne ZAL' maximum, il la mesurait à nouveau.

Dans le premier cas, pour Alexandrie où il observait, il trouve que la distance zénithale apparente de la Lune est $2° 1/2$, et alors le lieu apparent, observé du point A, ne diffère pas sensiblement du lieu géocentrique ; autrement dit, l'influence de la parallaxe est négligeable. Comme la latitude d'Alexandrie est, dit-il, de 30°58', la somme de l'obliquité de l'écliptique (23°51') et de l'inclinaison de l'orbite de la Lune, doit égaler $30°58' — 2° 1/8$, d'où il conclut que cette inclinaison est de 5°.

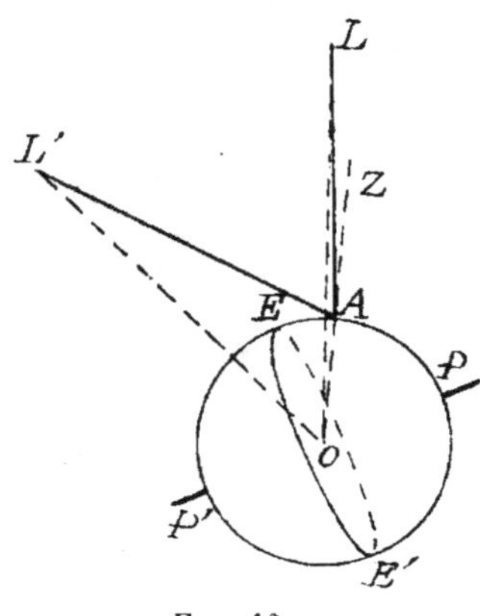

Fig. 42.

Dans le second cas, celui où la Lune passe par sa plus grande latitude australe, vers le solstice d'hiver, elle est en L', symétrique de L par rapport à l'équateur EE' ; sa distance zénithale prise du centre de la Terre serait donc :

$$2° 1/8 + 2(23°51' + 5°);$$

la différence entre ce nombre et la distance zénithale observée du point A sera l'effet de la parallaxe pour la hauteur considérée.

Cette méthode présente une particularité intéressante : c'est qu'elle donne la parallaxe sans nécessiter le déplacement de l'observateur. Mais, pour être employée utilement, elle exige diverses corrections sur lesquelles il n'y a pas lieu d'insister. Disons seulement qu'elle conduisit Ptolémée à la valeur de 59 rayons terrestres pour la distance de la Terre à la Lune, ce qui est une précision remarquable, étant donné le peu de perfection des instruments que l'on employait alors.

Dans la suite, la même méthode fut souvent employée, notamment par Tycho et tout près de nous par Le Monnier.

Théorie des planètes de Ptolémée. — Ptolémée représente le mouvement des planètes de la même manière que celui de la Lune, c'est-à-dire au moyen d'un épicycle monté sur déférent excentrique, de sorte que ce qui a été dit pour la théorie de la Lune s'applique à peu près à la théorie des planètes : il étudie le mouvement en longitude en faisant abstraction de l'inclinaison du plan de l'orbite, ce qui est possible, parce que toutes les planètes ont les plans de leurs mouvements faiblement inclinés sur l'écliptique ; — il introduit aussi un *équant*, etc.

Comme différences avec la théorie de la Lune, notons les suivantes :

La ligne des apsides n'est plus mobile : elle conserve toujours la même direction par rapport aux étoiles, et cette direction varie d'une planète à l'autre.

Le plan de l'épicycle ne coïncide pas avec le plan du déférent, et se transporte parallèlement à lui-même.

La durée de révolution de la planète sur l'épicycle n'est plus la même que celle du centre de l'épicycle sur le déférent, et le choix est fait de manière à expliquer pourquoi les planètes inférieures accompagnent toujours le Soleil, tandis que les planètes supérieures peuvent parcourir tout le ciel. Examinons successivement ces deux cas, des planètes inférieures et des planètes supérieures.

Planètes inférieures. — Pour ces planètes, la révolution du centre de l'épicycle sur le déférent excentrique a pour durée l'année sidérale : c'est pour cette raison que les planètes inférieures accompagnent toujours le Soleil, en oscillant de part et d'autre. Considérons par exemple le cas de Vénus et négli-

geons l'excentricité du déférent, ici sans influence.

Soient (figure 43), T la Terre ;

T A C B, le déférent de Vénus ;

CV_1FV_2G, son épicycle ;

E S D, l'orbite du Soleil ;

TF, TG, des tangentes à l'épicycle menées par la Terre T ; quant aux divers mouvements, ils se font dans les sens indiqués par les flèches.

Admettons que le centre C de l'épicycle CV_1 se trouve sur la ligne TS qui joint la Terre au Soleil ; ce point C restera constamment sur cette ligne TS puisque sa durée de révolution est supposée égale à celle même du Soleil. On voit alors immédiatement que la planète ne pourra jamais s'éloigner du Soleil, de chaque côté, d'un angle supérieur à S T F, S T G ; et on choisit les rayons du déférent et de l'épicycle précisément de manière que ces angles S T F, S T G soient égaux aux élongations données par l'observation. Il est d'ailleurs évident que cette condition ne fixe que le *rapport* seul de ces rayons, et non leurs grandeurs absolues.

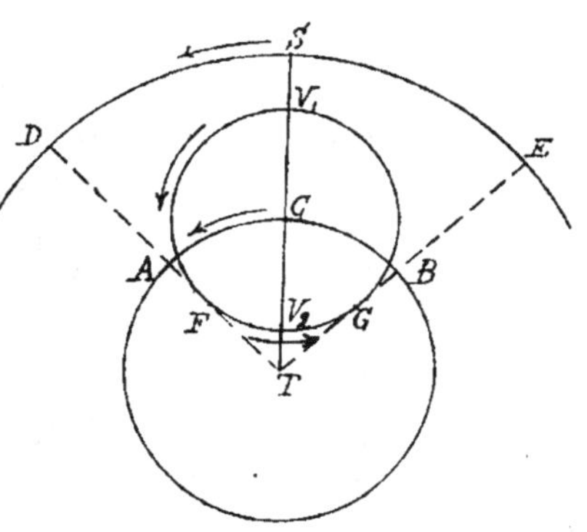

Fig. 43.

Tant que la planète est sur la partie GV_1F de son épicycle, son mouvement s'ajoute à celui du Soleil, et paraît direct ; tandis qu'il se retranche de celui du Soleil quand la planète se trouve sur la partie FV_2G ; et comme la planète est alors voisine de la Terre, son mouvement apparent l'emporte sur celui du Soleil et paraît rétrograde pour l'observateur placé en T.

Ainsi cette hypothèse explique bien à la fois le mouvement oscillatoire de la planète de part et d'autre du Soleil et son mouvement alternativement direct et rétrograde parmi les étoiles.

Si les plans du déférent et de l'épicycle coïncidaient avec l'écliptique, Vénus y paraîtrait aussi constamment; mais les inclinaisons données à ces plans expliquent les mouvements de la planète en latitude.

Pour la précision des tables des planètes inférieures, on peut s'en faire une idée par ce fait que celles de Mercure satisfont à un quart de degré près aux observations qui servent de point de départ et qui toujours, dans Ptolémée, sont réduites au nombre strictement indispensable.

Pour cette planète, il avait imaginé de donner un mouvement circulaire au centre des distances constantes : c'est évidemment la grande ellipticité de l'orbite qui l'y avait obligé pour diminuer la distance à la Terre et pour voir le rayon de l'épicycle sous un plus grand angle; cela, en effet, le rapprochait de l'ellipse et faisait rentrer la courbe par les côtés, *ingrediens ad latera*, comme dit Kepler, que l'hypothèse de Ptolémée a pu guider vers l'ellipse.

Planètes supérieures. — Ici c'est le mouvement de la planète sur l'épicycle qui se fait en une année (ce mouvement étant compté, au sens moderne, à partir d'un rayon qui se transporte parallèlement à lui-même) et la durée de révolution du centre de l'épicycle sur le déférent est prise égale à la révolution sidérale de la planète, laquelle est ici plus longue que celle du Soleil.

Considérons Mars, par exemple, et négligeons encore l'excentricité du déférent. Soient (fig. 44) :

T la Terre fixe,

$S_1 S_2$ l'orbite du Soleil,

$C_1 C_2$ le déférent de Mars et $C_1 M_1$ le rayon de son épicycle; les flèches indiquent les sens des divers mouvements.

Considérons Mars en M_1 en opposition, c'est-à-dire exactement opposé au Soleil S_1 par rapport à la Terre T, de sorte que les rayons vecteurs $T S_1$ et $C_1 M_1$ du Soleil et de Mars soient parallèles.

Au bout d'un certain temps, le Soleil est venu en S_2 et Mars en M_2, les angles $S_1 T S_2$ et $M'_1 C_2 M_2$ étant égaux par hypothèse, d'après ce qui a été dit pour la durée

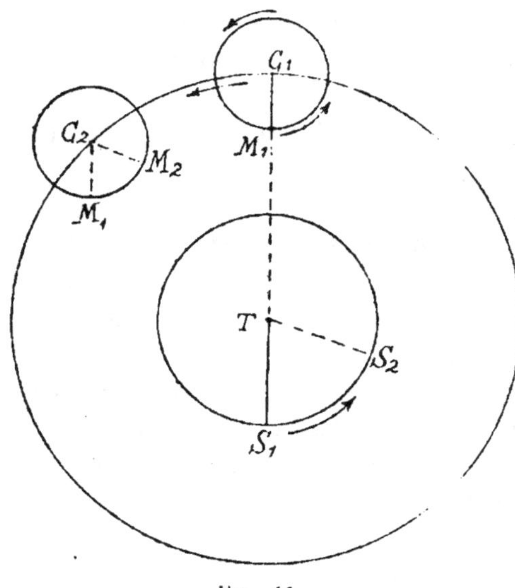

Fig. 44.

de révolution de la planète sur son épicycle ; le rayon vecteur du Soleil et celui de Mars sur son épicycle sont donc encore parallèles et le resteront constamment.

Si, dans ces conditions, on examine les diverses positions dans lesquelles la planète vient se placer successivement, on reconnaît que son mouvement présente toutes les particularités que l'observation indique pour Mars à l'observateur placé sur la Terre.

Catalogue de Ptolémée. — Sa valeur de la précession. — Dans les livres VII et VIII de son *Almageste*, consacrés aux étoiles, Ptolémée montre d'abord, au moyen d'alignements stellaires observés

par Hipparque, puis par lui-même trois siècles après, que les étoiles méritent réellement le nom de *fixes* les unes par rapport aux autres. Il détermine ensuite la valeur de la précession, s'arrête à 1° par siècle ou 36″ par an et ajoute que, puisque ce mouvement se fait autour du pôle de l'écliptique, il juge convenable de donner les coordonnées des étoiles en longitudes et latitudes, celles-ci étant invariables et celles-là augmentant de quantités égales en temps égaux. Puis il continue ainsi :

« En nous servant donc encore du même instru-
« ment (l'astrolabe sphérique)... nous avons observé
« autant d'étoiles qu'il nous a été possible d'en aper-
« cevoir, jusqu'à celles de sixième grandeur. Et...

« Pour exposer d'après cela les constellations de la
« sphère solide, nous avons fait de toutes les étoiles
« fixes un tableau en quatre colonnes... »

Tel est le Catalogue de Ptolémée, qui donne les coordonnées des étoiles pour le commencement du règne d'Antonin le Pieux (20 juillet 137).

Comme on voit, il indique l'instrument qu'il a employé, la manière dont il en fait usage, et il affirme nettement avoir observé lui-même toutes les étoiles. Aussi pendant bien longtemps Ptolémée a-t-il été regardé comme le véritable auteur de ce Catalogue.

Mais Flamsteed, Halley... élevèrent à ce sujet des doutes très sérieux, appuyées par Delambre, Biot...; depuis, Ptolémée n'a guère trouvé de défenseurs et on admet généralement aujourd'hui que son Catalogue n'est autre que celui d'Hipparque ramené, par application de la précession, à la première année d'Antonin.

Ne fût-ce que pour montrer qu'en Astronomie tout faussaire est démasqué tôt ou tard, nous allons indiquer les arguments qui militent contre Ptolémée.

Outre celui tiré du fait que Ptolémée n'emploie jamais que les observations strictement indispensables pour déterminer les constantes qui lui sont nécessaires, il en est un autre très puissant qui est tiré de la précession employée par lui, 36″ par an ou 1° par siècle.

On a vu que la valeur qui se déduit des données d'Hipparque est de 48″ environ ; et, d'autre part, le calcul montre aujourd'hui que la vraie valeur au temps d'Hipparque était 49″6, c'est-à-dire 13″6 de plus que celle admise par Ptolémée. Or, entre les observations d'Hipparque et la date du Catalogue de Ptolémée il y a 274 ans à très peu près, de sorte que l'erreur faite par Ptolémée, en appliquant sa précession aux positions d'Hipparque, serait $13″6 \times 274$, soit 1°3′, dont ses longitudes doivent être trop faibles. Et, en effet, Biot, ayant pris dans le Catalogue de Ptolémée dix-huit longitudes d'étoiles réparties sur le contour de l'écliptique, et les ayant calculées pour la même époque en partant des positions actuelles, a trouvé les longitudes de Ptolémée trop faibles, en moyenne, de 1°7′30″ : ce résultat, qui paraît mériter plus de confiance que celui antérieurement obtenu par Delambre, rend très vraisemblable que dans l'*Almageste* nous avons le Catalogue même d'Hipparque, mais transporté avec une fausse précession à un équinoxe plus récent.

A côté de l'*Almageste*, nous devons mentionner deux petits ouvrages de Ptolémée, qui en sont extraits et qui, mis à la portée de plus de lecteurs, ont contribué à rendre le premier plus populaire. Ce sont ses *Hypothèses des planètes* et ses *Tables manuelles*.

Les *Hypothèses* sont un extrait succinct, intelligible aux lecteurs les moins instruits, mais qui, composé après l'*Almageste*, présente quelques divergences dans certaines données numériques et donne des résultats plus définitifs. Quant aux *Tables manuelles*, précédées d'un discours qui en explique l'usage, elles suffisaient pour les prédictions d'éclipses et les applications usuelles de l'Astronomie et de l'Astrologie; elles pouvaient être employées même par ceux qui ne possédaient pas les plus simples notions de la science.

L'Optique de Ptolémée, en cinq livres, dont le premier est perdu, contient « beaucoup de mauvaise physique », suivant l'expression de Montucla, mais la dernière partie (Livre V) présente une haute importance pour l'histoire des sciences et de l'Astronomie en particulier : ce Livre V est consacré à la réfraction en général et contient des expériences précises sur la déviation des rayons lumineux en passant de l'eau dans le verre; ce sont là les seuls vestiges de Physique expérimentale qu'on ait pu découvrir dans les écrits des Grecs. On y trouve aussi la première mention de la *réfraction astronomique*, dont on attribue souvent la découverte à Ptolémée, quoiqu'on en trouve quelque indice antérieur; il met ce phénomène en évidence en mesurant la distance polaire des astres qui sont près de leur lever ou de leur coucher : il trouve cette distance plus petite que lorsqu'ils sont élevés, et d'autant plus qu'ils sont plus près de l'horizon. En outre, il confirme ce fait par l'observation d'étoiles circumpolaires, qu'il trouve plus voisines du pôle à leur passage inférieur qu'à leur passage supérieur. Il en serait encore ainsi, il est vrai, si la réfraction portait les étoiles vers le pôle, mais Ptolémée ajoute qu'au passage supérieur le parallèle de l'étoile semble devenu plus grand, de sorte que c'est vers le zénith que la réfraction porte l'étoile. Et ainsi il donne de la réfraction l'idée la plus complète qu'on en ait eue jusqu'au temps de Kepler.

Quoique nous n'ayons pas mentionné tous les ouvrages de Ptolémée, et en particulier sa *Géographie*, nous pouvons maintenant juger son œuvre :

On lui doit la découverte ou au moins l'étude assez approfondie de la réfraction astronomique, l'invention d'instruments qui n'ont peut-être pas été construits, et il a une bonne part dans celle de l'évection ; — les théories de la Lune et des planètes lui doivent beaucoup aussi ; certaines des hypothèses qu'il y emploie ont pu conduire Kepler à la substitution de l'ellipse au cercle, et la construction de cet échafaudage de cercles indique une grande force de conception ; — il a su, en outre, renfermer ses résultats dans des Tables qui mettaient à la portée de tous le moyen de prévoir les phénomènes célestes ; même, avec son équant, il tente d'échapper à l'axiome fondamental de l'uniformité du mouvement, ce dont Copernic le blâme vivement et à tort.

Mais on peut lui reprocher de n'avoir pas bien déterminé sa latitude, et de ne nous avoir transmis aucune observation sûre. Bien plus, on s'accorde généralement à penser qu'il n'était pas observateur, — qu'il a *supposé* des observations pour justifier ses hypothèses, pour lesquelles il ne dit jamais comment il y a été conduit, — que ce qu'il donne pour son propre *Catalogue* est celui d'Hipparque mal réduit à un autre équinoxe ; — et c'est à peine si l'on accorde qu'il n'a point fait disparaître à dessein les observations d'Hipparque.

On peut dire que l'Astronomie de la période alexandrine se résume en deux hommes, Hipparque et Ptolémée. Déjà du temps de ce dernier, un événement immense, la propagation du Christianisme, avait depuis assez longtemps ouvert un autre cours aux imaginations ; et pendant plusieurs siècles les questions théologiques et philosophiques absorbent surtout l'attention. Aussi, après Ptolémée, dans le champ de l'Astronomie on ne trouve à citer que quelques commentateurs et de très rares astronomes dont le nom a été sauvé de l'oubli par un bien petit nombre d'observations.

ACHILLE TATIUS, qui vivait vers l'an 300 et qui devint évêque, a laissé un commentaire grec sur Aratus, où l'on trouve la première fois le terme *écliptique* pour désigner ce qu'on appelait auparavant le *cercle mitoyen* du zodiaque : la raison qu'il donne de cette dénomination, c'est que les éclipses n'ont jamais lieu que dans ce cercle. Il put être contemporain du concile de Nicée (325) qui, sous Constantin le Grand, établit la règle encore suivie pour la fixation de la fête de Pâques.

THÉON D'ALEXANDRIE est l'auteur d'un commentaire sur la Syntaxe de Ptolémée, et on a de lui deux observations d'éclipses, l'une de Soleil et l'autre de Lune, faites en 365. Il fut le père de la célèbre HYPATHIE (env. 370-415) qui avait composé un Canon astronomique et commenté Apollonius et Diophante.

PAPPUS, qui vivait vers 400, fut plutôt géomètre qu'astronome. Dans ses *Collections mathématiques* il a commenté quelques livres de Ptolémée.

Dès lors l'école d'Alexandrie perd totalement son éclat, et Athènes voit se former une seconde école, qui d'ailleurs n'eut qu'une existence éphémère, car Justinien en 526 y supprima l'enseignement païen.

C'est à Athènes qu'alors brilla surtout PROCLUS DIADOCHUS (412-485), connu surtout comme philosophe ; mais il commenta Euclide et a laissé une *Exposition des hypothèses astronomiques*, sorte de sommaire de l'*Almageste*.

SIMPLICIUS, qui vivait aussi à Athènes, au commencement du VIᵉ siècle, commenta le Traité du Ciel d'Aristote. Enfin, à la même époque vivait l'Athénien THIUS, dont on a retrouvé sept observations d'approches de la Lune aux étoiles et aux planètes, observées dans les années 475 et 510 : ce sont les derniers vestiges de l'Astronomie grecque, car alors se produisent les invasions des Arabes et la dislocation de l'Empire romain.

CHAPITRE IV

L'ASTRONOMIE MATHÉMATIQUE AU MOYEN AGE. ASTRONOMIE ROMAINE — ASTRONOMIE ARABE

ASTRONOMIE ROMAINE

Les sciences furent toujours négligées à Rome, et le tableau des idées et des méthodes astronomiques pourrait laisser ignorer même jusqu'au nom romain : c'est que la considération attachée à l'éloquence et aux talents militaires entraînait tous les esprits, de sorte que le culte des sciences n'y présentait aucun avantage. Aussi le calendrier romain primitif offre d'incroyables imperfections, et même les applications les plus utiles de l'Astronomie ne pénétrèrent à Rome que fort tard, comme on a vu pour les cadrans solaires par exemple ; aussi *César*, pour réformer le calendrier, dut faire appel à un astronome d'Alexandrie, Sosigène.

Nous ne trouvons donc à Rome que quelques noms à citer, même en glanant chez les poètes et les écrivains qui n'ont parlé qu'accidentellement de l'Astronomie : tels sont *Cicéron, Lucrèce, Ovide, Virgile, Vitruve, Pline, Sénèque.*

Manilius est un poète qui touche davantage à l'Astronomie, par un poème intitulé *Astronomicon ;* il rappelle les *Phénomènes* d'Aratus et il est plus astrologique qu'astronomique. Manilius florissait vers la fin du règne d'Auguste, c'est-à-dire dans les premières années de notre ère, et on ignore s'il est le même que le mathématicien *Manlius :* celui-ci, au rapport de Pline, plaça une boule sur l'obélisque du Champ de Mars employé comme gnomon, afin d'avoir une ombre mieux terminée. On a également identifié au Manlius de Pline un *Ménélaus*, dédoublé en un géomètre et un astronome : de ce dernier, Ptolémée cite une conjonction de la Lune avec les étoiles du front du Scorpion. Enfin, comme pour ajouter à la confusion, des auteurs arabes font vivre à Rome, à la même époque, un *Millœus* qui aurait composé un catalogue stellaire, celui même que Ptolémée, disent-ils, transporta à la première année du règne d'Antonin par l'addition de 25' à toutes les longitudes.

Il semble que, suivant toute probabilité, il n'y a, au total, que deux personnages distincts, d'un côté le poète Manilius ou le Maniius de Pline, de l'autre Ménélaus, astronome et géomètre, dont le nom aurait été modifié par les Arabes.

Après les grands auteurs du siècle d'Auguste, le niveau littéraire baisse considérablement sans élever celui de la science. On ne trouve à citer que Hygin (second siècle?) dont le *Poeticum Astronomicum* rappelle les *Phénomènes* d'Aratus; — Censorin, dont le *De die Natali*, écrit en 238, donne de précieux détails sur la Chronologie et l'Histoire du Calendrier; — Firmicus Maternus qui vivait du temps de Constantin, et a écrit en huit livres un *Astronomicon* où il n'est question que d'Astrologie; — Martianus Capella, grammairien latin né en Afrique au cinquième siècle et qui, sous le nom de *Satyricon*, a composé une petite encyclopédie en neuf livres qui a servi de texte pour l'enseignement dans les écoles du Moyen Age. C'est le huitième livre qui est consacré à l'Astronomie, et il n'est qu'une compilation sans critique, où toutefois on trouve un passage remarquable dans lequel l'auteur dit que les orbites de Mercure et de Vénus ont le Soleil pour centre. Copernic mentionne cette opinion de Capella, qui dit-on, lui suggéra l'idée de son système.

Macrobe, qui vivait au cinquième siècle, était chambellan de l'empereur Théodose ; il reste de lui un *Commentaire sur le songe de Scipion*, de Cicéron, où l'on trouve quelques notions d'Astronomie, et qui peut nous apprendre quelles étaient alors les connaissances à la cour de Rome : on n'y connaissait point les travaux d'Hipparque et de Ptolémée. Macrobe place l'entretien de Scipion et de son aïeul dans la voie lactée, qui nous est présentée comme la route des âmes entre le ciel et la terre.

Au temps où nous sommes, au cinquième siècle, la fixation de la fête de Pâques était encore un sujet discuté par les églises. A la prière du pape Hilaire, Victorius d'Aquitaine, né dit-on à Limoges, s'occupa de prévenir le retour de ces difficultés, et créa le cycle de $19 \times 28 = 532$ ans, qui (en supposant exacte la valeur de l'année julienne, $365^{1}/_{4}$, et le cycle de 19 ans de Méton), doit ramener la Lune, et en particulier celle de Pâques, à la même date du mois et au même jour de la semaine. Tel fut le cycle *Victorin* qui fut adopté par les églises d'Occident et qui se maintint longtemps en France.

Victor avait fait commencer son cycle à la pleine Lune arrivée après la mort de Jésus-Christ, et elle fut l'origine de l'ère qui commençait à la mort du Christ. Mais Denys le Petit, qui mourut en 540, transporta cette origine à l'année de la naissance et ainsi s'établit l'ère actuellement en usage dans la majeure partie des pays civilisés. Seulement, par erreur, Denys plaça cette origine deux ans après la vraie naissance du Christ, ce dont Bède s'aperçut le premier.

La période romaine que nous venons de parcourir, et qui n'a jamais eu aucun éclat, se termine à peu près en même temps que la brillante période alexandrine : maintenant, les conquêtes arabes d'un côté, les invasions barbares de l'autre, ne vont laisser debout dans le monde gréco-romain, que l'empire byzantin, qui a Constantinople pour capitale, et qui subsista jusqu'en 1453.

Dans cette période d'environ 1.000 ans, qui s'étend de la destruction de l'empire d'Occident (476) à la chute de Constantinople (1453), l'Astronomie est presque complètement négligée à Byzance comme dans tout l'Occident, et les Arabes seuls, à partir du IXe siècle, la cultivent avec succès.

L'ASTRONOMIE ARABE

Les Arabes, placés entre la civilisation ancienne et la civilisation moderne, ont puissamment contribué à conserver l'une et à préparer l'autre. Ils ont d'ailleurs produit une littérature qui est à la fois des plus vastes et des plus variées. L'étude de leur rôle présente donc une importance qui n'a jamais été méconnue entièrement, mais qui, au moins pour l'Astronomie, n'a été bien appréciée qu'au XIXe siècle ; encore est-il possible que le dernier mot n'ait pas été dit, car bien des manuscrits arabes restent encore à explorer et, sans doute, à mettre au jour.

L'Astronomie des Arabes présente un ensemble complexe qui s'étend aux contrées les plus variées, de l'Espagne à l'Inde, où diverses écoles se développèrent plus ou moins simultanément à travers des changements politiques considérables. En outre, on lui rattache, à juste titre, l'Astronomie des Mongols qui, à partir du XIIIe siècle, avec les descendants de Gengis-Khan, remplacèrent les Arabes en Orient, tout en conservant leur goût pour certaines sciences ; et c'est au XVe siècle que disparaissent les derniers représentants de l'Astronomie arabe.

Aussi l'histoire circonstanciée de cette Astronomie exigerait un développement que nous n'avons pas à lui donner, puisque nous cherchons uniquement ici à mettre en évidence l'enchaînement des idées et la mentalité propre des divers peuples qui les propagent et les développent.

Plus qu'aucune autre, l'Astronomie arabe gravite à peu près uniquement autour d'un besoin factice et illusoire, mais qui s'est toujours montré impérieux pour les Orientaux : celui de connaître l'avenir par l'Astrologie; et par là les Arabes sont vraiment les héritiers des Chaldéens, qui les précédèrent sur les rives du Tigre et de l'Euphrate. Mais ils présentent avec les Grecs, nos ancêtres intellectuels, un contraste frappant : tandis que l'Astronomie grecque se développe sous l'influence d'idées générales sur la constitution de l'Univers, celles des Pythagoriciens par exemple qui conduisent à l'Astronomie circulaire, l'Astronomie arabe poursuit un seul but : calculer avec une précision croissante les mouvements des astres. C'est sous cette influence que se perfectionnent les moyens d'observations et que prennent naissance ces innombrables *tables* astronomiques qui sont le caractère le plus frappant de l'Astronomie arabe ; mais on ne voit paraître chez eux aucune idée vraiment nouvelle : en Astronomie ils ont perfectionné, mais ils n'ont pas inventé.

I. — **Ecole de Bagdad**. — Les premiers califes montrèrent beaucoup d'éloignement pour toute culture intellectuelle; et il en fut de même des Ommiades. Les Abbassides, qui détrônèrent ceux-ci, étendirent leur protection aux sciences et particulièrement à l'Astronomie. Pour se rapprocher du centre de leurs Etats, ils abandonnèrent Damas leur capitale, et, après avoir fait tirer soigneusement l'horoscope d'une nouvelle ville, ils fondèrent Bagdad, sur le Tigre, où Al-Mansor (775-785) transporta le siège du gouvernement : c'est là que se développa la première et la plus importante école de l'Astronomie arabe.

C'est surtout avec le septième Abbasside, Al-Mamoun (813-833), l'*Auguste* des Arabes, que l'Astronomie se développa ; il fit traduire les auteurs grecs. construire des instruments, et alors furent établis deux observatoires, sur lesquels il nous reste peu de détails, l'un à Damas, l'autre à Bagdad. Dans l'un et l'autre on observa des solstices qui donnèrent l'obliquité de l'écliptique, des équinoxes qui fournirent une valeur plus exacte de la longueur de l'année, des positions de certaines étoiles, sans d'ailleurs négliger les éclipses de Soleil et de Lune : ainsi les Arabes reprenaient, après plus de six siècles, les observations astronomiques abandonnées à peu près complètement depuis Ptolémée.

Le premier fruit de ces efforts fut une nouvelle table de mouvements célestes, connue sous le nom de *Table vérifiée* dont *Iahia-ben-Ali-Mansour* passe pour le principal auteur. Cette table ne nous est point parvenue, mais Ibn-Younis nous a conservé les résultats suivants, qui ont dû en former la base :

	BAGDAD	DAMAS
	′ ″ ‴ ⁱᵛ	′ ″ ‴ ⁱᵛ ᵛ
Mouvement du Soleil en une année persane . . .	359°.45.44.14.24	359°.45.46.33.50.43
Obliquité de l'écliptique	23. 33	23. 33.52
Plus grande équation du Soleil	1. 59	1.59.51
Apogée du Soleil. . . .	22. 39 des Gém.	22. 1.37 des [Gémeaux.

De la comparaison de ces résultats avec ceux des Grecs, et surtout avec les nôtres, résultent la diminution de l'obliquité de l'écliptique, de l'excentricité de l'orbite terrestre, et le mouvement de l'apogée par rapport aux étoiles : mais les Arabes ne s'aperçurent pas encore de ces variations.

A la même époque vivait *Alfragan*, qui est un des astronomes arabes les plus connus parce que ses ouvrages sont de ceux, fort peu nombreux, qui nous sont parvenus dès l'origine et qui ont été traduits assez souvent. Son *Introduction à l'Astronomie* est un simple abrégé de l'astronomie grecque dans lequel les questions de calendrier tiennent une grande place. Pour la précession, il adopte celle de Ptolémée, 1° par siècle. En somme, ses ouvrages ne présentent rien de remarquable; aussi, la question discutée de l'époque précise où il a vécu présente peu d'intérêt.

Quelque temps après vécut *Thebit-ben-Corrah* (835-900) qui passe pour avoir eu l'idée d'appliquer l'algèbre à la géométrie. En comparant l'obliquité de l'écliptique trouvée par lui (23°30′30″) à celle de Ptolémée (23°52′), il découvrit la diminution de cet élément important. Mais il soutint la *trépidation des équinoxes*, qui paraît d'origine astrologique : on sait que la précession des équinoxes est uniforme, et augmente les longitudes de 50″ par an; longtemps, cependant, on crut que son mouvement est alternatif, tout en ayant pour effet général d'augmenter les longitudes; et c'est ce balancement qui constitue la trépidation; Thébit la fait très considérable, puisqu'il lui attribue une amplitude totale de 10°45′, avec une période d'environ 4.171 ans. Cette erreur resta dans la science pendant très longtemps : on en trouve encore des traces dans Copernic.

Al-Battani (858 env. à 929), le plus célèbre des astronomes arabes, naquit à Battam, en Mésopotamie, d'où lui vient son nom, traduit en latin par *Albategnius* : il observa de 877 à 918, tantôt à Aracte (Racca, Raqqah, ...) sur l'Euphrate, où les Califes avaient un château de plaisance, tantôt à Antioche.

Son principal ouvrage fut traduit en latin et publié en 1537, puis en 1645; et, récemment, M. C.-A. Nallino l'a traduit à nouveau sous le titre d'*Opus Astronomicum*. En réalité, ce n'est que l'Introduction dans laquelle Albategnius expliquait l'usage de ses tables astronomiques, aujourd'hui perdues.

Ses observations, comparées à celles des Grecs, montrent le mouvement de l'apogée du Soleil, mais il ne le remarque pas. — Il adopte la théorie de la Lune de Ptolémée, fixant à 29′30″ le diamètre apogée

de cet astre, et il ajoute qu'il peut donc cacher le
Soleil tout entier : ce qui est remarquable, puisque,
alors, les éclipses annulaires de Soleil sont possibles,
tandis qu'il n'en était pas ainsi avec les diamètres
adoptés par Ptolémée. — Il améliora considérablement la valeur de l'année tropique de Ptolémée; fixa
la constante de la précession à 1° en 66 ans,
et détermina avec soin l'obliquité de l'écliptique
avec des règles parallactiques et un quadrant mural;
cette observation est remarquable par ce fait qu'elle
est donnée dans tous ses détails, ce qui n'a lieu, à
beaucoup près, ni dans Ptolémée, ni dans aucun des
ouvrages antérieurs qui nous sont parvenus.

Mais la partie la plus remarquable de cette Introduction c'est la Trigonométrie où, pour la première
fois, on trouve l'emploi des *sinus* substitué à celui
des cordes : ces demi-cordes furent appelées, en
arabe, *gib* ou *dgib*, ce qui signifie *pli;* le sinus est,
en effet, une corde pliée en deux; et comme le pli
d'une étoffe s'exprime par *sinus* en latin, les premiers
traducteurs de textes arabes exprimèrent *gib* par le
même mot *sinus*, qui est resté dans notre langue trigonométrique. Au point de vue théorique, cette Trigonométrie présente aussi la particularité intéressante
d'être basée sur la projection orthographique. On y
trouve également le sinus verse et une table des tangentes.

L'ouvrage d'Albategnius est donc très remarquable
au point de vue trigonométrique; si l'on ajoute que
pendant bien longtemps les observations de cet astronome ont été les seules connues entre Ptolémée et
les modernes, on comprendra la haute opinion qu'on
a eue de lui et de son livre. Mais, depuis que l'on
connaît mieux les manuscrits laissés par les Arabes,
l'estime que l'on accordait à sa science a beaucoup
diminué : il semble avoir surtout joué chez les Arabes
le rôle de Ptolémée chez les Grecs : tous deux ont surtout exposé les connaissances acquises de leur temps.

L'intervalle d'un siècle qui sépare la première floraison de l'Astronomie arabe, sous le règne d'Al-Mamoun, de l'époque où vivait Albategnius avait vu diminuer considérablement le prestige du califat d'Orient : diverses provinces orientales s'en détachèrent de bonne heure et formèrent des pays plus ou moins indépendants, mais où l'Astronomie fut aussi en honneur; et ainsi elle se répandit au loin avec les dynasties parasites : Ibn-Younis nous a conservé l'observation d'un équinoxe faite à Nisabour, capitale du Khorassan, le 18 septembre 851, et des observations d'étoiles faites à Samarkande en 865.

Une de ces dynasties, celle des Bouides, encouragea Abd-Al-Rhaman *Al-Sufi* qui détermina la longueur de l'année, calcula des Tables des planètes, entreprit des opérations géodésiques et composa une *Uranographie* ou *Description des étoiles fixes*, qu'on a prise parfois pour un catalogue original. Mais ses positions sont celles de Ptolémée auxquelles il a ajouté 12°42' pour les longitudes, afin de les réduire au 1er octobre 964. Ce qui est réellement original dans ce catalogue, ce sont les grandeurs, qu'il a estimées à nouveau : il chercha toutes les étoiles de Ptolémée et examina attentivement chacune d'elles. Schjellerup, qui a donné récemment une traduction française de cette Uranographie, ajoute qu'il poursuivit ce travail avec une exactitude minutieuse et une critique scientifique toute moderne, en quelque sorte. « Tout bien considéré, dit-il, Sûfi, dans sa « description, nous a donné l'état du ciel étoilé « de son temps, qui mérite la plus haute confiance, « qui, en son achèvement, dépassa le modèle (Pto-« lémée), qui, pendant neuf siècles écoulés, a été « sans rival, n'ayant trouvé son pareil que dans « l'*Uranometria Nova* de l'illustre Argelander. » En général, pour les grandeurs stellaires il y a accord entre Ptolémée, Al-Sûfi et Argelander, et surtout entre les deux derniers : l'Uranographie d'Al-Sûfi est donc particulièrement précieuse pour l'étude des variations à très longue période que peut présenter l'éclat des étoiles.

Aboul-Wéfa (939-998), encouragé par un autre Bouide, a publié divers ouvrages, dont le plus important est son *Almageste*, que l'on a pris longtemps pour une traduction de l'ouvrage de Ptolémée; en réalité, c'est un ouvrage original, dont deux parties, la Trigonométrie et la théorie de la Lune, doivent attirer l'attention. Dans sa Trigonométrie, il établit, à peu près comme nous le faisons aujourd'hui, par des triangles semblables, les relations

$$tang = \frac{\sin}{\cos}, \quad cotang = \frac{\cos}{\sin}, \quad séc = \sqrt{R^2 + tang^2},$$

et il donne des tables de tangentes et cotangentes, devançant ainsi beaucoup Regiomontanus, à qui longtemps a été attribuée l'introduction des tangentes. Il se sert de ces nouvelles fonctions pour simplifier le calcul des formules connues, mais il n'a point trouvé les formules qui manquaient aux Grecs et aux Arabes.

Sa théorie de la Lune mentionne trois inégalités : l'équation de l'orbite, que connaissait Hipparque (5° 1′); l'évection, déterminée par Ptolémée (2° 2/3), et une troisième que, dans un fragment incomplet de son ouvrage, Aboul-Wéfa donne comme le fruit de ses propres observations; elle atteint son maximum, 45′, lorsque la Lune est trine ou sextile, pour s'annuler dans les conjonctions, les oppositions et les quadratures.

Si l'on prend trine et sextile comme synonymes d'octants (positions où la Lune est exactement intermédiaire entre la nouvelle lune et le premier quartier, le premier quartier et la pleine lune, ...) cette troisième inégalité présente nettement les caractères de la *variation*, dont la découverte est attribuée à Tycho. Et pendant quelque temps on a considéré, en effet, Aboul-Wéfa comme ayant découvert cette troisième inégalité de la Lune ; mais ensuite cette opinion souleva les discussions les plus vives et qu'il serait trop long de résumer ici : aucun des deux camps ne s'est encore avoué battu.

Avec Aboul-Wéfa se termine la série d'observations poursuivies pendant plus de deux siècles. et l'école fondée par les premiers Abbassides semble s'éteindre ; mais nous la verrons renaître quand les circonstances politiques seront plus favorables.

II. — **École du Caire.** — En 909, les Fatimites chassèrent de Kairouan la dynastie des Aglabites, puis s'établirent solidement dans l'Afrique du Nord et enlevèrent l'Egypte aux Califes de Bagdad. Après avoir fondé le Caire, ils en firent leur capitale et y établirent une école où l'Astronomie jeta un véritable éclat, avec Ibn-Younis et Alhazen.

Ibn-Younis (979-1008), protégé par le Calife Aziz (975-996) suivit à Bagdad les leçons d'Aboul-Wéfa et fit ensuite au Caire une série d'observations qui s'étend de 977 à 1007 : ce sont des éclipses de Soleil, de Lune et des conjonctions de planètes entre elles ou avec Régulus ; ses instruments paraissent avoir été fort médiocres et petits.

Ibn-Younis, qui a joui d'une grande réputation, paraît l'avoir due à ses calculs bien plus qu'à ses observations, et particulièrement à un recueil de tables connu sous le nom de *Grande Table Hakémite*. Cet ouvrage, dont il ne nous reste qu'une partie de l'introduction, est regardé par les Arabes comme le monument astronomique le plus important qui eût paru dans leur langue, et il était destiné à remplacer la *Table vérifiée*.

Ici encore, la partie de la Table Hakémite relative à la Trigonométrie mérite l'attention : on y voit qu'Ibn-Younis avait l'équivalent de la formule fondamentale de notre Trigonométrie sphérique, formule contenue à peu près, il est vrai, dans l'Analemme de Ptolémée et dans Albategnius. Certaines formules, certains artifices qui sont restés, s'y trouvent aussi : tel est le remplacement de $[\cos a \cos b]$ par $\frac{1}{2}[\mathrm{Cos} (a-b) + \mathrm{Cos}(a+b)]$, — la conversion d'un binôme en une sécante, puis en un cosinus; — l'emploi d'arcs auxiliaires pour simplifier les formules, pour éviter les extractions de racines carrées qui rendaient les méthodes si pénibles : ces artifices de calcul, aujourd'hui si employés, sont restés ignorés 700 ans en Europe, où on commence d'en trouver quelques exemples dans les ouvrages de Simpson.

Dans le chapitre où il s'occupe de l'obliquité de l'écliptique, Ibn-Younis démontre géométriquement que l'ombre donnée par l'extrémité supérieure du gnomon correspond au bord supérieur du Soleil, et non au centre.

Une autre idée fine que l'on rencontre ici pour la première fois, c'est de vérifier la perpendicularité du style du gnomon par le retournement, ou d'éliminer son influence en répétant les observations dans deux situations opposées. On sait combien ce moyen du retournement a été généralisé dans la pratique.

Le plus illustre successeur d'Ibn-Younis à l'école du Caire fut incontestablement Hassen-ben-Haiten ou *Alhazen* qui mourut en 1038. Il avait composé plus de 80 ouvrages d'astronomie, d'optique, ... presque tous perdus; mais il nous reste de lui une *Optique* bien supérieure à celle de Ptolémée : on y remarque surtout la solution d'un problème qui, résolu par l'analyse, dépendrait d'une équation du quatrième degré. Il s'agit de trouver le point de réflexion sur un miroir sphérique, quand le lieu de l'œil et celui de l'objet sont donnés. C'est dans cet ouvrage que Vitellon, savant polonais du xiii⁰ siècle, a puisé utilement pour la composition de son traité d'optique, le premier qu'ait fait paraître un géomètre européen.

Alhazen avait formé un recueil d'observations,

malheureusement perdu ; mais a-t-il fait lui-même des observations astronomiques? Eut-il des relations avec l'Observatoire du Caire? C'est ce qu'on ignore. On sait toutefois que les sciences fleurirent encore en Egypte : vers 1050 la bibliothèque du Caire renfermait 6.000 manuscrits sur les mathématiques, l'astronomie, ainsi que deux globes célestes fabriqués l'un par Ptolémée, l'autre par Al-Sûfi.

Dans la suite, nous ne trouvons plus en Egypte d'astronome connu ; il y en eut cependant, et même en 1135 certains avaient un traitement fixe par mois pour calculer des éphémérides. On songea aussi à garnir l'observatoire de grands instruments dont nous avons déjà dit un mot.

Mais bientôt l'école du Caire disparaît complètement : le Califat d'Egypte fut détruit à son tour en 1171, par Saladin.

III. — Écoles arabes de l'Occident : Espagne et Maroc.

— Le XIXe siècle a jeté un jour inattendu sur les écoles arabes ; cela est surtout vrai pour celles de l'Orient, mais rien d'analogue ne s'est encore produit pour celles de l'Occident. Nous savons, il est vrai, que Ceuta, Fez, Maroc et Tanger rivalisaient pour la réputation de leurs écoles ; que Séville, Cordoue, Grenade, Murcie, Tolède... avaient de riches bibliothèques et des collèges où l'on enseignait les mathématiques, mais le plus souvent les noms des maîtres sont tombés dans l'oubli.

Le plus connu des astronomes arabes d'Espagne est *Arzachel*, qui observait à Tolède en 1061 et dont nous avons une autre observation faite en 1080 : il poursuivit donc ses observations pendant une vingtaine d'années au moins.

Il attribue 23°34′ à l'obliquité de l'écliptique et fait la précession des équinoxes de 49″,5 à 50″, valeur exacte ; mais dans ses tables, connues sous le nom de *Tables télétanes* parce qu'elles étaient dressées sur le méridien de Tolède, il admet le malencontreux mouvement de trépidation des équinoxes, qui paraît avoir séduit tout particulièrement les astronomes arabes.

Djaber-ben-Afflah, appelé aussi *Geber* (ce qui l'a fait confondre parfois avec l'alchimiste de même nom), était de Séville et vivait après Arzachel, qu'il cite dans ses écrits : c'est tout ce que l'on connaît de sa vie. Il est l'auteur d'un traité d'astronomie qui n'offre de remarquable que la Trigonométrie, où il ne fait aucun usage des tangentes, mais où l'on trouve pour la première fois la formule relative aux triangles sphériques rectangles :

$$\cos b = \frac{\cos B}{\sin C}.$$

Tout prouve qu'il était peu observateur. Cependant il prétendait réduire tous les instruments à un seul, fort simple par surcroît, et qui ne mérite pas de nous arrêter.

Averrhoès, connu surtout comme philosophe et médecin, avait fait un commentaire de l'*Almageste* et il aimait à observer : il aperçut un point noir sur le Soleil un jour où le calcul lui annonçait un passage de Mercure ; mais l'anecdote est suspecte, car on sait maintenant que Mercure, dans ses passages devant le Soleil, est invisible à l'œil nu. Serait-ce une tache? C'est possible, mais il est peu croyable qu'il s'en soit trouvé une assez belle pour être visible au jour même indiqué par le calcul pour le passage de Mercure.

Alpétrage florissait au Maroc vers 1150. A la première lecture de Ptolémée il fut révolté, dit-il, de cette complication d'excentriques et d'épicycles tournant autour de centres vides et mobiles eux-mêmes ; mais une inspiration divine le tira de sa torpeur et lui révéla le secret des véritables mouvements. Cependant son système est tombé dans un profond oubli. Il admet la trépidation des équinoxes et veut expliquer leur balancement en faisant mouvoir la sphère des étoiles sur deux petits cercles parallèles à l'équateur et dont la distance au pôle égale la plus grande inégalité des équinoxes en déclinaison.

Ab ul-Hassan Ali, de Maroc, vivait au commencement du XIIIe siècle. Il est surtout connu par un ouvrage traduit par J.-J. Sédillot, sous le titre de *Traité des instruments astronomiques des Arabes*. D'après les Arabes eux-mêmes, c'est ce qui a été composé de plus complet sur cette matière par aucun écrivain de leur nation ; il renferme un traité spécial de gnomonique où l'on trouve une multitude de détails et notamment la description de divers cadrans qui ne sont point mentionnés par les Grecs et dont les noms, tout au plus, se retrouvent dans Vitruve. On voit pour la première fois dans ce traité les lignes des heures *égales*, dont les Grecs n'avaient point fait usage : on sait que les Anciens divisaient chaque jour et chaque nuit en douze parties égales, qui, par suite, variaient nécessairement de longueur avec les diverses saisons, et c'est là ce qu'on appelait des heures *temporaires*, par opposition aux heures équinoxiales ou égales. Ces dernières seules ont été conservées chez les modernes, et il paraît que l'innovation est due à Aboul-Hassan lui-même.

Tables alphonsines. — Les Tables alphonsines, qui ont joui longtemps d'une grande réputation, se rattachent directement à l'astronomie arabe. Elles tirent leur nom d'Alphonse X le Savant, roi de Léon et de Castille, qui régna de 1252 à 1284.

Même avant de monter sur le trône, il avait attiré à Tolède les astronomes les plus célèbres de son temps, chrétiens, juifs et maures, parmi lesquels on cite Ibn-Mousa, Joseph-ben-Ali, Jacob Abuena, etc., présidés suivant les uns par le rabbin Isaac-ben-Saïd, inspecteur de la synagogue de Tolède; suivant les autres, par Alcabitius et Abou-Ragel, maîtres d'astronomie d'Alphonse.

Ces tables, auxquelles on avait travaillé pendant quatre ans, et dont la dépense atteignit la somme énorme de 40.000 ducats, parurent le 30 mai 1252, le jour même de l'avènement d'Alphonse au trône. Les auteurs ont négligé comme à dessein de faire connaître les bases de ces tables qui sont pour le méridien de Tolède. Au fond, leur théorie ne diffère de celle de Ptolémée que par quelques corrections légères, faites aux moyens mouvements, aux époques et aux constantes : ainsi la longueur donnée à l'année tropique (365 j. 5 h. 49^m 16^s) est plus exacte que celle admise jusqu'alors, plus exacte même que l'année grégorienne. Mais on y admet une précession très inexacte, puisqu'on lui attribue 49.000 ans de période au lieu de 26.000, ainsi que l'inévitable trépidation qui est supposée de 7.000 ans, soit un septième de la révolution entière.

IV. — Écoles persanes et mongoles. — Revenons à l'Orient qui, depuis le commencement du XIe siècle, n'a cessé d'être en feu. Les conquêtes de Mahmoud le Gaznévide (997-1030), l'invasion des Seldjoukides, les Croisades, la destruction du Califat du Caire par Saladin (1171), celle du Califat de Badgad (1258) par Houlagou, khan des Mongols, avaient modifié profondément la situation politique de l'Asie.

Cependant l'Astronomie restait en honneur, et les barbares vainqueurs rendaient hommage à la supériorité intellectuelle des vaincus en étudiant leurs livres et en s'éclairant de leurs lumières : Mahmoud le Gaznévide appelle à sa cour Albirouni; et Mélik-Shah (1072-1092) réunit autour de lui l'élite des astronomes de son temps pour réformer le calendrier; deux siècles plus tard, Houlagou fait construire un grand observatoire à Méragah, etc.

C'est à *Nassir-Eddin-Thousi* (1201-1274) que Houlagou confia le soin d'élever cet observatoire de Méragah, dans la capitale de l'Azerbaydjân, province occidentale de la Perse : les fondements en furent jetés en avril-mai 1259 et on commença de faire usage des instruments en 1261.

Un manuscrit nous a conservé la description de quelques-uns d'entre eux : on y remarque un quart de cercle mural, tel à peu près que celui construit plus tard par Tycho ; des quarts de cercle mobiles, etc., et un instrument dit *aux deux pilliers*, qui était, sur une grande échelle, une modification des règles parallactiques de Ptolémée. On n'indique pas de quelle manière fut faite la division des instruments : les Arabes ne paraissent jamais avoir fait usage pour cela que du compas.

Les observations devaient être poursuivies au moins pendant trente années, temps nécessaire pour l'entière révolution des sept planètes ; mais Houlagou ordonna qu'elles fussent terminées en douze ans ; il ne put d'ailleurs en voir les résultats, qui servirent de fondement à de nouvelles tables dites *Ilkhaniennes*, qui n'ont encore été traduites que par extraits : c'est, en réalité, une reproduction modifiée des tables d'Ibn-Younis, de sorte qu'elles ne présentent aucune modification de principe sur celles de Ptolémée.

C'est ainsi que les Mongols de la Perse rendaient à l'école arabe une partie de son ancien éclat. En même temps Kublaï-Khan, frère de Houlagou, achevait la conquête de la Chine et y transportait les connaissances des savants de Bagdad et du Caire ; et c'est ainsi que Cocheou-King, célèbre astronome chinois, reçut les tables d'Ibn-Younis.

Peu après, l'Asie fut encore bouleversée, et, cette fois, ce fut par Tamerlan (1336-1405) qui fit de Samarkande sa capitale. Ce sanguinaire conquérant avait attiré là des savants, des gens de lettres, des artistes et institué même une Académie des Sciences. Schah-Rokh, un de ses fils, rechercha activement les manuscrits, composa une riche bibliothèque et communiqua ses goûts à son fils *Ouloug-Beg* (1393-1409) qui a laissé un nom dans l'Astronomie, à cause d'un catalogue d'étoiles qu'il paraît avoir observées lui-même, et qui serait vraiment original, tandis que tous ceux que nous avons rencontrés jusqu'ici étaient tirés de Ptolémée, au moins quant aux coordonnées. Pour exécuter ce travail, il avait fait bâtir près de Samarkande un observatoire à trois étages, possédant un quart de cercle aussi haut, disait-on, que le sommet de Sainte-Sophie de Constantinople, et qui n'avait donc pas moins de 60 mètres de rayon. On a cru longtemps que ces dimensions étaient très exagérées, ou bien on les attribuait à de simples gnomons ; mais, comme nous l'avons déjà dit, on vient de découvrir à Samarkande le mural même d'Oloug-Beg, et, quoiqu'il ne soit pas entièrement mis au jour, on peut voir que ses dimensions étaient, en effet, énormes.

Ouloug-Beg ne jouit pas longtemps des fruits de son catalogue : il le terminait à peine lorsque, en 1449, interrogeant les astres, il s'imagina qu'il périrait de la main de son fils aîné, Abdallatif. Celui-ci, disgracié sans motif apparent, se révolta, vainquit son père et le fit assassiner : avec Ouloug-Beg finit la période des travaux astronomiques de l'Orient, et il est considéré comme le dernier représentant de l'école arabe : Copernic allait naître (1473) et un siècle et demi à peine nous sépare de Kepler.

Ainsi les Arabes s'adonnèrent avec ardeur à l'astronomie, qu'ils affectionnèrent spécialement : elle leur doit de véritables progrès que l'on peut résumer ainsi :

Trigonométrie : Substitution des sinus aux cordes, introduction des tangentes... d'abord indirectement, puis d'une manière tout à fait explicite : par là ils donnèrent à l'expression des rapports et de leurs combinaisons, à la fois plus d'étendue et plus de simplicité. En outre, ils remplacèrent les méthodes primitives par d'autres plus simples qui donnent à l'exposition de la science une allure plus facile ; et ils établirent divers théorèmes qui servent de base à la trigonométrie moderne.

Soleil. — Détermination plus précise de l'excentricité de l'orbite, de la longueur de l'année ; découverte du mouvement de l'apogée et de la diminution progressive de l'obliquité de l'écliptique.

Lune. — Découverte de la variation des plus grandes latitudes, c'est-à-dire de l'inclinaison de l'orbite ; et peut-être eurent-ils connaissance de la troisième inégalité, appelée depuis *variation.*

Etoiles. — Déterminations nouvelles de leurs positions et évaluation de leur éclat avec plus de précision que ne l'avait fait Ptolémée. Connaissance plus exacte de la précesion.

Observatoires ; instruments et observations. — Création de nombreux observatoires ; perfectionnements considérables apportés aux instruments déjà connus, qui furent comme renouvelés entièrement ; invention de plusieurs autres, comme le cercle mural, le gnomon à trou ; et peut-être employèrent-ils les vibrations du pendule pour mesurer le temps. En tout cas, ils déterminèrent l'heure avec plus de précision que leurs devanciers, et mirent en usage les observations de hauteur d'un astre connu pour fixer l'instant d'un phénomène. Enfin ils ajoutèrent un grand nombre d'observations à celles, si rares, que les Grecs nous ont laissées.

On a souvent agité la question de savoir si, dans les sciences, les Arabes ont fait preuve d'esprit d'invention, d'originalité véritable : le résumé que nous venons de donner de leurs travaux astronomiques permet de répondre, au moins sur ce point spécial :

. Ils ont grandement perfectionné les méthodes de calcul, mais sans y apporter de changement radical ; — ils ont beaucoup amélioré les instruments, surtout en augmentant leurs dimensions, mais on ne voit pas apparaître de principe nouveau. — C'est surtout parce qu'ils sont venus longtemps après les Grecs qu'ils ont pu déterminer avec plus de précision certains éléments, mais uniquement ceux où l'intervalle des observations entre comme facteur essentiel, comme la précession, la variation de l'obliquité de l'écliptique, etc. Admettrait-on qu'ils eussent connu la variation lunaire, ils n'ont apporté aucun changement aux hypothèses de Ptolémée, qui n'ont été renversées que par Képler, et on ne voit chez eux aucune trace de cette vive curiosité dont parle Laplace, « qui « nous attache aux phénomènes jusqu'à ce que les « lois et la cause en soient parfaitement connues »; en un mot, ils ont *perfectionné, mais non inventé*. L'opposition de l'esprit arabe à l'esprit grec est frappante comme sa ressemblance à l'esprit chaldéen : les uns ont été astrologues et les autres astronomes, les uns ont cherché le but prochain, et les autres la cause profonde. Et l'on voit que si l'Astrologie a d'abord été favorable à l'Astronomie, et même l'a nourrie pendant longtemps, elle ne pouvait favoriser son plein épanouissement.

CHAPITRE V

RENAISSANCE DE L'ASTRONOMIE MATHÉMATIQUE EN OCCIDENT

Après avoir conquis l'Europe occidentale et les pays grecs, Rome vit son empire s'effondrer sous les coups successifs des Barbares et des Arabes : de tout l'ancien monde, il ne reste debout que l'empire byzantin. On pourrait penser que cet empire serait la terre privilégiée où la science va croître et fleurir ; il n'en est rien cependant : les esprits y sont absorbés surtout par les discussions philosophico-théologiques, et d'ailleurs l'existence même de l'empire est le plus souvent précaire ; nous n'y rencontrons aucune idée nouvelle, aucune méthode à signaler ; quelques noms très clairsemés y rappellent seuls que l'Astronomie n'est pas morte.

Sous *Héraclius* (610-641), qui trouva le loisir d'écrire lui-même des commentaires sur quelques traités de Ptolémée, vivait *Léonce* le mécanicien, qui a laissé un petit écrit sur la sphère d'Aratus. — Quatre siècles plus tard, *Psellus*, mort en 1079, écrit sur l'Astronomie, sur la grandeur et la figure de la Terre. Au milieu du XIII° siècle, *Blemmidas* écrit sur l'Astrolabe, *Gregoras* propose déjà de corriger le calendrier, et *Cabasillas* écrit, sur le livre III de l'*Almageste*, un commentaire qui est précieux en ce qu'il complète celui de Théon d'Alexandrie.

Au siècle suivant, George *Chrysococcès*, compose en grec un traité de l'Astronomie des Perses, dont Boulliau a donné un extrait et dont les tables sont en réalité celles d'Ibn-Younis. ·

Enfin *Gémisthe*, surnommé Pléthon, fut au nombre de ces Grecs, malheureux et savants, qui transplantèrent en Italie l'arbre de la science, déraciné dans la Grèce lors de la chute de Constantinople (1453) ; il est surtout connu comme philosophe platonicien, mais il écrivit aussi sur les mathématiques, la géographie et l'astronomie.

En Occident, les invasions barbares avaient tout bouleversé ; pendant plusieurs siècles, les éléments d'un monde nouveau se cherchent au milieu des ténèbres, se rencontrent, se coordonnent, et les nations modernes se dessinent. Dans cette fermentation, au milieu de guerres sans fin et de misères sans nom, quelques esprits portés à l'étude, à la méditation, se réunissent, et ainsi se fondent des monastères : c'est là seulement que se conserve le levain de la science, et que l'on trouve ceux qui en ranimèrent le flambeau.

Pendant trois siècles, du sixième au neuvième, les seuls monastères d'Angleterre et d'Irlande offrent quelques auteurs qui aient écrit sur l'Astronomie : HÉMÉALDE, vers 680 ; — BÈDE *le Vénérable* (675-735), qui s'aperçoit un des premiers du déplacement de la fête de Pâques ou de l'anticipation des équinoxes par rapport à l'année de 365 jours $\frac{1}{4}$; ADELHEM, abbé de Malmesbury ; ALCUIN (735-804), qui vint seconder en France les vues élevées de Charlemagne.

C'est vers 780 que se place la fondation de l'école Palatine, ainsi nommée parce qu'elle se tenait dans le palais même de Charlemagne, et qui fut suivie de la fondation de beaucoup d'autres. Malgré cela, les noms que nous pouvons citer restent bien clairsemés : ce sont, en France : ABBON, abbé de Fleury, mort en 1044 ; GERBERT (env. 930-1003), qui avait construit un globe et introduit en France les chiffres dits arabes, ainsi que l'horloge à balancier, avant de devenir pape sous

le nom de Sylvestre II ; en Allemagne, Herman Con-
tractus (1013-1054).

Au XIIe siècle, on rencontre plusieurs traducteurs
qui font passer dans la langue savante de l'époque, le
latin, les ouvrages des Grecs et des Arabes : Jean de
Séville, Rodolphe de Bruges, Platon de Tivoli (Plato
Tiburtinus), Gérard de Crémone.

En même temps, l'organisation des Universités,
dont les éléments dispersés existaient déjà, vint favoriser la curiosité de savoir et le désir d'apprendre :
quelques professeurs augmentèrent alors la liste, peu
nombreuse encore, des noms à citer ici : en Allemagne, ALBERT LE GRAND, — en Angleterre, ROGER
BACON, dont l'*Opus majus* traite de la réfraction astronomique et de la réfraction à travers un milieu terminé par une surface sphérique ; — en Espagne,
ALPHONSE X et les astronomes réunis par lui ; — en
France, SACROBOSCO, moine venu d'Angleterre, et dont
le *De sphera mundi* eut 50 éditions environ ; — en
Italie, GÉRARD DE CRÉMONE.

Au XIVe siècle, aucun nom n'attire encore particulièrement l'attention, mais on peut citer, en Allemagne, le moine augustin *Jean de Saxe* et *Henri de
Hesse ;* en Italie, *Pierre d'Albano, Francesco d'Ascoli,
Jean de Dondis,* surnommé *Horologio,* parce qu'il
avait inventé une très curieuse horloge, etc.

Nous arrivons au XVe siècle. L'Occident connaissait
déjà la poudre à canon, la boussole, qui va permettre
les premières découvertes maritimes des Normands
et des Portugais. La vie intellectuelle, qui ne s'est
jamais éteinte au Moyen Age, devient plus intense.
Cependant l'étude reste très difficile, particulièrement
celle de l'Astronomie : l'imprimerie n'est pas encore
inventée, les manuscrits sont rares, et ceux qui par-
viennent à s'en procurer sont rebutés par les difficultés
réelles qu'on rencontre à les lire, à les comprendre : ce
sont des traductions latines d'Abategnius, d'Alfragan
et deux traductions de Ptolémée faites sur l'arabe,

auxquelles il faut joindre le traité de Sacrobosco, limité aux notions les plus élémentaires.

Mais de grands événements accélèrent le réveil qui approche. L'un d'eux est la chute de Constantinople (1453), dont les conséquences, peu apparentes d'abord, furent énormes : les Grecs savants, fuyant leur patrie esclave, se dispersent en emportant leurs livres principalement en Italie et en France, où ils viennent rénover les études. A peu près en même temps l'imprimerie est inventée, se répand de tous côtés avec rapidité, de sorte que les livres d'étude sont bientôt accessibles. Les Portugais, poursuivant leurs explorations maritimes, traversent la ligne (1471), doublent le Cap de Bonne-Espérance (1484) et abordent en 1498 dans l'Hindoustan avec Vasco de Gama, tandis que Christophe Colomb découvre l'Amérique (1492) pour le compte de l'Espagne.

La découverte de l'Amérique mit fin à la célèbre discussion sur les antipodes ; et peu auparavant l'Astronomie renaissait avec Purbach et Régiomontanus, qui s'attachèrent aux observations, négligées depuis si longtemps.

Georges *Purbach* (1423-1461), professeur à l'Université de Vienne, se fit connaître par ses *Theoriæ novæ Planetarum*, qui complétaient l'ouvrage de Sacrobosco, où la théorie des planètes est totalement négligée. Il avait entrepris une traduction de l'*Almageste*, dont le texte grec venait d'être apporté pour la première fois en Europe par le cardinal Bessarion. Il fit aussi exécuter divers instruments et commença une série d'observations ; mais tout fut interrompu par une mort prématurée.

Jean Müller (1436-1476) naquit dans le petit village de Kœnisgberg près de Cobourg, et de là prit le nom latinisé de *Regiomontanus*. Devenu élève de Purbach, il lui succéda quelque temps dans sa chaire en 1461, ainsi que dans sa traduction de l'*Almageste*. Il voyagea plusieurs années en Italie à la suite de Bessarion et vint s'établir en 1471 à Nuremberg, où Bernard Walther (1436-1504), riche bourgeois dont le nom a été ainsi sauvé de l'oubli, lui fournit les moyens d'établir un observatoire, un atelier pour la construction des instruments d'astronomie et même une imprimerie scientifique.

Appelé à Rome par Sixte IV, qui voulait réformer le calendrier, et nommé évêque de Ratisbonne, il quitta Walther en 1475 et mourut à Rome en 1476, âgé seulement de quarante ans.

Ses observations et celles de Walther furent publiées en 1541, et une nouvelle édition en fut donnée en 1618 par Snellius, qui y joignit celles du landgrave Guillaume de Hesse, etc.

Régiomontanus laissa d'assez nombreux ouvrages, imprimés pour la plupart après sa mort : on connaît surtout ses éphémérides pour 1475-1505, qui paraissent être les premières publiées en Europe : malgré leur prix très élevé, elles se répandirent rapidement, sans doute en vue de leur utilisation astrologique. On dit qu'elles contribuèrent puissamment aux grandes découvertes maritimes de la fin du xve siècle, et que Vasco de Gama et Christophe Colomb en firent usage.

En trigonométrie, Régiomontanus a passé longtemps pour avoir le premier introduit les tangentes ; mais il avait été précédé par les Arabes, comme on l'apprit dans la suite.

Parmi les observations de Régiomontanus, on remarque celles de la comète de 1472 dont le mouvement dépassa 30° en 24 heures : dans l'ouvrage où il consigne ses résultats on trouve le premier germe de la méthode des hauteurs correspondantes. Il trouve 3° pour la parallaxe de la comète et calcule la longueur de sa queue, mais il la suppose opposée au centre de la Terre, tandis qu'elle est opposée au Soleil : c'est Apian qui le premier en fit plus tard la remarque.

A la même époque vivaient *Blanchinus*, à Ferrare, le cardinal de *Cusa* qui, le premier parmi les modernes, soutint que la Terre tourne autour du Soleil ; mais cette idée passa pour un paradoxe jusqu'à ce qu'elle fût définitivement établie par Copernic et ses successeurs. Cusa écrivit aussi sur la réforme du calendrier, comme l'avait fait en France un autre cardinal, Pierre *d'Ailly*, et comme le firent également quelques autres astronomes de cette époque, tels que Jean *Werner*, qui proposa de déterminer les longitudes par les distances lunaires ; Jean *Stoffler*, qui se rendit célèbre en continuant les éphémérides de Régiomontanus, et surtout par la prédiction, pour 1524, d'un déluge universel dont l'annonce excita dans toute l'Allemagne un émoi extraordinaire.

Vers le même temps vivait Jean *Schoner*, qui fit quelques observations de Mercure employées par Copernic dans la composition de ses tables ; il connaissait aussi l'opinion qui fait tourner la Terre autour du Soleil : « Quelques Anciens, dit-il, ont imaginé que « la Terre tournait comme dans une broche, et que le « Soleil était le feu qui la rôtissait », mais il combat cette opinion.

Tels sont à peu près tous les noms que l'on peut citer au xve siècle, et même divers d'entre eux appartiennent plutôt au xvie.

L'événement capital de la fin du xve siècle fut la découverte de l'Amérique (1492), dont l'influence fut considérable sur les progrès de l'Astronomie : avec les voyages de circumnavigation qui en furent la suite, elle démontra, en effet, elle rendit évident aux yeux de tous, ce que les savants pensaient depuis Pythagore, que la Terre est ronde et isolée dans l'espace ; par là, elle préparait les esprits à admettre son mouvement, de sorte qu'on a pu dire avec raison que Christophe Colomb fut le précurseur de Copernic.

Découverte du véritable système du monde par Copernic. — Jusqu'ici nous avons vu toute l'Astronomie, d'Eudoxe à Ptolémée et aux Arabes, basée sur le dogme de la complète immobilité de la Terre. Déjà, il est vrai, les Pythagoriciens avaient osé la faire tourner en un jour autour du feu central, puis Aristarque de Samos soutenir le mouvement annuel de la Terre autour du Soleil ; mais ce trait de génie dut paraître une idée absurde, tomba bientôt dans un oubli complet, et l'immobilité de la Terre demeura un principe inattaquable. C'est ce système, dans lequel le Soleil et les planètes tournent autour de la Terre, qui porte le nom de système Ptolémée, parce qu'il nous a été conservé par son *Almageste*.

On vient de voir le cardinal de Cusa soutenir vainement que la Terre tourne autour du Soleil. Copernic se fit à son tour le champion de cette idée que Kepler et Galilée réussiront enfin à faire accepter.

Frappé de la complication du système de Ptolémée, Copernic se mit à étudier les idées émises pour expliquer les mouvements célestes, et fut ramené au système héliocentrique, exposé par lui dans un ouvrage immortel sous le titre : *De revolutionibus orbium cœlestium, libri VI*, 1543, dont il reçut le premier exemplaire quelques jours seulement avant sa mort. Voici d'ailleurs la marche de ses idées, telle qu'il l'expose dans sa dédicace au pape Paul III :

« Comme je méditais depuis longtemps sur l'incer-
« titude des traditions mathématiques relativement
« au mouvement des sphères du monde, je commen-
« çais à être peiné que les philosophes, qui parfois
« scrutent si parfaitement les petites choses de l'Uni-
« vers, n'aient pu établir une explication plus certaine
« des mouvements de la machine d'un monde qui a
« été créé pour nous par le plus parfait et le plus
« régulier des ouvriers. C'est pourquoi j'entrepris de
« relire tous les philosophes dont je pourrais me
« procurer les livres, pour voir si aucun d'eux n'avait
« émis une opinion différente de celle qu'enseignent
« dans les écoles les professeurs de Mathématiques.
« Et j'ai ainsi trouvé d'abord dans Cicéron que Nicetas

« avait cru au mouvement de la Terre. Ensuite, dans
« Plutarque, j'ai trouvé que d'autres avaient eu la
« même opinion... De là est née l'occasion qui m'a
« fait réfléchir aussi au mouvement de la Terre. Et
« quoique cette opinion paraisse absurde... »

C'est dans le livre I de son traité que Copernic
expose les raisons de préférer le système héliocentrique au système géocentrique de Ptolémée.

Il veut montrer d'abord que le monde est sphérique, ce que nous ignorons encore ; que la Terre a la
même forme, et il n'en donne que des raisons
connues : les apparences présentées par un vaisseau
qui s'éloigne, la forme du contour de l'ombre de la
Terre dans les éclipses de Lune. Puis il veut établir
à son tour le principe pythagoricien que *le mouvement
des corps célestes est égal, circulaire, perpétuel, ou
composé de mouvements circulaires.*

Quoique l'on s'accorde, dit-il ensuite, à supposer
la Terre immobile, et que même l'opinion contraire
paraisse ridicule, un examen attentif montre que la
question n'est rien moins que résolue, parce que nous
ne jugeons que des mouvements relatifs. C'est de
dessus la Terre que nous observons le ciel ; si la
Terre a un mouvement, le ciel paraîtra se mouvoir
en sens contraire. Certains Anciens, qui plaçaient la
Terre au centre du monde, ont admis le mouvement
de la Terre autour de son axe ; on peut tout aussi bien
admettre qu'elle n'est pas au centre, que sa distance
à ce centre est comparable aux distances des planètes,
et alors on aura une explication plausible des inégalités observées.

Ainsi, conclut-il, on peut penser que la Terre,
outre son mouvement de rotation sur elle-même,
peut en avoir un second, et qu'elle-même est une
planète.

Il montre ensuite que la Terre est comme un point
par rapport à la distance des étoiles ; dès lors n'est-il
pas plus naturel d'admettre que c'est la Terre qui

tourne et non la sphère des fixes? On objecte que les objets qui sont à la surface de la Terre seraient dispersés par la rapidité du mouvement ; mais cette dispersion serait bien plus à craindre pour la sphère infiniment plus grande des étoiles· et il admet que c'est la Terre qui tourne, produisant ainsi l'apparence du mouvement diurne.

Dans un passage très remarquable on trouve le germe de la gravitation universelle : « J'estime donc, « dit-il, que la gravité n'est autre chose qu'une cer- « taine tendance naturelle *(appetentiam quandam* « *naturalem)* donnée par le Créateur à toutes les par- « ties, et qui les porte à se réunir et à former des « globes. On peut croire que cette cause agit aussi « dans le Soleil, la Lune et les autres planètes, et leur « a donné la forme sphérique, ce qui ne les empêche « pas d'accomplir leurs diverses révolutions. »

Enfin il montre le mouvement de la Terre autour du Soleil et il donne une figure de son système, dont celle de la page 327 (fig. 45) est une reproduction réduite, expliquant les apparences observées. D'ailleurs il conserve, comme on a vu, les mouvements circulaires, les excentriques et les épicycles.

Tels sont les arguments développés par Copernic en faveur du système héliocentrique.

On a reproché à Laplace, par exemple, d'avoir dénaturé le caractère de l'œuvre de Copernic en lui faisant présenter son système non comme une vérité démontrée, mais comme une pure hypothèse, susceptible de faciliter l'application du calcul aux mouvements célestes. C'est cependant ce que dit l'avis au lecteur, mais on prétend qu'il fut ajouté par Osiander. D'ailleurs, l'expression *vérité démontrée* dépasse beaucoup le but : il faudra de longues années encore avant de pouvoir parler ainsi. En réalité on n'avait alors en faveur de ce système que sa simplicité, masquée même en partie, opposée à la complication de celui de Ptolémée ; et on lui objectait que si la Terre se déplaçait, on devrait trouver une parallaxe aux étoiles, car on ne pouvait concevoir encore qu'elles fussent si énormément éloignées. Aussi, pendant plus d'un demi-siècle le nouveau système eut bien peu de partisans. Qui, d'ailleurs, ne serait surpris aujourd'hui de voir Copernic conserver les épicycles, dont le centre est vide, et dont on ne voit aucune cause de mouvement?

Système de Tycho-Brahé. — Témoin des résistances rencontrées par le système de Copernic, et bon appréciateur des simplifications qu'il entraînait, Tycho-Brahé imagina un autre système, qui maintenait la Terre fixe et qui expliquait comme celui de Copernic les mouvements des planètes. Dans cette hypothèse, les planètes tournent autour du Soleil comme centre, mais cet astre tourne lui-même en un an autour de la Terre, qui est complètement immobile; en outre, tout l'ensemble, Soleil, Lune, planètes et étoiles, tourne en un jour autour de l'axe du monde, produisant ainsi les apparences du mouvement diurne.

Ce système, mieux ordonné que celui de Ptolémée, aurait pu être adopté s'il était venu avant celui de Copernic; mais, proposé plus tard, il constituait un véritable recul et fut bientôt abandonné.

Fort heureusement Tycho a, dans ses observations et dans la découverte de la *variation*, d'autres titres à l'admiration de la postérité. Mais avant d'en parler il faut revenir un peu en arrière et exposer les théories de la Lune et des planètes de Copernic.

Théorie des Planètes de Copernic. — Dans le système héliocentrique de Copernic, le mouvement de chaque planète dans le zodiaque, parmi les étoiles, présente deux inégalités, qu'Hipparque avait distinguées sans en apercevoir la cause : l'une de ces inégalités, que Copernic appelle *commutation*, est pro-

net, in quo terram cum orbe lunari tanquam epicyclo contineri
diximus. Quinto loco Venus nono menſe reducitur. Sextum
deniʠ locum Mercurius tenet, octuaginta dierum ſpacio circū
currens. In medio uero omnium reſidet Sol. Quis enim in hoc

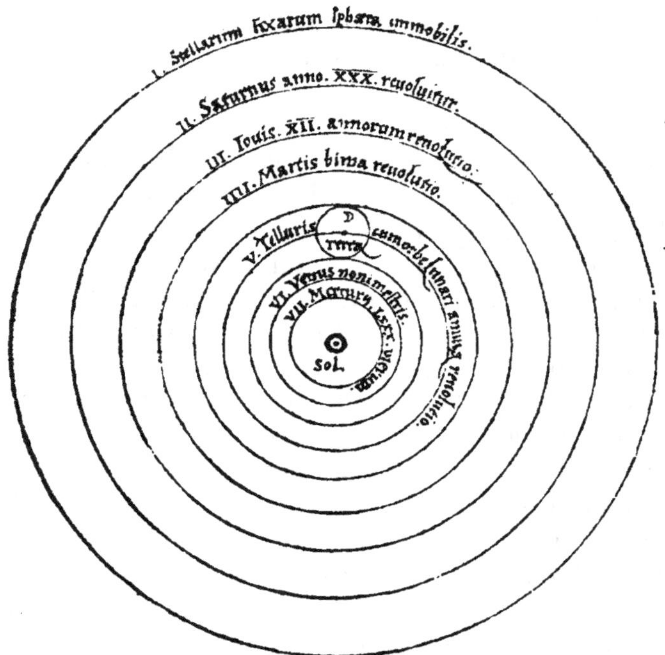

pulcherimo templo lampadem hanc in alio uel meliori loco po
·neret, quàm unde totum ſimul poſsit illuminare: Siquidem non
·inepte quidam lucernam mundi, alij mentem, alij rectorem uo﹦
cant. Trimegiſtus uiſibilem Deum, Sophoclis Electra intuentē
omnia. Ita profecto tanquam in ſolio re gali Sol reſidens circum
agentem gubernat Aſtrorum familiam. Tellus quoʠ minime
fraudatur lunari miniſterio, ſed ut Ariſtoteles de animalibus
ait, maximā Luna cū terra cognationē habet. Concipit interea à
Sole terra, & impregnatur annuo partu. Inuenimus igitur ſub
hac

Fig. 45. — Reproduction fac-similé et réduite d'une page de la première
édition de l'ouvrage de Copernic.

duite par le déplacement de l'observateur emporté
par la Terre, ce qui donne naissance aux stations et
rétrogradations ; l'autre tient au mouvement propre de
la planète dans son orbite : Copernic découvrit la
cause de la première, mais non celle de la seconde,
qui tient à l'ellipticité de l'orbite ; et il l'expliquait à
la manière ancienne, par un cercle excentrique, c'est-
à-dire en faisant déplacer la planète sur une circonférence dont le centre était hors du Soleil. Même, pour
Mercure il superpose plusieurs excentriques et épicycles, ce à quoi l'obligeait la grande ellipticité de
l'orbite, inconnue pour lui, et que Kepler devait révéler bientôt.

Quant à l'adaptation de son hypothèse au calcul
des Tables, il se borne bien souvent à une transposi-
tion des méthodes et des démonstrations des Anciens,
c'est-à-dire de Ptolémée.

Théorie de la Lune de Copernic. — Copernic
fit ressortir, le premier dit-on, le désaccord que nous
avons signalé entre les parallaxes et les diamètres
observés et ceux qui résultaient de la théorie de
Ptolémée. On a vu que celui-ci employait un épicycle
monté sur un déférent excentrique ; Copernic emploie
deux épicycles superposés : par cette simple substitution d'un épicycle à un excentrique on trouve des
parallaxes et des diamètres beaucoup moins inexacts,
et, à ce point de vue, ce changement, d'apparence si
simple, fut un grand progrès, parce qu'il corrigeait
des erreurs énormes ; mais, au point de vue physique, Copernic ne pouvait méconnaître sans doute
combien il s'écartait des voies de la nature.

Les théories planétaires de Copernic furent les dernières basées sur le principe pythagoricien des mouvements circulaires et uniformes : dans moins d'un
siècle, Kepler allait découvrir la nature elliptique des
mouvements célestes.

Les partisans et les adversaires du système de

Copernic; son adoption définitive. — Ce fut d'abord Kepler qui fournit des arguments nouveaux en faveur du système de Copernic; mais ses expressions pittoresques manquent parfois d'atticisme : « Le Soleil brillant de la vérité, dit-il, fera fondre comme du beurre tout cet appareil de Ptolémée, et chassera tous les partisans de l'ancien système, qui seront forcés d'entrer dans le camp de Copernic ou dans celui de Tycho ». D'autres fois, mieux inspiré, il s'appuie sur des considérations de causes physiques, à peine invoquées jusque-là ; ainsi il pense que la force motrice des planètes réside dans le Soleil, vie de l'Univers, « source, dit-il, de la lumière et de la végétation qui sont l'ornement du monde ». Et il ajoute : « Que Tycho juge lui-même s'il ne convient pas mieux de placer dans le Soleil la force qui met en mouvement la Terre comme les autres planètes, que de faire mouvoir les planètes par le Soleil, et par la Terre le Soleil accompagné de toutes les planètes ».

La découverte des lois du mouvement elliptique, en supprimant les centres vides des excentriques et mettant le Soleil au foyer commun, apportait aussi un nouvel argument au système héliocentrique.

Mais ces diverses raisons n'étaient accessibles qu'au petit nombre, et par suite n'étaient pas de nature à créer un courant large et rapide en faveur du nouveau système; ce privilège était réservé aux découvertes faites par Galilée avec un nouvel et merveilleux instrument, la lunette d'approche.

En effet, en montrant les phases de Vénus, variables suivant sa position dans l'orbite, la lunette prouvait que cette planète tourne autour du Soleil; et de même pour Mercure et pour Mars. D'autre part, elle révélait autour de Jupiter quatre satellites circulant autour d'un corps beaucoup plus gros, et mettant ainsi en évidence l'influence de la masse.

A ces raisons, les partisans d'Aristote objectaient l'incorruptibilité des cieux, — la dignité de la Terre, demeure de l'homme, roi de la Nature, — l'incroyable distance qu'il faut supposer aux étoiles ; — on répétait les objections de Ptolémée, tirées des nuages, du vol des oiseaux qui ne retrouveraient point leur nid emporté par la Terre, etc. Mais l'argument capital, populaire en quelque sorte, était tiré de l'impossibilité du mouvement de la Terre.

Les objections à ce mouvement étaient de deux sortes, tirées les unes du témoignage des sens et les autres de l'Écriture. Aux premières, Galilée rappelait que le mouvement d'un bateau est souvent insensible à ceux qu'il emporte ; quant aux secondes, Galilée répondait qu'il faut entendre l'Écriture dans le sens des apparences, sans rien préjuger du fond.

Les polémiques nées de cet antagonisme appelèrent l'attention sur les livres qui traitent du mouvement de la Terre, et c'est ainsi qu'un décret du 15 mars 1615 mit à l'index jusqu'à correction le *De Revolutionibus* de Copernic publié depuis près de soixante-dix ans. Galilée, connu pour soutenir publiquement les idées ainsi condamnées, ne fut pas alors inquiété ; mais en 1632 ayant publié ses célèbres *Dialogues*, il excita ainsi les colères des théologiens de Rome, presque tous ardents péripatéticiens ; son livre fut déféré à l'Inquisition, et Galilée, assigné à comparaître devant ce tribunal, dut abjurer le 22 juin 1633 : condamnation déplorable, qui a suscité depuis les polémiques les plus ardentes, où d'ailleurs la science n'a eu bien souvent que la plus faible part. On a prétendu à tort que Galilée fut mis à la question : à Rome sa prison fut le palais même de l'archevêque de Sienne, Piccolomini, son élève et son ami ; et au commencement de décembre 1633 il put retourner à sa résidence d'Arcetri, près de Florence, où il passa la fin de sa vie.

Quant au système de Copernic, toujours confirmé par les nouvelles découvertes, il finit par être universellement adopté.

CHAPITRE VI

LA DÉCOUVERTE DES LOIS DE KEPLER

A la suite de Pythagore, on admit pendant 2.000 ans que le mouvement circulaire uniforme est le plus parfait, et doit être celui des astres. Ce principe, qui parut satisfaire les seules observations grossières dont on disposait, allait être renversé par celles, plus précises, que sut obtenir Tycho.

D'ailleurs Ptolémée déjà, en imaginant son *équant*, s'était mis légèrement en opposition avec le postulat pythagoricien ; cette idée allait aider à conduire Kepler à l'ellipse. Mais il faut remonter un peu plus haut et connaître les observations qui furent si heureusement amenées entre ses mains.

Un grand seigneur danois, *Tycho-Brahé*, était destiné à la carrière des armes, que sa famille et les préjugés de l'époque considéraient comme seule digne d'un gentilhomme, tandis que l'étude des lettres et des sciences était regardée comme absolument superflue. Mais le jeune Tycho, témoin à 14 ans de l'éclipse du 21 août 1560, et frappé de la voir arriver au moment prédit depuis longtemps, conçut le désir de faire à son tour de semblables prédictions. Aussitôt, tout en étudiant le droit, il cultiva l'Astronomie, malgré les entraves d'un consciencieux précepteur qui suivait l'impulsion de la famille. Après avoir visité les observatoires, les astronomes et les constructeurs de l'Allemagne, en 1569 Tycho se fixa quelque temps à Augsbourg où le bourgmestre, son ami, lui fit construire un quart de cercle de bois de 14 coudées de rayon, soit 5 mètres à peu près, et dont le transport exigeait 40 hommes. Retourné dans sa patrie en 1571, il se proposa de vivre loin du monde, peut-être porté à la retraite par le fait qu'il avait été défiguré dans un duel où il avait perdu le nez. Le roi de Danemark, Frédéric II, informé par le landgrave de Hesse des mérites de Tycho, le mit à même de poursuivre ses travaux avec une munificence jusqu'alors sans exemple en Europe : il lui donna la petite île d'Huene, à l'entrée du Sund, et lui fit construire là un observatoire muni des meilleurs instruments ; en outre, une forte pension lui permettait de payer des aides et des calculateurs. C'est là que Tycho fit pendant 15 ans un grand nombre d'observations de toutes sortes, les plus exactes qu'on ait eues jusque-là. Mais Frédéric II étant mort, les ennemis de Tycho profitèrent de la minorité de son successeur Christian IV pour faire supprimer la pension. Peu après Tycho accepta les offres brillantes de l'empereur Rodolphe II, qui cultivait l'Astronomie et qui partageait avec Tycho la croyance aux rêveries astrologiques ; il se rendit donc à Prague où quelque temps il eut comme aide Kepler.

Tycho s'occupait de dresser, d'après son système et ses observations, de nouvelles tables des planètes, auxquelles il voulait donner le nom *Tabulæ Rudolphinæ*, en l'honneur de son dernier protecteur, quand il fut enlevé par une maladie aiguë en 1601, dans sa cinquante-cinquième année.

Kepler lui succéda comme astronome de Rodolphe II et, se proposant de continuer la construction des *Tables Rudolphines*, il se trouva héritier des observations de Tycho, dont il connaissait toute la précision, et dont il était, plus que tout autre, capable de faire le meilleur usage.

Lors de l'arrivée de Kepler à Prague, Tycho s'occupait de la théorie de Mars ; Kepler y travailla aussi :

autre circonstance heureuse, puisque de toutes les planètes du système solaire, Mars est après Mercure celle qui a la plus forte excentricité.

Kepler fit connaître ses recherches dans un ouvrage immortel, publié en 1609 sous ce titre : *Astronomia nova, seu physica cœlestis tradita commentariis de motibus stellæ Martis ex observationibus G. V. Tychonis Brahe...* On dit qu'à son lit de mort, Tycho fit promettre à Kepler de conserver ses hypothèses; celui-ci tint parole longtemps, mais les écarts avec les observations atteignaient jusqu'à 8′ et 9′, quantités supérieures aux erreurs d'observation : « La bonté divine, « dit Kepler, nous a donné en Tycho-Brahé un obser- « vateur si exact, que cette erreur de 8′... est impos- « sible. Il faut remercier Dieu et tirer parti de cet « avantage ; il faut découvrir le vice de nos supposi- « tions... Ces 8′, qu'il n'est pas permis de négliger, « vont nous donner les moyens de réformer toute « l'Astronomie ».

Kepler va donc, comme il le dit, marcher suivant ses propres idées, c'est-à-dire supposer le Soleil immobile au centre, et toutes les planètes, y compris la Terre, circulant autour de lui. Mais les observations de Mars sont faites d'un observatoire mobile, la Terre ; il est donc nécessaire de bien connaître d'abord le mouvement de la Terre, et c'était à peu près la même difficulté que pour Mars : c'est dans la manière de la lever qu'éclate l'idée de génie par laquelle Kepler fut conduit à la découverte de ses immortelles lois, et qui devait y conduire nécessairement tôt ou tard, si elles ne s'étaient pas révélées à Kepler lui-même.

Soient (fig. 46) S le Soleil, $T_1 T_2 T_3$ l'orbite inconnue de la Terre autour du Soleil, et M un point visible de la Terre, fixe comme le Soleil et dont on connaît les coordonnées héliocentriques, de sorte que l'on peut déduire les angles MST_1, MST_2, ...

Dans le triangle MST_1 l'observateur, placé en T_1, peut mesurer l'angle MT_1S; et de même pour les autres positions T$_2$, T$_3$, ... de la Terre. Les divers triangles MST$_1$, MST$_2$, ... ont un côté commun MS; par suite on connaîtra les valeurs de ST$_1$, ST$_2$.

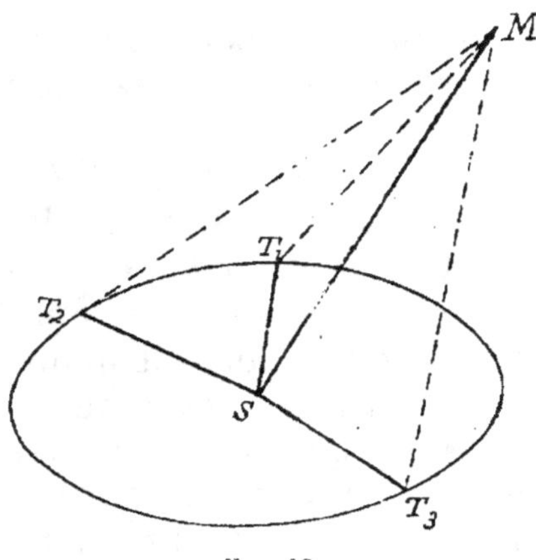

Fig. 46.

ST$_3$,.... en prenant l'une de ces longueurs comme unité.

Ainsi, au moyen d'un point fixe tel que M, on pourra connaître empiriquement la forme de l'orbite de la Terre. Toute la question est de trouver ce point fixe, et c'est ici que se révèle le génie de Kepler.

Considérons une planète quelconque, supposons connue la durée exacte t de sa révolution, et observons la position de cette planète dans le ciel à des intervalles qui soient des multiples exacts de t : il est évident qu'aux époques de ces observations la planète se retrouvait toujours *exactement* au même point de l'espace, de sorte qu'elle constituait un véritable point fixe comme M. Quant à t, il est bien connu, puisque Hipparque en avait déjà des valeurs exactes. Et Kepler choisit la planète Mars elle-même, ce qui lui permit ensuite de retourner en quelque sorte le problème, de calculer SM quand il eut déterminé une des longueurs ST$_1$, ST$_2$, ST$_3$.

Il y avait bien peu de probabilité de trouver, dans les observations de Tycho, quelque nombreuses qu'on les suppose, même un petit nombre qui remplît cette condition rigoureuse d'être séparées par des multiples exacts de t; mais il suffisait que cette condition fût réalisée à peu près : on pouvait alors calculer, sans erreur sensible, les petites corrections à faire pour la remplir exactement.

Par ce moyen, Kepler obtint, avec l'hypothèse de

l'excentrique à équant, des Tables qui lui permirent de calculer pour une époque quelconque les rayons, vecteurs de la Terre, tels que ST_1, ST_2, ST_3, et il put revenir alors au problème de Mars.

Renversons aussi le problème et calculons un certain nombre de rayons vecteurs de Mars, tels que SM (fig. 46).

Kepler, qui n'a pas encore abandonné l'hypothèse circulaire, en considère trois, ainsi que les longitudes héliocentriques correspondantes, et admet que l'orbite de Mars est un excentrique. Il a ainsi les données suffisantes pour déterminer les trois éléments, savoir : rayon, excentricité et position de la ligne des apsides : c'est le problème d'Hipparque. Mais il trouve ainsi des valeurs différentes de celles que l'on connaissait, au moins approximativement, et les écarts étaient trop grands pour être réels. D'ailleurs, le même calcul, répété avec d'autres séries analogues de points donnés trois par trois, conduisent à des valeurs toujours différentes. Kepler aurait pu conclure que l'orbite de Mars n'est pas un cercle, mais avant de rejeter cette vieille hypothèse il veut encore d'autres vérifications.

Par les observations, et en s'aidant de tables provisoires déjà faites antérieurement, il détermine les longitudes héliocentriques de l'aphélie et du périhélie, et, toujours par le même moyen qui vient d'être indiqué, il calcule les rayons vecteurs correspondants ; enfin il admet que l'orbite inconnue est symétrique par rapport à la ligne des apsides dont il connaît la position. Ayant ainsi la position de cette ligne, sa longueur et l'excentricité, il peut calculer un rayon vecteur quelconque et le comparer à la valeur obtenue empiriquement, toujours par la même méthode. Il trouve ainsi que les rayons vecteurs calculés dans le cercle sont plus longs que les rayons vecteurs réels. Devant cette nouvelle preuve, il proclama définitivement que l'orbite de la planète n'est pas un cercle, mais qu'elle est plus étroite par les côtés :

Itaque plane hoc est : orbita planetæ non est circulus, sed ingrediens ad latera utraque paulatim, itaque ad circuli amplitudinem in perigæ exiens, cujus modi intineris ovalem appellitant.

Découverte capitale, qui renversait définitivement l'hypothèse vingt fois séculaire des mouvements dans le cercle. Et Kepler croit d'abord que cette *ovale* est comme la section d'un *œuf* par un plan mené suivant l'axe, idée qui dut plaire à l'esprit mystique de Kepler. Un instant, il rejette l'ellipse, à laquelle il avait pensé; mais en déterminant de nouveaux rayons vecteurs de l'orbite de Mars et les calculant dans l'ovale qu'il avait adoptée, il trouve ceux-ci trop petits, tandis que ceux calculés dans le cercle étaient trop grands. Nouvelle perplexité! Sa théorie allait, dit-il, en fumée : *In ecce omnis theoria in fumos abiit.* Cette inquiétude le tourmenta longtemps; il craignit d'en perdre la tête : *Diu nos torserat... penè ad insaniam.* Enfin il s'aperçoit que tout le mal vient d'une sécante par laquelle il multiplie les distances pour les avoir dans l'hypothèse de l'excentrique, et que l'ellipse satisfait à ses rayons vecteurs trouvés par l'observation : il était en possession d'un cas particulier de l'une de ses célèbres lois : *L'orbite de Mars est une ellipse dont un des foyers est au Soleil*; et ensuite il eut peu de peine à montrer qu'il en est de même pour les autres planètes.

Loi des aires. — La loi des aires a lieu évidemment dans le cas des mouvements circulaires uniformes. Kepler vit qu'elle a lieu aussi aux environs du périhélie et de l'aphélie, dans l'excentrique à équant, où le mouvement angulaire est uniforme autour du point d'équant.

Soient, en effet (fig. 47) :

C le centre de l'excentrique; S le soleil; E le point d'équant, c'est-à-dire tel que $CE = CS$.

Soient AA′ et PP′ les arcs parcourus dans un intervalle assez court, le premier au voisinage de l'aphélie A et l'autre au voisinage du périhélie P. Le mouvement angulaire étant égal, par hypothèse, autour du point d'équant E, les trois points A′, E, P′ sont en ligne droite ; en identifiant les aires ASA′, PSP′ à des triangles rectilignes rectangles en A et P, on a :

$$\frac{\text{aire } ASA'}{\text{aire } PSP'} = \frac{\tfrac{1}{2}\,AS \times AA'}{\tfrac{1}{2}\,PS \times PP'} = \frac{AS}{PS} \times \frac{PS}{AS} = 1,$$

ou aire ASA′ = aire PSP′.

Par suite, il en est de même, pense-t-il, dans l'ellipse, et Kepler en eut dès lors une présomption invincible ; mais il ne put en trouver une démonstration suffisante quand il travaillait à la théorie de Mars : il la donna seulement dans son *Abrégé d'Astronomie copernicienne*.

Kepler avait ainsi atteint son but, d'assujettir Mars aux observations, comme il le dit dans sa dédicace à Rodolphe II, sous une forme allégorique vieillie,

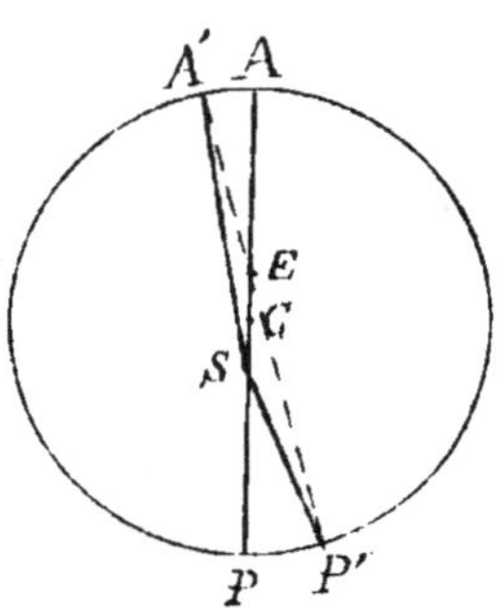

Fig. 47.

mais qui caractérise bien et l'esprit de l'époque et celui de Kepler :

J'amène, dit-il, à Votre Majesté « un noble pri-« sonnier, fruit d'une guerre laborieuse et difficile, « entreprise sous vos auspices. Et je ne crains pas « qu'il refuse le nom de captif ou qu'il s'en indigne, « car ce n'est pas la première fois qu'il le porte : « déjà autrefois le terrible dieu de la guerre, dépo-« sant joyeusement son bouclier et ses armes, s'était « laissé prendre aux filets de Vulcain.....

« Nul n'avait jusqu'ici triomphé plus complète-« ment de toutes les inventions humaines ; en vain « les astronomes ont tout préparé pour la lutte ; en

« vain ils ont mis leurs ressources en œuvre et leurs
« troupes en campagne. Mars, se jouant de leurs
« tentatives, a détruit leurs machines et ruiné
« leurs espérances ; tranquille, il s'est retranché dans
« l'impénétrable secret de son empire et a dérobé ses
« marches savantes aux recherches de l'ennemi. Les
« Anciens l'ont éprouvé maintes fois, et Pline, l'in-
« fatigable explorateur des mystères de la Nature,
« l'a dit : *Mars est un astre inobservable.....*

« Pour moi, je dois avant tout louer l'activité et le
« dévouement du vaillant capitaine Tycho-Brahé qui,
« sous les auspices des souverains de Danemark,
« Frédéric et Christian, et enfin sous ceux de Votre
« Majesté, a pendant vingt années successives étudié
« chaque nuit et presque sans relâche toutes les
« habitudes de l'ennemi, dévoilé ses plans de cam-
« pagne et découvert les mystères de ses marches.
« Ses observations, qu'il m'a léguées, m'ont aidé à
« bannir cette crainte vague et indéfinie qu'on éprouve
« tout d'abord d'un ennemi inconnu.....

« Pendant les incertitudes de la lutte, quel désastre,
« quel fléau n'a pas désolé notre camp? La perte
« d'un chef illustre, la sédition des troupes, les
« maladies contagieuses, tout contribuait à augmen-
« ter notre détresse. Les bonheurs comme les mal-
« heurs domestiques, ravissaient aux affaires un
« temps qui m'était dû ; un nouvel ennemi, comme
« je vous le rapporte dans mon livre sur l'*Étoile
« nouvelle,* venait fondre sur les derrières de notre
« armée..... Les soldats, privés de tout, désertaient
« en foule ; les nouvelles recrues n'étaient pas au fait
« des manœuvres, et, pour comble de misère, les
« vivres manquaient.

« Enfin l'ennemi se résigne à la paix et. par l'in-
« termédiaire de sa mère, la Nature, il m'envoie
« l'aveu de sa défaite, se rend prisonnier sur parole,
« et l'Arithmétique et la Géométrie l'escortent sans
« résistance jusque dans notre camp...

« Depuis lors, il a montré qu'on peut se fier à sa
« parole; il ne demande qu'une grâce à Votre Majesté :
« toute sa famille est dans le ciel; Jupiter est son
« père, Saturne son aïeul, Mercure son frère, et
« Vénus son amie et sa sœur. Habitué à leur auguste
« société, il les regrette, il brûle de les retrouver et
« voudrait les voir avec lui, jouissant comme il le fait
« aujourd'hui de votre hospitalité. Il faut pour cela
« poursuivre la guerre avec vigueur ; elle n'offre plus
« de périls, puisque Mars est en notre pouvoir.....
  « Mais je supplie Votre Majesté de songer que l'ar-
« gent est le nerf de la guerre, et de vouloir bien com-
« mander à son trésorier de livrer à votre général
« les sommes nécessaires pour la levée de nouvelles
« troupes. »

Découverte de la troisième loi de Kepler. —
Comme on voit, il faut faire remonter à 1609, année
de la publication du *De Stella Martis*, la découverte
des deux premières lois de Kepler; il ne découvrit la
troisième qu'en 1618, après des travaux commencés
dans sa jeunesse et poursuivis pendant plus de
vingt-deux ans.

Il fit connaître ses premières recherches sur ce
sujet en 1596, dans son *Mysterium cosmographicum*,
où, dès le commencement de la préface, il expose
ainsi son but :

  « Je me propose, lecteur, de montrer que Dieu,
« en créant l'univers, et en disposant les cieux, a eu
« en vue les cinq corps réguliers de la géométrie,
« célèbres depuis Pythagore et Platon, et qu'il a fixé,
« d'après leurs dimensions, le nombre des cieux, leurs
« proportions et les rapports de leurs mouve-
« ments... »

Le jeune auteur ne manquait donc pas d'audace.
Avant d'exposer son système, rappelons qu'il ne peut
exister que cinq solides réguliers (c'est-à-dire dont
les faces soient toutes des polygones réguliers égaux

et les angles solides égaux) : ce sont, le tétraèdre, le cube ou hexaèdre, l'octaèdre, le dodécaèdre et l'icosaèdre ; chacun peut être inscrit dans une sphère et être circonscrit à une autre de même centre que la première.

« Prenez la sphère de la Terre pour première
« mesure, dit Kepler, et circonscrivez-y un dodé-
« caèdre régulier : la sphère qui le contient est celle
« de Mars. Circonscrivez à celle-ci un tétraèdre régu-
« lier, et la sphère qui le contient sera celle de Jupi-
« ter. A celle-ci encore, circonscrivez un cube, et la
« sphère qui le renferme sera celle de Saturne. De
« l'autre côté, dans la sphère de la Terre inscrivez
« un icosaèdre, et la sphère inscrite sera celle de
« Vénus. Enfin dans celle-ci inscrivez un octaèdre,
« et la sphère inscrite sera celle de Mercure. »

Après avoir choisi l'échelle de cet emboîtage, il compare les distances résultantes à celles données par Copernic et conclut ainsi : Mars et Vénus sont bien ; la Terre et Mercure s'écartent peu ; Jupiter seul est en désaccord, mais à une si grande distance, qui pourrait s'en étonner ? Un pareil accord ne peut être un effet du hasard, et il faut songer que les nombres de Copernic ne sont pas rigoureusement exacts : on peut les corriger de manière à tout concilier.

En somme, il est satisfait du résultat, mais il n'arrive pas à une loi simple.

Il revint sur le même sujet dans ses *Harmonices mundi...* en cinq livres, publiés en 1619, où il traite des polygones, de la formation des cinq corps réguliers, des facultés de l'âme, de l'Astrologie, etc. Reprenant les idées de Pythagore, il veut montrer comment l'homme, imitant le Créateur par un instinct naturel, sait, dans les notes de sa voix, faire le même choix, et observer la même proportion que Dieu a voulu mettre dans l'harmonie générale des mouvements célestes. Dans un dernier chapitre, il précise même la nature des accords planétaires : Saturne et Jupiter font la basse, Mars le ténor, Vénus le contralto et Mercure le fausset.

Ailleurs il traite de politique ; il veut même prouver que la Terre a une âme qui connaît le zodiaque.

C'est du milieu de ce chaos, de ce monde de rêves, que jaillit, dans le dernier livre, la troisième des lois qui portent son nom, et il l'énonce ainsi :

La proportion entre les distances moyennes de deux planètes est précisément sesqui-altère de la proportion des temps périodiques : ce qu'il appelle proportion sesqui-altère, c'est celle dont les termes ont l'exposant $3/2$.

Ici, contrairement à ses habitudes, il ne fait pas connaître l'histoire de ses idées. Nous savons seulement, par un passage célèbre, qu'il a longtemps cherché, sans doute par des voies analogues à celles qu'il a fait connaître dans son *Mysterium*, et que la lumière est venue peu à peu. Il avait soupçonné la loi dès le 8 mars 1618, mais, trompé alors par un faux calcul, il y avait renoncé. Il y était revenu le 15 mai, et alors un calcul plus exact l'avait convaincu de la vérité de la loi.

« Depuis huit mois, dit-il, j'ai vu le premier rayon « de lumière ; depuis trois mois j'ai vu le jour, enfin, « depuis peu de jours, j'ai vu le Soleil de la plus « admirable contemplation. Je me livre à mon enthou- « siasme ; je veux braver les mortels par l'aveu ingénu « que j'ai dérobé le vase d'or des Egyptiens, pour en « former à mon Dieu un tabernacle loin des confins de « l'Egypte. Si vous me pardonnez, je m'en réjouirai ; « si vous m'en faites un reproche, je le supporterai. « Le sort en est jeté, j'écris mon livre ; il sera lu par « l'âge présent ou par la postérité, peu importe ; il « pourra attendre son lecteur ; Dieu n'a-t-il pas attendu « six mille ans un contemplateur de ses œuvres ? »

Et il termine son livre par une prière : *Gratias ago tibi Creator Domine...*

Ainsi se trouvaient établies les trois lois qui régissent les mouvements planétaires, et que l'on peut énoncer ainsi :

1re loi : *Les planètes décrivent toutes autour du Soleil des courbes planes qui sont des ellipses dont le Soleil occupe un des foyers;*

2e loi : *La vitesse constamment variable avec laquelle chaque planète circule sur son ellipse est telle que son rayon vecteur décrit des aires proportionnelles au temps;*

3e loi : *Les carrés de temps des révolutions de deux planètes quelconques sont dans le même rapport que les cubes de leurs distances moyennes au Soleil.*

On voit que la première de ces lois définit la *route* suivie par chaque planète ; la seconde définit la *vitesse* ; enfin la troisième établit entre les diverses planètes une liaison qui permet de déterminer leurs distances au Soleil quand cette distance est connue pour l'une quelconque d'entre elles.

CHAPITRE VII

DÉCOUVERTE DE LA GRAVITATION, BASE DE L'ASTRONOMIE MATHÉMATIQUE MODERNE

I

ÉTABLISSEMENT DU PRINCIPE

Copernic avait renversé l'appareil complexe au moyen duquel les Anciens représentaient les mouvements apparents des astres, mis en lumière le système héliocentrique et assigné à la Terre sa vraie place parmi les planètes. Kepler, appuyé sur les observations de Tycho, avait montré l'insuffisance de la vieille hypothèse pythagoricienne du mouvement circulaire, découvert la nature elliptique des orbites planétaires, fixé la loi du mouvement sur ces orbites et montré la proche parenté de tous les corps du système solaire. Alors parut Newton, qui alla beaucoup plus loin, qui résuma les trois lois de Kepler en un principe unique d'une extraordinaire fécondité, celui de la *gravitation universelle*. De ce principe découlent logiquement non seulement les lois qui ont servi à l'établir, mais encore de nombreuses conséquences, dont certaines sont extrèmement cachées; sans doute l'observation directe aurait été incapable de les découvrir, mais elle les vérifie complètement. Souvent on a cru trouver ce principe en défaut mais chaque difficulté a été pour lui l'occasion d'un triomphe nouveau ; aussi forme-t-il aujourd'hui la base de notre astronomie, particulièrement de celle du système solaire. Nous allons indiquer comment ce principe, entrevu très vaguement par Copernic, un peu plus clairement par Kepler, fut enfin pleinement établi par Newton.

Isaac *Newton*, né le 25 décembre 1642 (vieux style), était destiné par sa famille à devenir fermier. Mais il montra des dispositions si prononcées pour les sciences que sa famille cessa bientôt de contrarier ses goûts.

Les *Principia* et l'*Optique* sont les deux principaux chefs-d'œuvre de Newton. La décomposition de la lumière par le prisme, indiquée dans le second de ces ouvrages, est la base même de la spectroscopie, devenue depuis la branche maîtresse de l'Astronomie physique. Quant aux *Principia*, ils sont regardés comme un édifice unique, incomparable, que Lagrange, plus autorisé que tout autre, a pu appeler : *la plus haute production de l'esprit humain;* et la grande loi de la gravitation universelle, qui s'y trouve définitivement établie, en est le résultat capital.

Newton a laissé ignorer la voie qui l'a conduit à cette découverte. Il paraît que c'est surtout par l'analyse qu'il a trouvé la plupart de ses théorèmes; mais sa grande estime pour la géométrie des Anciens lui a fait préférer, pour l'exposition, la méthode synthétique, celle que suivent nos traités de géométrie, sur les traces d'Euclide.

On trouve dans Copernic les premiers germes de la gravitation, bien développés ensuite par Kepler. Descartes avait même entrevu les actions des divers corps du système solaire l'un sur l'autre. Boulliau, en 1645, essaya d'établir, par des considérations métaphysiques, la loi de diminution de la force en raison inverse du carré des distances. En 1666, J.-A. Borelli, médecin, astronome et mathématicien, tenta d'édifier la théorie des satellites de Jupiter sur les principes de l'attraction : il explique comment les planètes peuvent être retenues et suspendues dans le vide, autour du Soleil, de même que les satellites autour de leur planète, par l'action d'une attraction en raison inverse du carré des distances, continuellement et exactement balancée par la force centrifuge; il va même jusqu'à vouloir déduire, de cette combinaison de forces, le mouvement en ellipse et les inégalités des mouvements des satellites, inégalités qu'il attribue en partie à l'action secondaire du Soleil. Mais il ne pouvait tenter d'établir ces déductions d'une manière rigoureuse, puisqu'il n'avait ni la loi de la force à diverses distances, ni les théorèmes sur les forces centrales, donnés six ans après par Huyghens.

Hooke avait adopté des idées analogues, et, en 1666, il proposait d'employer des horloges à balancier pour voir si le poids des corps éprouve quelque variation avec l'altitude, avec la distance au centre de la Terre; car, si la force diminue avec cette distance, une telle horloge retardera quand on s'élève. En 1674, il présenta avec plus d'ensemble ses idées sur la pesanteur, et indiqua très explicitement l'action des divers corps célestes les uns sur les autres.

D'au s savants encore avaient alors adopté des idées analogues : Newton, qui rappelle l'idée de Borelli, dit lui-même qu'en 1671 le chevalier Wren admettait la loi inverse du carré des distances.

En 1684, Halley tenta, au moyen des théorèmes d'Huyghens sur les forces centrales, de déterminer la tendance des diverses planètes à s'éloigner du Soleil, en supposant les orbites circulaires; et, d'après la troisième loi de Kepler, il avait reconnu que ces tendances sont inverses des carrés des distances. Mais il chercha vainement à déterminer la forme de la courbe d'après la force, supposée connue. Ayant consulté vainement Hooke, qui prétendait avoir résolu cette grande question, il se rendit à Cambridge, auprès de Newton, qui lui montra un manuscrit contenant la solution cherchée; c'est alors que Halley décida Newton à publier ses recherches, qui furent consignées dans les *Principia*.

Lorsque Newton présenta son ouvrage à la Société royale (1686), Hooke réclama la priorité pour la loi d'attraction en raison inverse du carré des distances; mais on voit que, depuis assez longtemps, elle était envisagée, d'une manière plus ou moins vague; et c'est alors que Newton réclame à son tour pour les « mathématiciens qui découvrent les vérités, qui les « développent et les établissent ». La distance est énorme. en effet, entre le pressentiment vague d'une loi et sa démonstration définitive; Newton la franchit puis tira du nouveau principe les conséquences les plus inattendues.

Voici, autant qu'on peut le savoir, comment les faits se seraient succédé. En 1655, Newton se serait posé cette question : la cause qui fait tomber les corps à la surface de la Terre ne serait-elle point aussi celle qui retient la Lune dans son orbite? et, se répondant par l'affirmative. il dut immédiatement chercher à justifier son idée par le calcul, à peu près de la manière suivante :

Soit T (fig. 48) le centre de la Terre, dont nous désignerons le rayon TP par r ;

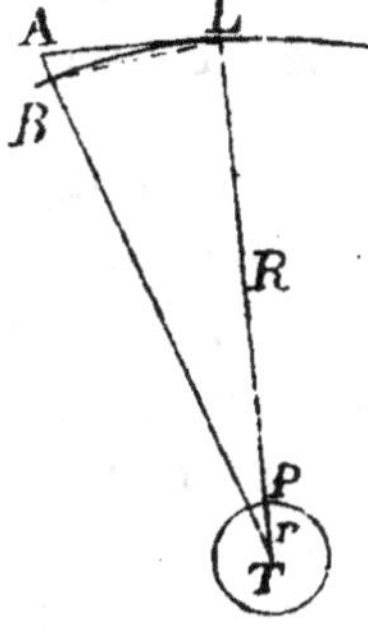

Fig 48.

L le centre de la Lune, supposé se déplacer sur une circonférence de centre T et de rayon TL $=$ R;

LB l'arc décrit par la Lune en un temps assez petit, une minute, par exemple;

LA la tangente à l'orbite lunaire en L, terminée au rayon TB prolongé.

Si l'attraction hypothétique de la Terre sur la Lune cessait d'agir quand la Lune passe en L, celle-ci continuerait sa route en ligne droite et une minute après elle serait en A, tandis qu'en réalité elle est en B : l'attraction de la Terre la fait donc tomber de A en B; et, ce qu'il s'agit de comparer, ce sont les deux quantités suivantes :

1° La longueur AB calculée géométriquement d'après le rayon de l'orbite lunaire ; 2° l'effet de la gravité terrestre, supposée agir encore à la distance de la Lune et décroissant avec la distance suivant une loi à déterminer.

I. *Calcul de AB*. — Ce calcul ne présentait aucune difficulté : la Géométrie élémentaire montre, en effet, immédiatement que

$$AB = \frac{(LB)^2}{2\,R},$$

et les lignes qui entrent dans le second membre sont ou connues, ou se calculent facilement. On savait, en effet, que la distance R de la Terre à la Lune est environ 60 fois le rayon r de la Terre, approximativement connu lui-même, de sorte qu'il en est de même pour 2R. D'autre part, comme le temps considéré est très petit (et peut d'ailleurs être choisi aussi petit que l'on veut), la corde LB ne diffère pas sensiblement de son arc, et peut être remplacée par lui; or, cet arc se déduit immédiatement du rayon R et de la durée de révolution de la Lune, connue depuis des siècles. On trouve ainsi que AB est d'environ 15 pieds pour une minute.

II. D'autre part, à la surface de la Terre, c'est-à-dire à la distance r du centre, un corps qui tombe parcourt 15 pieds dans la première seconde ; et, comme Galilée avait montré que les espaces parcourus par les corps qui tombent croissent comme les carrés des temps, en une minute ou 60 secondes, ils parcourraient 15 p. $\times$ 60². Mais à la distance R, où se trouve la Lune, la gravité doit être moins énergique, et *si l'on admet* qu'elle décroît en raison inverse des carrés des distances, elle fera parcourir à la Lune un espace qui sera R² fois ou 60² fois plus petit, c'est-à-dire $\dfrac{15 \text{ p.} \times 60^2}{60^2}$ ou 15 pieds, soit précisément la longueur trouvée ci-dessus pour la ligne AB, chute de la Lune dans le même temps.

Ainsi ces nombres confirment l'hypothèse que la gravité décroît en raison inverse des carrés des distances. En réalité, Newton trouva ainsi, pour la force qui retient la Lune dans son orbite, une valeur supérieure de $^1/_6$ à celle que donne le calcul géométrique de AB : cette discordance, qui pour tout autre aurait sans doute paru bien petite, fit croire à Newton qu'il y avait encore d'autres forces en jeu, peut-être quelque chose d'analogue aux tourbillons de Descartes, et il conserva son idée pour lui seul.

Mais, vers le mois de juin 1682, comme il se trouvait à une séance de la Société royale, il entendit parler de la mesure du degré terrestre que l'abbé Picard venait d'effectuer aux environs de Paris, avec une précision jusqu'alors inconnue, et se fit communiquer le résultat obtenu. Il reconnut alors, avec la plus vive émotion, que l'accord du résultat théorique avec l'observation ne permettait plus aucun doute.

C'est dans les *Principia* que Newton, par un long enchaînement de propositions, arrive à conclure d'abord que *les choses se passent comme si le Soleil attirait vers lui les planètes, les forces d'attraction étant proportionnelles aux masses et en raison inverse des carrés de leurs distances au Soleil.* Puis, poussant plus loin, il conclut finalement que *chaque molécule de matière attire toutes les autres en raison directe de sa masse et en raison inverse du carré de sa distance à la molécule attirée.*

Parvenu à ce grand principe, Newton en vit découler, non seulement les lois de Kepler, mais encore l'explication des grands phénomènes du système solaire et même la connaissance de beaucoup d'au-

tres qu'on n'avait pas soupçonnés. Ainsi, il montra
que la Terre, en raison de son mouvement de rotation, a dû s'aplatir aux pôles, ce qui a été confirmé
depuis, et il détermina les lois de variation, tant des
degrés des méridiens que de la pesanteur à la surface. — Il vit que les attractions du Soleil et de la
Lune font naître et entretiennent les marées dans les
Océans. — Il reconnut que l'action du Soleil produit
sur le mouvement de la Lune diverses inégalités
signalées par l'observation, ainsi que la rétrogradation des nœuds de son orbite. — Il put montrer que
la précession, dont on avait jusque-là cherché vainement la cause, est produite par les attractions du
Soleil et de la Lune sur le renflement équatorial de
la Terre, et dont l'action est de faire décrire à l'axe
de la Terre un très lent mouvement conique autour
de l'axe de son orbite, c'est-à-dire de l'écliptique.— Il
fit voir que les comètes sont de véritables astres,
soumis aux mêmes lois que les autres, etc.

Le nouveau principe révéla immédiatement que les
lois de Kepler ne sont rigoureuses que dans le cas où
deux corps seulement sont en présence, et qu'alors
chacun décrit une conique autour du centre de gravité commun. Mais, dans la réalité, il y a en présence
le Soleil et diverses planètes, et alors ces lois ne sont
qu'approximatives : le Soleil, tiré de tous côtés par
les diverses planètes, n'est plus un point fixe par
rapport à elles, et les planètes, agissant les unes sur
les autres, s'écartent de leurs ellipses. Ce sont ces
écarts, par rapport à l'ellipse idéale, qu'on appelle
des *perturbations*, dont les effets sont à peu près de
l'ordre de grandeur des erreurs qui affectent les observations de Tycho, 2′ à 3′, par exemple.

Ce fut donc une circonstance très heureuse que les
observations employées par Kepler ne fussent pas
trop précises et qu'il connût l'ordre de leurs erreurs :
si elles avaient eu, par exemple, l'exactitude de
celles que l'on fait aujourd'hui et qu'on eût voulu

les représenter parfaitement, elles auraient mani-
festé, par rapport à l'ellipse, des irrégularités qui
auraient pu retarder les progrès de la mécanique
du ciel.

Le principe de la gravitation donna aussi, pour la
première fois, le moyen de peser le Soleil et les planètes, d'en déterminer la masse, la densité, même de
calculer l'intensité de la pesanteur à la surface de
chacun de ces astres.

Aussi l'apparition des *Principia* excita, en Angleterre surtout, une admiration qui dut être accompagnée d'une sorte de stupeur, de voir un seul homme
soumettre au calcul, pour la première fois, des questions aussi hautes et aussi nombreuses. Mais, sur le
continent, le nouveau principe rencontra d'abord de
nombreux et illustres adversaires, et plus d'une fois
il fut mis en échec.

II

**Résistances rencontrées par le nouveau prin-
cipe. Sa victoire définitive.** — Diverses circonstances expliquent en partie les résistances que rencontra le nouveau principe.

On dit que parmi les contemporains de Newton.
trois ou quatre peut-être étaient capables de comprendre les *Principia* : le mode d'exposition a une
allure vieillie, le style est laconique et parfois obscur ;
enfin Newton, dans son vol haut et ferme, ne songe
pas toujours au lecteur qui le suit. Il fallait donc
accepter sans comprendre, et quelle chose incroyable !
quand on songe que le nouveau principe établissait
entre toutes les particules de matière une solidarité
extraordinaire. Il en résulte, par exemple, que la
chute d'une feuille, le vol d'un moucheron, le mouvement de l'herbe qui pousse, changent l'équilibre,
non seulement de la Terre, mais du système solaire

tout entier ! Et aujourd'hui, cependant, nous devons dire : de l'Univers tout entier !

La résistance est donc bien explicable. Huyghens n'adopta l'attraction qu'à demi, seulement entre les corps célestes et non de molécule à molécule. On est même péniblement surpris qu'il ait pu écrire : « Pour « ce qui est·de la cause du reflux que donne M. New- « ton, je ne m'en contente nullement, ni de toutes « les autres théories qu'il bâtit sur un principe d'at- « traction qui me paraît absurde... et me suis sou- « vent étonné comment il s'est pu donner la peine de « faire tant de recherches et de calculs difficiles qui « n'ont pour fondement que ce même principe. »

Leibniz pensait de même, et, en 1689, il cherchait dans l'impulsion d'un tourbillon la cause des mouve- ments planétaires : par des considérations métaphy- siques, il arrive aussi à la loi de la force inverse du carré de la distance, et il ajoute : « Je vois par le « compte rendu donné dans ce recueil (*Acta Erudi-* « *torum*), que le célèbre Isaac Newton est parvenu au « même résultat; j'ignore sur quels principes il se « fonde. »

Encore longtemps après, Jean Bernoulli combat- tait le principe nouveau, auquel on reprochait de faire revivre les causes occultes, quoique Newton eut évité soigneusement de se prononcer sur la cause pro- fonde d'où résulte l'apparence d'attraction ; mais ses disciples ne furent pas toujours aussi réservés.

En France, les cartésiens résistèrent très longtemps ; c'est là cependant que Newton trouva surtout de dignes successeurs, tels que Clairaut et d'Alembert ; mais nous verrons que d'abord leur foi n'était pas tellement affermie qu'ils n'aient cru quelque temps trouver le nouveau principe en défaut.

Le problème capital de l'Astronomie restait le même que par le passé : déterminer les mouvements des corps célestes de manière à pouvoir calculer leurs positions précises pour un instant quelconque, passé ou futur.

Par ce qui précède, on sent qu'avec le nouveau principe ce problème, considéré dans sa généralité, offrirait une complication extraordinaire. Comment calculer ce nombre infini d'actions, s'exerçant de molécule à molécule, entre toutes les particules des divers astres ? Fort heureusement, le système solaire présente certaines circonstances avantageuses et qui, non réalisées dans d'autres systèmes, se prêtent à de grandes simplifications.

D'abord les astres de notre système sont tous sphériques ou à peu près. Or, il résulte de la loi même de la gravitation, en raison inverse des carrés des distances, qu'une couche sphérique homogène attire un point extérieur exactement comme si sa masse entière était condensée à son centre ; et par suite il en est de même d'un corps sphérique composé de pareilles couches. Le résultat est encore très sensiblement le même quand ces conditions ne sont réalisées qu'à peu près, au moins si les corps sont à des distances relativement grandes, comme il arrive ici. Par cette fiction, le problème est ramené à la recherche des équations du mouvement d'un certain nombre de points matériels s'attirant mutuellement en raison directe de leurs masses et en raison inverse des carrés des distances.

On sait poser les équations différentielles de ces mouvements, mais dans l'état actuel du calcul infinitésimal leur intégration est impossible, de sorte qu'on ne peut pas obtenir les coordonnées de ces différents points matériels en fonction du temps, et par suite calculer à tout instant la position de chacun d'eux. Il faut donc simplifier encore, en profitant de toutes les circonstances favorables : de ce nombre sont les suivantes :

L'un des corps de ce système, le Soleil, a une masse extrêmement prépondérante, de sorte que les choses se passent *presque* comme si les planètes n'agissaient pas les unes sur les autres : sans cette circonstance, les mouvements seraient si complexes qu'il eût été bien plus difficile à Kepler d'y démêler une loi simple, et Newton n'aurait pu remonter au principe général, que peut-être nous ignorerions encore.

En outre, les distances qui séparent ces corps les uns des autres sont toujours très grandes, ce qui contribue encore à diminuer leurs actions mutuelles.

De la petitesse même de ces actions réciproques des planètes les unes sur les autres, et en raison du principe de superposition des petits effets, il résulte que l'action totale produite sur une planète quelconque par toutes les autres est égale sensiblement à la somme algébrique des effets individuels de celles-ci sur la première. Ainsi, par exemple, soit proposé de calculer la route exacte de Jupiter, qui est troublé par Saturne, Uranus, Mars, etc. On suppose connues les ellipses képlériennes actuelles de toutes ces planètes, que l'on saurait déterminer au besoin ; puis on calcule séparément les perturbations produites sur l'orbite de Jupiter par Saturne seul, puis par Uranus seul, puis par Mars seul, et ainsi de suite : ces résultats individuels obtenus, il suffit, d'après ce qui précède, d'en faire la somme algébrique pour avoir la perturbation totale de Jupiter, c'est-à-dire ce que l'on cherche. Et on calculerait de même les perturbations de toutes les planètes.

Problème des trois corps. — Il résulte de là que, dans une première approximation il sera possible de ne considérer à la fois que trois corps, savoir : le Soleil, la planète troublée et une planète troublante. De sorte que ce problème, célèbre sous le nom de *problème des trois corps*, est comme la base du calcus des perturbations.

Ces simplifications faites, pourra-t-on du moins

résoudre le problème des trois corps d'une manière générale? Non! cela s'est trouvé absolument impossible jusqu'ici, et d'autres simplifications sont encore indispensables. Alors, comme les ellipses képlériennes ont généralement une très faible excentricité, c'est-à-dire différent peu d'une circonférence, on suppose effectivement qu'elles sont circulaires. Et comme les diverses planètes ont les plans de leurs orbites assez voisins les uns des autres, on suppose qu'ils se confondent, ou, comme on dit, que leur inclinaison mutuelle est nulle. On obtient ainsi des solutions approchées que l'on perfectionne ensuite par des approximations successives, mais qui sont extrêmement laborieuses, surtout dans le cas des perturbations de la Lune : alors le corps principal est la Terre, et le corps troublant est le Soleil, beaucoup plus éloigné il est vrai, mais aussi beaucoup plus important, et qui exerce une action pouvant atteindre $\frac{1}{89}$ de celle de la Terre.

Application du problème des trois corps à la théorie de la Lune. — Newton ne s'occupa point de déterminer les perturbations des diverses planètes, mais il étudia celles que subit la Lune, et là il attaqua presque toutes les questions : par la gravitation il expliqua la *variation* lunaire, les mouvements des nœuds, etc.; mais il vit l'*évection* échapper à ses efforts. Malgré cela, les Tables lunaires que Halley, Cassini I, etc. basèrent sur sa théorie, surpassèrent toutes les précédentes en exactitude.

Après Newton, cinquante ans s'écoulèrent avant que rien d'important fût ajouté à sa théorie lunaire. En 1747, Clairaut lui appliqua une solution qu'il avait donnée du problème des trois corps, et trouva, pour le mouvement de l'apogée lunaire, une valeur théorique inférieure à la moitié de celle que donne l'observation ; et cela lui parut une objection d'autant plus forte contre le principe même de la gravitation que d'Alembert et Euler rencontraient des difficultés analogues. Clairaut examine même suivant quelles fonctions de la distance il faudrait faire varier l'attraction pour, dit-il, « servir de remède à l'inconvénient « considérable que nous venons de reconnaître dans « le système de l'attraction ».

Buffon, peu connu encore, osa s'élever contre cet abandon trop précipité de la loi de Newton, mais soutenait une bonne cause par de mauvais arguments. Fort heureusement Clairaut lui-même lui donna bientôt raison, car il reconnut qu'il n'avait pas poussé l'approximation assez loin : ce fut un premier succès pour le principe mis en cause, vainqueur déjà dans la question de l'aplatissement terrestre.

Accélération séculaire du moyen mouvement de la Lune. — Une autre question de haute importance parut longtemps échapper à l'explication par la gravitation : c'est celle de l'accroissement du moyen mouvement de la Lune révélé par l'observation.

Dès l'année 1625. Kepler avait élevé des doutes sur la parfaite constance des moyens mouvements de certaines planètes ; mais c'est Halley qui s'aperçut le premier de l'accroissement de celui de la Lune, en comparant des observations d'éclipses faites à Babylone avec celles d'Albategnius et avec celles des modernes. T. Mayer essaya d'accorder les observations entre elles en ajoutant aux longitudes moyennes de la Lune une quantité proportionnelle au carré du nombre des siècles écoulés depuis une époque origine, et qu'il fit égale à $9''$ en partant de 1760 ; mais le fait restait inexplicable par la gravitation.

A plusieurs reprises l'Académie des Sciences de Paris proposa cette explication comme sujet de prix : deux fois elle couronna des mémoires de Lagrange, qui cependant ne put révéler la véritable cause.

Dès lors les géomètres regardèrent cette accélération comme inexplicable par la loi de Newton, et

Laplace, en 1773, essaya d'en rendre compte par une transmission progressive de l'action de la gravité; mais le moindre retard produisait des effets tellement considérables, que la vitesse de transmission devrait être au moins sept millions de fois plus grande que celle de la lumière. Laplace ajoute d'ailleurs que, loin de croire à la réalité de cette explication, il la regarde comme une simple conjecture. Enfin quatorze ans plus tard, il découvrit cette cause si cachée, qu'il fit connaître à l'Académie des Sciences le 19 décembre 1787 : c'est la modification extrêmement lente que subit l'excentricité de l'orbite terrestre.

Tandis, en effet, que le grand axe de cette orbite reste constant, l'attraction des planètes fait varier son excentricité. « Or, ajoute Laplace, la force moyenne « du Soleil, pour dilater l'orbite de la Lune, dépend « du carré de l'excentricité de l'orbite terrestre; elle « augmente et diminue avec cette excentricité : il doit « donc en résulter dans le mouvement de la Lune « des variations contraires, analogues à l'équation « annuelle, mais dont les périodes incomparablement « plus longues, embrassent un grand nombre de « siècles. Maintenant que l'excentricité de l'orbite ter-« restre diminue, ces inégalités accélèrent le mouve-« ment de la Lune; elles le ralentiront quand son « excentricité, parvenue à son *minimum,* cessera de « diminuer pour commencer à croître. » Ajoutons que ce minimum ne sera atteint que dans 24.000 ans environ. Comment la seule observation aurait-elle pu jamais révéler des phénomènes dont la période est si longue qu'elle se chiffre par des milliers de siècles?

Le principe de la gravitation sortait donc encore victorieux de cette épreuve; et son succès était d'autant plus brillant que Laplace reconnut alors dans la même cause l'origine d'autres effets non remarqués jusque-là : ce sont des inégalités séculaires du périgée et des nœuds de l'orbite lunaire, qui furent confirmées par les observations modernes comparées à celles des Arabes.

La théorie des planètes a été aussi, pour le même principe, l'occasion de divers triomphes, parmi lesquels il suffit de rappeler ici la découverte de Neptune : nous y reviendrons, mais pour le moment ne quittons pas encore la Lune.

La question de l'accélération séculaire du moyen mouvement lunaire n'était cependant pas résolue aussi complètement qu'on l'avait cru d'abord. Pour cette accélération, Laplace avait trouvé $10''$, nombre sensiblement identique à celui que donne l'observation. Mais, en 1853, Adams montra que ce nombre théorique doit être diminué, Laplace n'ayant pas poussé le calcul assez loin ; et cela fut confirmé par Delaunay, de sorte que l'accélération théorique paraît aujourd'hui définitivement fixée à $6'',1$. Par contre, la discussion des anciennes éclipses, tant de Soleil que de Lune, avait conduit, pour l'accélération réelle, à $12''$, nombre que Newcomb ramène, il est vrai, à $8'',3$: le désaccord se trouve beaucoup réduit, mais ne paraît pas supprimé.

On a tenté de l'expliquer par un très faible ralentissement de la durée de rotation de la Terre, occasionné, par exemple, par le frottement continuel des marées ; mais on sent combien une telle cause est difficile à soumettre au calcul. D'ailleurs le refroidissement séculaire de la Terre, avec la contraction qui doit en être la conséquence, agit en sens contraire, c'est-à-dire tend à diminuer la durée du jour : en somme la cause du désaccord est inconnue.

L'application du principe de la pesanteur à la théorie lunaire a conduit, non seulement à déterminer la distance de la Terre à la Lune, mais encore elle a fait connaître l'aplatissement de la Terre.

La Lune, en effet, est tellement rapprochée de

nous, que son mouvement reflète en quelque sorte tous les détails de la constitution de la Terre : tel est le cas, par exemple, de l'aplatissement de notre globe. Lagrange, en 1787, eut le premier l'idée heureuse d'en tenir compte dans le mouvement de la Lune ; mais, n'ayant pas poussé les calculs assez loin, il laissa à Laplace la gloire de reconnaître, vingt-sept ans plus tard, une inégalité lunaire à longue période soupçonnée par T. Mayer, et qui dépend de l'aplatissement de la Terre ; aussi peut-elle fournir cet aplatissement avec une grande exactitude. Et il n'est pas jusqu'à la différence que peuvent présenter les deux hémisphères terrestres, quant à leur aplatissement, qui n'ait son influence sur le mouvement de la Lune.

III

THÉORIES DES PLANÈTES

Newton avait établi le principe fondamental et pressenti toutes ses conséquences ; mais il ne put les suivre dans leurs derniers détails ; il n'aborda même pas la théorie des planètes. C'est que l'on n'avait pas encore assez avancé l'analyse infinitésimale, sans laquelle, sans doute, le mécanisme si compliqué des cieux aurait peut-être échappé toujours aux efforts de l'esprit humain.

D'abord les efforts se portèrent donc vers l'extension du calcul infinitésimal, qui offrait aux chercheurs un vaste champ de découvertes : ce fut surtout l'œuvre incessante et féconde des quatre Bernoulli, bientôt suivis et dépassés par Euler.

C'est vers 1730 que l'analyse parut avoir acquis assez de force pour être appliquée aux phénomènes de physique céleste les plus immédiatement obser-vables ; et c'est alors que l'Académie des Sciences de Paris dirigea de ce côté les recherches des savants, particulièrement par les sujets de prix qu'elle proposa.

Une des idées de Newton, l'aplatissement de la Terre aux pôles, était alors vivement discutée, comme on l'a vu; les mesures géodésiques montrèrent la justesse de ses prévisions, mais sa loi de décroissement de la pesanteur le long d'un méridien se trouva numériquement inexacte; c'est que, pour simplifier ce problème, dont la difficulté était alors immense, Newton avait supposé la Terre homogène, contrairement à ce qui a lieu dans la réalité. Ce fut pour Clairaut l'occasion de faire le premier pas considérable au delà de Newton, de reculer enfin les bornes d'une de ses grandes théories, dans son traité célèbre *De la Figure de la Terre*, publié en 1743 : il montre que le principe de la gravitation est plutôt confirmé, mais il ne paraît pas le considérer encore comme définitivement établi.

C'est en 1747 que le problème des perturbations planétaires fut attaqué pour la première fois. L'Académie des Sciences avait proposé, comme sujet de prix pour 1748 : *Une théorie de Saturne et de Jupiter par laquelle on puisse expliquer les inégalités que ces deux planètes paroissent se causer mutuellement, principalement vers le temps de leur conjonction.* Kepler s'était aperçu déjà que les observations de Régiomontanus, comparées à celles de son temps, donnaient à Jupiter un mouvement plus rapide, et à Saturne un mouvement plus lent que ne l'indiquaient les observations rapportées par Ptolémée. Et après la découverte de Newton, la gravitation fut naturellement considérée comme la cause de ces inégalités.

Euler répondit à l'appel de l'Académie, et sa pièce remporta le prix : les obstacles analytiques de la question y sont renversés avec une grande force d'invention; la route est ouverte, mais on allait rencontrer encore beaucoup de difficultés à la parcourir: Laplace, en 1787, reconnut la cause de ces inégalités dans un terme très petit par lui-même, et négligé jusque-là, mais dont les actions s'accumulent parce que les durées de révolution des deux planètes sont voisines d'être commensurables.

La période de ces inégalités est de 929 ans, mais elle change à de longs intervalles, avec les variations séculaires des mouvements des orbites dont elles dépendent. Ces phénomènes ont atteint leur maximum vers 1560 et les moyens mouvements des deux planètes sont redevenus les véritables vers 1790. Ainsi, dit Laplace, les moyens mouvements que l'Astronomie d'un peuple assigne à Jupiter et à Saturne peuvent nous éclairer sur le temps où elle a été fondée.

Découverte de Neptune. — Une des plus éclatantes vérifications du principe de la gravitation a été fournie par la découverte de Neptune, dont Le Verrier put assigner la position par le calcul, basé sur ce principe.

Uranus, découvert par Herschel en 1781, était alors la planète la plus éloignée du système solaire. Aussitôt que possible, on en dressa des Tables permettant de calculer ses positions pour le passé comme pour l'avenir; et ainsi, on reconnut que cette planète avait été observée dix-huit fois comme une étoile, entre 1690 et 1771.

En 1821, Bouvard publia de nouvelles tables d'Uranus, en tenant compte des perturbations sensibles produites par toutes les autres planètes alors connues, mais basées seulement sur les observations faites de 1781 à 1821 : il rejetait les anciennes parce qu'il lui avait été impossible de les représenter par la même orbite.

A quoi tenait cette impossibilité? diverses hypothèses furent émises, comme l'influence d'un milieu résistant; le principe de l'attraction fut encore une fois mis en doute; enfin, Bouvard exprima timidement l'avis que les écarts pourraient être dus à l'intervention de quelque planète inconnue. Plus tard, il s'attacha fortement à cette idée, mais sans l'appuyer sur le moindre calcul; car il faut ajouter qu'après 1821 ses Tables ne représentèrent pas plus le mouvement de la planète qu'avant 1781.

C'est dans ces conditions qu'un jeune astronome, Le Verrier, dont la ténacité rappelle celle de Kepler, étudia la question : il importait de s'assurer d'abord que dans les théories des planètes connues on avait tiré du principe de l'attraction tout ce qu'il renferme; aussi Le Verrier reprit les théories de Jupiter, de Saturne et d'Uranus; chemin faisant, il trouve ainsi que les éléments d'Uranus employés par Bouvard étaient imparfaits. Corrections faites, il existe encore, entre l'observation et le calcul d'Uranus, des écarts inadmissibles par leur grandeur, par la persistance de leur signe durant beaucoup d'années consécutives et par la marche régulière de leur accroissement et de leur décroissement.

Un gros satellite circulant autour d'Uranus, et demeuré inaperçu, aurait produit des perturbations de période beaucoup plus courte; d'ailleurs, il aurait fallu lui supposer de telles dimensions que les astronomes l'auraient sûrement aperçu.

Il fallait donc admettre l'existence d'une planète inconnue. Mais où la placer? En deçà d'Uranus elle aurait troublé Saturne, dont le mouvement théorique s'accorde avec l'observation; il faut donc la placer au delà d'Uranus, et même assez loin pour qu'elle n'agisse pas sensiblement sur Saturne. Comme les distances des planètes vont à peu près toujours en doublant, Le Verrier plaça la planète hypothétique deux fois plus loin qu'Uranus; et on sait que cela fixait sa durée de révolution. Rien ne guidait pour choisir l'inclinaison du plan de l'orbite : Le Verrier la suppose nulle, c'est-à-dire fait circuler cette planète dans le même plan que la Terre, dans celui de l'écliptique.

Il restait à déterminer quatre inconnues : la masse de la planète, l'excentricité de l'ellipse, la position du périhélie et enfin la position de la planète sur son ellipse à une date choisie; et ce sont ces inconnues qu'il fallait déduire d'équations de condition les reliant aux écarts entre l'observation et le calcul.

Pendant quelque temps, il parut impossible de satisfaire à ces écarts par l'action d'une nouvelle planète; mais une autre combinaison donna les inconnues cherchées et Le Verrier qui, à mesure, avait communiqué ses résultats à l'Académie des Sciences, put conclure ainsi le 1ᵉʳ juin 1846 : *La planète qui trouble Uranus existe. Sa longitude vraie, au 1ᵉʳ janvier 1847, sera de 325° sans qu'il puisse y avoir une erreur de 10° sur cette évaluation.* En effet, la planète fut trouvée, le 23 septembre 1846, à 2°24′ seulement de la position calculée, et même à 52′ seulement de la position rectifiée le 31 août 1846.

Cette découverte, annoncée avec tant d'assurance, excita une admiration générale; aucune n'a donné une signification plus haute à la puissance de l'astronomie actuelle[1].

Discordances encore inexpliquées entre les résultats des observations et les conséquences du principe de la gravitation. — Personne, aujourd'hui, ne doute de l'exactitude du principe de la gravitation; et cependant on n'a pu lui faire expliquer jusqu'ici certaines inégalités indiquées par l'observation. On a vu ce qu'il en est pour l'accélération séculaire du moyen mouvement de la Lune. Une autre inégalité bien connue aussi, et encore inexpliquée, est relative à l'accélération du périhélie de Mercure.

Nous avons souvent rencontré des déplacements du périhélie, que les Anciens connaissaient déjà pour la

---

1. Il n'est que juste d'ajouter qu'en même temps un jeune astronome anglais, Adams, poursuivait de son côté, et par des méthodes analogues, la recherche de la même planète: qu'il fixa de même sa position, et avec une approximation du même ordre; mais il ne parvint pas à communiquer sa foi, et, dans la publication, il fut devancé par Le Verrier.

Lune. Pour Mercure, la théorie de la gravitation indique un pareil déplacement, mais sa grandeur calculée est plus faible que celle qu'exigent les observations ; et cette découverte est une des plus belles faites par Le Verrier. Une erreur de calcul étant toujours possible malgré toutes les précautions prises, des astronomes américains ont répété indépendamment le même calcul, et le résultat est resté le même.

Le périhélie de Mars présente aussi quelque trace d'une accélération analogue, mais beaucoup plus faible.

Pour expliquer ces écarts, on a proposé récemment de modifier très légèrement la loi du carré, c'est-à-dire d'adopter un exposant un peu supérieur à 2 ; alors, les écarts considérés disparaissent en grande partie, mais les astronomes et les géomètres n'admettent ce changement qu'avec répugnance. En somme, la loi de Newton représente, avec une très grande précision, les mouvements de tous les corps célestes, et il est merveilleux qu'elle permette de calculer des inégalités si nombreuses, si compliquées, si considérables même pour quelques-unes ; à la vérité, il reste quelques petits écarts, mais le passé donne pour l'avenir l'inébranlable conviction que la raison en sera connue tôt ou tard, sans qu'il y ait à modifier la loi admise de l'attraction universelle. Même, l'histoire de ce qui est arrivé à divers astronomes, de Kepler à Le Verrier, est le gage des découvertes nouvelles dont ces écarts sont comme le germe.

CHAPITRE VIII

LES DIMENSIONS DU SYSTÈME SOLAIRE

Le principe de la gravitation a été établi par Newton en partant des lois de Kepler ; il est donc une conséquence d'observations faites à l'œil nu, et ne doit rien à l'invention des lunettes. Ainsi il se trouve basé sur la seule connaissance des *rapports* des distances dans le système solaire ; mais pour être appliqué, il a besoin de ces distances elles-mêmes. Aussi, à la longue, il aurait pu les faire connaître par les perturbations ; mais l'invention des lunettes est venue lui apporter ces données.

Examinons donc comment on a été conduit peu à peu à nos connaissances actuelles sur les dimensions du système solaire.

Les Anciens ne connurent avec quelque précision que la distance de la Lune ; quant aux planètes, l'évaluation de leurs distances est une des conquêtes de l'Astronomie moderne.

Partout on trouve la notion de voûte ou de sphère céleste, entraînant tous les astres, ce qui prouve que l'idée première a été de les supposer tous à la même distance. C'est aussi le principe même de l'Astrologie, avec les influences des planètes, des constellations, qui supposent un contact immédiat des planètes entre elles et des planètes avec les étoiles, puisque celles-ci sont les troupeaux de celles-là, puisque les constellations sont les maisons des planètes.

En outre, cette distance du ciel était toujours petite relativement aux dimensions de la Terre connue, puisque les Egyptiens faisaient grand bruit pour épouvanter le serpent Apopi éclipsant le Soleil, comme font encore aujourd'hui les peuples sauvages. Et le ciel d'Homère, parcouru par les dieux, Soleil et planètes, portant les étoiles, paraît être à une hauteur à peu près double de celle des montagnes comme l'Olympe.

Dans la suite, sans doute quand on connut les vitesses des planètes, différentes de l'une à l'autre, on pensa qu'elles sont à des distances relatives différentes, mais nous ignorons quel ordre on leur assigna : chez les Egyptiens on a trouvé, pour les cinq planètes proprement dites, jusqu'à huit arrangements différents, dont aucun n'est conforme à l'ordre réel des distances.

Chez les Chaldéens, on trouve les deux séries suivantes dont la signification est inconnue :

Lune, Soleil, Jupiter, Vénus, Saturne, Mars, Mercure ;

Lune, Soleil, Mercure, Vénus, Saturne, Jupiter, Mars ;

On trouve aussi un classement correspondant à l'ordre des jours de la semaine.

Ils avaient attribué aux planètes les couleurs symboliques suivantes :

Vénus.	Blanc,
Saturne	Noir,
Mars	Pourpre,
Mercure . . .	Bleu,
Jupiter.	Rouge clair,
Lune	Argent,
Soleil	Or.

Les couleurs des sept enceintes d'Ecbatane, dont parle Hérodote, indiqueraient l'ordre dans lequel nous venons d'énumérer les planètes.

Ainsi chez les Chaldéens on ne trouve non plus

aucun ordre qui mette sur la trace des distances relatives attribuées aux planètes ; et c'est chez les Grecs seulement que l'on trouve les premières notions sur ce point.

Dans l'école ionienne, Anaximandre plaçait le Soleil plus loin que tous les autres astres, puis venait la Lune, située également au delà des étoiles.

Il semble bien que dans l'école de Pythagore on supposait les planètes d'autant plus éloignées que leurs durées de révolution sont plus longues ; et ce principe, maintenu dans la suite, s'est trouvé définitivement exact. On a d'ailleurs vu que, sous l'influence des idées d'harmonie, les pythagoriciens avaient transporté la gamme dans le ciel. (*Voir* p. 49 et 228.)

Anaxagore devait placer la Lune et le Soleil assez loin, puisqu'il fait la première aussi grande que le Péloponèse, et le Soleil beaucoup plus grand. Pour Démocrite, le Soleil et la Lune étaient moins grands que la Terre.

Les partisans des sphères homocentriques, Eudoxe, Callipe... adoptaient l'ordre pythagoricien, mais sans se prononcer en rien sur les distances absolues, ou même sur leurs différences.

On a vu comment Aristarque de Samos le premier peut-être détermina par l'observation le rapport des distances de la Lune et du Soleil ; et dans la suite Hipparque et Ptolémée déterminèrent assez exactement la distance de la Lune.

Pour les planètes, les théories basées sur les excentriques et les épicycles ne donnent aucune indication sur les distances ; une seule chose s'y trouve déterminée : le *rapport* du rayon de l'épicycle à celui du déférent, rapport qui doit satisfaire aux élongations pour les planètes inférieures, à l'arc de rétrogradation pour les planètes supérieures. Aussi jusqu'au xvie siècle on resta dans la même incertitude sur les distances : on se bornait à placer les planètes les unes derrière les autres, sans avoir aucune notion de leurs distances, si ce n'est que l'on attribuait au

Soleil une parallaxe de 150″ à 200″, résultat des déterminations d'Aristarque et d'Hipparque.

Ce fut Copernic qui fixa approximativement le rapport des distances des planètes relativement à celle du Soleil, mais encore un *rapport* seulement ; pour les planètes supérieures, leurs distances devaient satisfaire à la condition que le diamètre de l'orbite terrestre correspondît à leur inégalité annuelle ; et pour les planètes inférieures, ce sont les amplitudes de leurs élongations qui déterminaient les rayons de leurs orbites. Comme il faisait, ainsi que ses prédécesseurs, la distance de la Terre au Soleil vingt fois trop petite, tout le système des planètes se trouvait réduit dans la même proportion.

Kepler tripla cette distance de la Terre au Soleil, et par suite les dimensions de tout le système, mais son opinion ne prévalut pas encore. Toutefois, il avança la question par la découverte de sa troisième loi qui exprime, sous une forme plus simple, ce que Copernic avait déduit de son système : il restait toujours à déterminer la distance absolue de l'une quelconque des planètes au Soleil pour en conclure toutes les autres.

Nous touchons au moment où cette détermination va être tentée de plusieurs manières ; avant tout, il faut d'abord donner quelques indications sur la *parallaxe*.

Sur la parallaxe en général. — La distance d'un astre est intimement liée à un angle appelé *parallaxe*, que nous allons définir.

Soit A (fig. 49) le point, l'astre considéré ; supposons qu'on le vise de deux stations B et C : les deux directions B A, C A font un angle B A C qui est l'*angle à l'astre* et qu'on appelle la *parallaxe* de cet astre relative à la ligne B C ; par rapport à cette parallaxe la ligne B C est appelée *base*, de sorte que la parallaxe et la base sont absolument corrélatives l'une de l'autre.

Menons C A′ parallèle à B A : l'angle A C A′ ainsi formé est égal à l'angle A. Si, infiniment loin, en arrière du point A, il y a d'autres objets, des étoiles

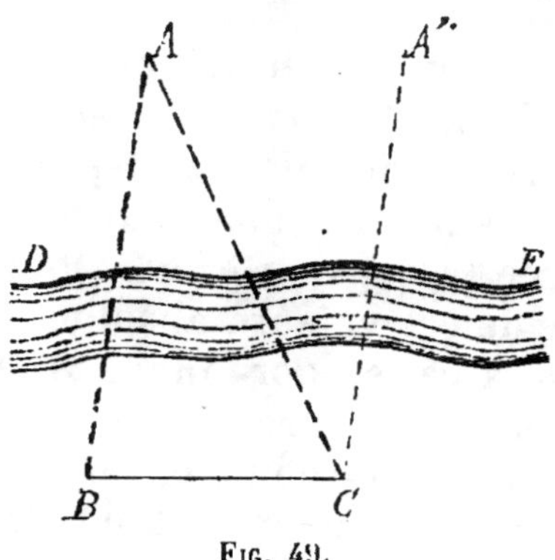

FIG. 49.

par exemple, quand l'observateur se transportera de B en C, il verra le point A se déplacer parmi ces étoiles : ce déplacement est dit *parallactique ;* on dit aussi que c'est un *effet de parallaxe ;* et ce déplacement est égal à la parallaxe du point considéré.

Les distances des astres se déterminent d'après les mêmes principes que les distances des points inaccessibles en topographie ou en géodésie. Soit A (fig. 49) le point inaccessible, dont un observateur placé vers B veut déterminer la distance B A : on choisit deux stations B et C, telles que les trois points A, B, C soient réciproquement visibles l'un de l'autre, et on mesure : 1° la distance BC, 2° les angles A B C, A C B : alors dans le triangle formé par ces trois points on connaît un côté et deux angles, de sorte qu'on peut calculer tous les autres éléments, et en particulier la distance cherchée A B.

On fait de même en Astronomie, mais là on se heurte à des difficultés spéciales tenant aux grandes distances des astres relativement à la longueur des bases que l'on peut prendre sur la Terre, et aux mouvements continuels des astres : on tourne ces difficultés par des procédés très variés, qui constituent autant de méthodes différentes.

Le déplacement parallactique d'un astre modifie sa position dans le ciel, et par suite ses coordonnées, ascension droite, déclinaison, longitude...; de sorte qu'on peut considérer soit la parallaxe entière, soit la parallaxe en ascension droite, etc.

Le mouvement diurne de l'observateur, emporté par la Terre, produira de même un effet de parallaxe, que l'on distingue sous le nom de *parallaxe diurne*, et qui peut, de même, influencer toutes les coordonnées.

Les méthodes employées pour la détermination des parallaxes se divisent en méthodes *absolues* et méthodes *différentielles* : dans les premières, des deux extrémités de la base on mesure les valeurs absolues de la coordonnée considérée (ascension droite, longitude...) et de la différence de ces valeurs absolues on déduit la parallaxe relative à cette coordonnée. Dans les secondes, au contraire, on mesure seulement la différence des valeurs de cette coordonnée, ce qui a pour effet de supprimer beaucoup de causes d'erreur dans les observations.

Parallaxe de la Lune. — On connait les méthodes en quelque sorte détournées, au moyen desquelles Hipparque et Ptolémée déterminèrent la parallaxe de la Lune. Voici la méthode employée par les modernes :

Soit (fig. 50) P E P'E' la Terre, dont P P' est la ligne des pôles et E E' l'équateur, et soit L la Lune.

Deux observateurs se placent sur un même méridien [1], l'un en A, l'autre en B, en des points de latitude connue, et chacun d'eux mesure la distance

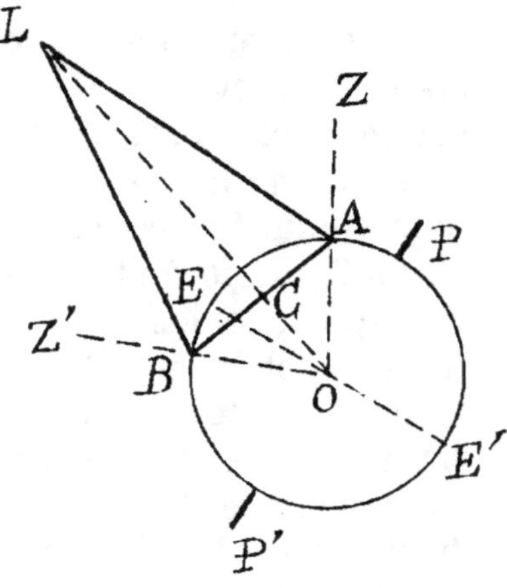

Fig. 50.

1. En réalité, cette condition peut n'être pas exactement remplie ; seulement, par de petites corrections, les observations sont ramenées à ce qu'elles seraient si les deux observateurs se trouvaient exactement sur le même méridien.

de la Lune à son zénith, de sorte que l'on connaît les angles Z A L, Z' B L. Alors on a tout ce qui est nécessaire pour calculer O L : en effet, dans le triangle B O A, l'angle au centre est égal à la somme des latitudes des points A et B ; O A et O B sont les rayons terrestres correspondants, supposés connus ; on peut donc calculer A B, les angles en A et B et O C — Maintenant dans le triangle A L B on connaît de même le côté A B et les deux angles adjacents, de sorte qu'on peut calculer A L, B L, et ensuite L C. On aura donc O L = O C + C L.

Cette méthode fut appliquée pour la première fois en 1751, à l'occasion du voyage de La Caille au Cap de Bonne-Espérance. Et aujourd'hui elle s'applique en quelque sorte automatiquement et d'une manière continue, parce que dans divers observatoires répartis sur les deux hémisphères on observe régulièrement la Lune toutes les fois que le temps le permet.

Aussi est-ce par ce moyen qu'on a déterminé la parallaxe de la Lune aujourd'hui adoptée ; sa valeur moyenne, répondant au rayon équatorial de la Terre vu normalement, est 57′2″,2 et correspond à la distance de 60,2745 rayons équatoriaux terrestres.

Parallaxe du Soleil. — La troisième loi de Kepler relie entre elles les distances des planètes au Soleil de façon que, l'une d'elles étant connue, les autres en résultent immédiatement. Mais elle ne s'applique pas à la Lune, qui circule autour de la Terre ; de la parallaxe de la Lune on ne peut donc pas déduire celle des planètes : c'est nécessairement la parallaxe de l'une d'elles qu'il faut connaître pour passer à celles des autres.

Et quand la parallaxe d'une planète est connue on en déduit celle du Soleil, qui devient ainsi comme le résultat définitif : c'est pour cela que l'opération est toujours censée conduire à la parallaxe du Soleil ; mais en réalité c'est toujours la parallaxe d'une planète que l'on cherche d'abord, en choisissant d'ailleurs une de celles qui comportent les résultats les plus précis, c'est-à-dire celles qui se rapprochent le plus de la Terre.

Les planètes qui sont dans ce cas sont : Vénus, Mars et certaines petites planètes ; et pour la détermination de leurs parallaxes on choisit naturellement les époques où elles approchent le plus de la Terre, c'est-à-dire les oppositions pour Mars et les petites planètes et les conjonctions inférieures pour Vénus.

Parallaxe de Mars. — La planète Mars est la première dont la parallaxe ait été déterminée avec précision, et cela eut lieu dans l'opposition de 1672 ; sans doute l'imperfection des premières lunettes, et surtout l'absence de micromètre, avaient empêché d'observer de même les précédentes. La combinaison des observations de déclinaison faites par Cassini I et Picard en France, avec celles de Richer à Cayenne, donna 25′ pour la parallaxe de Mars en opposition, soit 9″,5 pour la parallaxe du Soleil. Par la méthode de la parallaxe diurne, Cassini trouva 10″,2 et Flamsteed 10″. Aucune autre méthode, jusque-là, n'avait tant approché de la vérité. Et depuis lors les oppositions de Mars ont été observées de même, afin de fournir la parallaxe du Soleil ; mais ce procédé par Mars n'a plus été employé depuis 1881 : d'autres planètes, par exemple Eros, sont, à ce point de vue, beaucoup plus avantageuses.

Parallaxes de petites planètes. — On a déterminé de même les parallaxes de diverses petites planètes, choisies de manière à remplir la double condition d'être assez brillantes pour comporter des mesures précises et d'approcher suffisamment de la Terre. C'est ainsi qu'on a observé dans ce but Flora en 1875, Junon en 1874 et 1877, Victoria et Sapho en 1882, etc. Mais aujourd'hui le plus avantageux de ces astéroïdes est Eros, découvert en 1898, et dont la distance à la Terre peut descendre au-dessous de 0,25, la distance de la Terre au Soleil étant prise pour unité, comme à l'ordinaire. Lors de l'opposition de 1900-1901, qui était très favorable, cette planète a été suivie dans 17 observatoires, dispersés dans les deux hémisphères, et dont les observations, faites tant optiquement que photographiquement, ont conduit à la valeur 8″,80 de la parallaxe solaire.

Méthode des passages de Vénus. — La distance de Vénus à la Terre peut descendre aussi à 0,25, de sorte qu'au point de vue de la distance, cette planète est également très avantageuse pour une bonne détermination de sa parallaxe. Mais alors Vénus est voisine du Soleil, ne présente à la Terre que sa face obscure, ne peut être observée que près de l'horizon..... En un mot, alors les conditions physiques sont généralement très médiocres ; il n'y a d'exception que lorsque la planète passe devant le Soleil. Mais ces passages, dont les avantages, entrevus par Képler, furent mis en évidence par Halley, sont fort rares : les intervalles qui les séparent, exprimés en années, sont 8, 105, 8, 122, 8, 105, 8, ...; le prochain n'aura lieu qu'en l'an 2004.

Dans le passé, en 1761 et 1769, en 1874 et 1882, l'application de cette méthode a donné lieu à des voyages célèbres, dont le plus connu est celui de Legentil[1].

On n'a pas obtenu ainsi la parallaxe du Soleil avec la grande précision qu'on espérait : une discussion de

1. Legentil de la Galaisière (1725-1793), après s'être exercé à l'Observatoire de Paris devint membre de l'Académie des Sciences en 1753. Chargé d'aller observer à Pondichéry le passage de Vénus du 6 juin 1761, il partit plus d'une année auparavant et pouvait espérer d'arriver assez tôt à destination pour faire les préparatifs nécessaires ; mais il ne parvint devant Pondichéry qu'au moment où la ville venait de tomber au pouvoir des Anglais ; et il dut retourner à toutes voiles vers l'Ile de France : c'est durant ce trajet, en pleine mer, de dessus le pont

toutes les observations faites en 1761 et 1769, donna pour cette parallaxe 8″,57 au lieu de 8″,80 que donnent d'autres méthodes plus avantageuses et qu'on adopte aujourd'hui. Dans les passages de 1874 et de 1882 il fut possible, en plus, d'opérer par la photographie, et l'ensemble des observations alors obtenues conduisit à un résultat beaucoup plus voisin de la véritable valeur. Quoi qu'il en soit, il est à peu près certain que lors des futurs passages on n'entreprendra plus, pour les observer, de longs et coûteux voyages comme ceux occasionnés par les quatre derniers.

Méthodes indirectes pour la détermination de la parallaxe du Soleil. — Les méthodes qui viennent d'être indiquées pour la détermination de la distance de la Terre au Soleil peuvent être appelées *directes*, en ce qu'elles exigent toutes des observations faites spécialement dans ce but. Mais il existe d'autres méthodes où la même parallaxe se déduit indirectement de recherches d'une tout autre nature. En voici l'indication sommaire :

1° *Par l'équation parallactique de la Lune.* — Une

d'une frégate en mouvement, qu'il put voir le célèbre phénomène, mais non l'observer avec précision.

Sachant qu'un second passage devait être encore visible dans l'Inde huit ans plus tard, le 3 juin 1769, il prit le parti héroïque de l'y attendre ; dans l'intervalle, il s'occupa de recherches scientifiques diverses, particulièrement sur l'astronomie indienne. Mais les nuages lui cachèrent, en 1769, le phénomène si longtemps attendu dans un exil volontaire. Tombé malade ensuite, il ne revint en France qu'en 1771. Comme il s'était passé deux années depuis le dernier passage sans qu'il fût arrivé de ses nouvelles, on pensa que Legentil était mort, et le chargé de pouvoirs qu'il avait délégué à l'administration de ses biens avait quelque peine à se défendre contre les héritiers, qui voulaient partager sa succession. Puis ce mandataire fut dépouillé à ce qu'il prétendit, au moment où il allait rendre ses comptes. On plaida : Legentil fut reconnu volé, mais dut payer les frais. En outre, l'Académie, qui le croyait occupé dans l'Inde à tout autre chose que d'Astronomie, l'avait remplacé ; mais, à peine arrivé, il put y reprendre sa place.

des inégalités aujourd'hui bien connues du mouvement de la Lune, celle qui est appelée *inégalité parallactique*, se trouve être proportionnelle au rapport des distances moyennes de la Lune et du Soleil à la Terre ; par suite, elle permet de déterminer ce rapport ; et comme la distance de la Lune est connue, on peut alors en déduire celle du Soleil.

2° *Par l'équation lunaire du Soleil*. — Si la Terre n'avait pas de satellite, son centre de gravité obéirait aux lois du mouvement elliptique ; en réalité, c'est le centre de gravité de la Terre et de la Lune qui obéit à ces lois, pendant que la Terre et la Lune tournent elles-mêmes autour de ce même centre. Il en résulte, dans le mouvement apparent du Soleil vu de la Terre, une inégalité qui est dans un rapport connu avec la parallaxe solaire, et qui permet ainsi de la déterminer.

3° *Par la vitesse de la lumière, combinée avec la constante de l'aberration*. — La lumière ne se transmet pas instantanément ; il en résulte que l'observateur, en mouvement lui-même avec la Terre, ne voit pas les astres à leur vraie place : de là résulte un phénomène dont nous avons parlé, *l'aberration de la lumière*. La constante de l'aberration, $20''{,}47$, donnée par l'observation, fait connaître le rapport entre la vitesse moyenne de la Terre dans son orbite et la vitesse de la lumière. Cette dernière vitesse est obtenue par divers moyens, soit directement à la surface de la Terre, soit par l'observation des satellites de Jupiter. On peut donc calculer la vitesse linéaire de la Terre dans son orbite autour du Soleil ; et comme on connaît bien le temps qu'elle met à parcourir son orbite, on a la longueur de celle-ci : le problème est donc ramené à peu près à la détermination du rayon d'une circonférence dont on connaît la longueur.

Par ces divers moyens, soit directs, soit indirects, on a obtenu des valeurs concordantes de la parallaxe solaire, dont la moyenne est $8''{,}80$, valeur aujourd'hui adoptée, et qui paraît exacte à un millième près de sa valeur. C'est ainsi qu'aujourd'hui on peut dire que la distance moyenne de la Terre au Soleil est de 23.439 rayons terrestres équatoriaux, ou de 149.500.000 kilomètres, avec une erreur inférieure à 150.000 kilomètres.

Avec ces nombres on a pu, comme on sait, calculer immédiatement les distances des autres planètes au Soleil, et par suite aussi à la Terre ; puis, au moyen des diamètres apparents ou angulaires des planètes, conclure aussi leurs diamètres réels, leurs surfaces et leurs volumes, etc.

Ainsi se trouve donc connue, avec une grande approximation, ce que l'on pourrait appeler la partie purement géométrique du système solaire, dont la gravitation a fait connaître les lois de mouvement.

*
* *

Si maintenant, comme le voyageur parvenu au terme de sa course, nous embrassons d'un coup d'œil le chemin parcouru, nous voyons l'Astronomie naître chez les divers peuples du besoin universel de diviser le temps. Elle progresse d'abord sous la poussée d'un désir aussi illusoire que tenace, celui de connaître l'avenir ; mais elle continue d'affirmer son utilité en donnant à l'homme le moyen de s'orienter, de se diriger, sur la terre comme sur la mer.

Très longtemps sa marche est embarrassée, incertaine ; son enfance dure un grand nombre de siècles. Mais l'homme devine peu à peu qu'un ordre supérieur règne dans la nature ; derrière les mouvements apparents et compliqués des astres, il entrevoit des mouvements réels moins complexes, et aussitôt il cherche à les découvrir.

Dès lors le progrès est plus rapide : l'homme examine successivement les hypothèses qui lui paraissent les plus simples, les confronte avec des observations de plus en plus précises, et, après des tâtonnements de génie, découvre les lois empiriques des mouvements planétaires.

Enfin, dans un sublime effort, il parvient à synthétiser ces lois en un principe unique, celui de la *gravitation*. Dès lors l'empirisme est banni de l'Astronomie planétaire, qui est devenue ainsi un grand problème de Mécanique, dont les constantes arbitraires sont les éléments du mouvement des astres, leurs figures et leurs masses.

Aussi a-t-on pu dire que l'Astronomie planétaire est une science *faite*; et, en effet, le géomètre embrasse dans ses formules l'ensemble du système solaire et de ses variations successives, le passé, le présent et l'avenir. Mais ces formules sont encore extrêmement laborieuses, compliquées : c'est des progrès des Mathématiques pures que nous attendons leur simplification.

En même temps qu'elle découvrait les lois qui président à la marche des mondes, résolvant ainsi les plus formidables problèmes qui se soient posés au génie de l'homme, l'Astronomie a chassé les chimères de l'Astrologie, banni les craintes que faisaient naître certains phénomènes d'apparence extraordinaire, révélé la grandeur et la figure de la Terre, donné à la Géographie et à la Navigation tout leur essor; et par là ses conséquences pratiques sont des plus considérables, puisqu'elle guide avec sécurité le voyageur dans le désert et le marin sur l'Océan : sans elle, l'homme aurait bien lentement dépassé les limites du vieux monde, que les Anciens n'avaient même pas atteintes.

Elle a fait plus encore : elle a révélé à l'homme tout à la fois et la valeur de son esprit et la puissance de l'Auteur de l'Univers.

L'Astronomie primitive a donc atteint pleinement son but; et si aucune science n'a demandé de plus longs efforts, aucune aussi n'a exercé une influence plus profonde sur la vie des peuples et sur les progrès de la civilisation.

FIN

TABLE ALPHABÉTIQUE GÉNÉRALE

Les noms d'Auteurs (ou assimilés) sont en italique. On a marqué d'un astérisque ceux des auteurs encore vivants ou morts depuis peu d'années.

33.

TABLE DES MATIERES

Pages

9984. — Paris. — Imp. Hemmerlé et Cⁱᵉ. — 12.10

BIBLIOTHÈQUE

DE

PHILOSOPHIE SCIENTIFIQUE

Publiée sous la direction du Dr Gustave Le Bon

Collection in-18 jésus à 3 fr. 50 le volume

1re SÉRIE. — Sciences physiques et naturelles

BOINET (E.), *Professeur de Clinique médicale.* — **Les Doctrines médicales. — Leur Évolution.**
La nécessité d'une doctrine directrice s'impose à la médecine, qui est à la fois un art par ses applications et une science par ses moyens d'étude. — Un vol.

BONNIER (Gaston), *Membre de l'Institut, Professeur à la Sorbonne.* — **Le Monde végétal.**
Dans *Le Monde Végétal*, l'auteur, avant tout, expose les faits qui éclairent la philosophie des sciences naturelles; il commente et discute les idées que les savants ont émises sur les végétaux. — Un vol. ill. de 230 fig.

BOUTY (E.), *Professeur à la Faculté des Sciences.* — **La Vérité scientifique. — Sa Poursuite.**
Mettre en lumière les caractères généraux de la vérité scientifique et le rôle que jouent l'expérience et le raisonnement dans sa découverte, tel est l'objet essentiel de ce livre. — Un vol.

BRUNHES (Bernard), *Directeur de l'Observatoire du Puy de Dôme.* — **La Dégradation de l'Energie.**
Quand le public cultivé parle de « conservation de l'énergie », il croit en général à la conservation de « l'énergie utilisable » ou de la « capacité de produire du travail ». Non content de dénoncer, une fois de plus, le contre-sens si usuel, l'auteur a voulu dans ce livre en rechercher les origines historiques et en expliquer la genèse. — Un vol. illustré.

COMBARIEU (Jules), *Chargé du Cours d'Histoire musicale au Collège de France.* — **La Musique. — Ses Lois, son Evolution.**
Dans ce travail, l'auteur ne s'est pas contenté d'exposer en langage très clair, avec exemples à l'appui, les *lois* de la musique;

il les explique, en rattachant un état donné de l'art et de la théorie à l'état correspondant de la vie sociale. — Un vol. illustré.

DASTRE, *Professeur de Physiologie à la Sorbonne, Membre de l'Institut.* — **La Vie et la Mort.**

Ce livre traite des questions relatives à la Vie et à la Mort au point de vue de la philosophie et de la science. — Un vol.

DELAGE (Yves) et GOLDSMITH (M.). — **Les Théories de l'Évolution.**

Le lecteur s'arrêtera avec plaisir sur une question qui intéresse l'humanité entière en raison de ses applications aux théories sociologiques. — Un vol.

DEPÉRET (Charles), *Doyen de la Faculté des Sciences de Lyon.* — **Les Transformations du Monde animal.**

Ce livre est destiné à exposer ce que nous savons, actuellement, des lois qui ont présidé aux transformations du monde animal, depuis l'apparition de la vie sur le globe jusqu'à nos jours. — Un vol.

ÉRICOURT (Dr J.). — **Les Frontières de la Maladie.**

Les frontières de la maladie, ce sont toutes les maladies qui laissent aux patients les apparences de la santé, et qui, par cela même, sont abandonnées à leur libre évolution dans leur phase maniable par l'hygiène, jusqu'à leur transformation en états graves, contre lesquels la thérapeutique est alors le plus souvent impuissante. — Un vol.

— L'Hygiène moderne.

Sous une forme toute nouvelle, l'auteur présente aux lecteurs un ensemble d'idées générales capables de les guider avec sûreté pour la solution de tous les problèmes concernant la conservation et la protection de leur santé. — Un vol.

HOUSSAY (Frédéric), *Professeur de Zoologie à la Sorbonne.* — **Nature et Sciences naturelles.**

Ce nouveau livre, accessible à tous les esprits cultivés et réfléchis, a pour noyau la plus originale tentative pour montrer, dans l'édification de la science, la continuité de pensée depuis l'antiquité jusqu'à notre époque. — Un vol.

LAUNAY (L. de), *Professeur à l'École des Mines.* — **L'Histoire de la Terre**

Faire une *Histoire de la Terre*, qui soit, à proprement parler, une Histoire, c'est-à-dire qui raconte simplement les faits du passé dans leur succession chronologique et qui ne devienne pas, pour cela, un roman, tel est le but difficile que s'est proposé M. DE LAUNAY. — Un vol.

— La Conquête minérale.

Le but de cet ouvrage est d'étudier le rôle industriel, économique, social et politique de la richesse minérale dans l'histoire, en indiquant l'évolution subie, dans son mode de découverte, d'extraction et d'application dans l'industrie. — Un vol.

LE BON (Dr Gustave). — L'Évolution de la Matière.

Cet ouvrage présente un intérêt scientifique et philosophique considérable. L'auteur y a développé les recherches nombreuses que sous ces titres : *La Lumière Noire, La Dématérialisation de la Matière*, etc., il a publié depuis plusieurs années. — Un vol. illustré de 63 gravures photographiées au laboratoire de l'auteur.

— L'Évolution des Forces.

Ce livre est consacré à développer les conséquences des principes exposés par Gustave Le Bon dans son ouvrage l'*Evolution de la Matière*, dont le 18ᵉ mille a paru récemment. — Un vol. illustré de 42 figures.

LE DANTEC (Félix), *Chargé de Cours à la Sorbonne.* —
Les Influences Ancestrales.

L'auteur montre comment, de la seule notion de la continuité des lignées, on conclut sans peine aux principes de Lamarck et Darwin. Le premier livre de l'ouvrage est un véritable résumé de la biologie tout entière. — Un vol.

— La Lutte universelle.

Contrairement à Saint Augustin qui affirme que les corps de la nature se soutiennent réciproquement et « s'aiment en quelque sorte » M. Le Dantec prétend, dans ce nouveau livre, que l'existence même d'un corps quelconque est le résultat d'une lutte. — Un vol.

— Philosophie du XXᵉ Siècle ★ DE L'HOMME A LA SCIENCE.

Les études biologiques de M. Le Dantec, ses efforts pour placer la vie au milieu des autres phénomènes naturels, devaient l'amener à écrire une œuvre de synthèse. — Un vol.

— ✶✶ SCIENCE ET CONSCIENCE.

Science et Conscience nous est donné par M. Le Dantec comme son dernier livre de Biologie. Son œuvre considérable ne saurait manquer d'avoir une grande influence sur la pensée moderne. — Un vol.

MARTEL (E.-A.). — L'Évolution souterraine.

Sous ce titre, l'auteur montre l'histoire souterraine de la planète c'est-à-dire l'évolution grandiose et continue de la Terre. — Un vol. illustré de 80 belles gravures.

MEUNIER (Stanislas), *Professeur au Muséum National d'Histoire Naturelle.* — **Les Convulsions de l'Écorce Terrestre.**

Tous les amateurs de sciences voudront connaître le dernier mot de la géologie quant à l'explication des tremblements de terre et des volcans, et apprécier le rôle de ces terribles phénomènes dans l'harmonie de la nature. — Un vol.

OSTWALD (W.), *Professeur de Chimie à l'Université de Leipzig. —* **L'Évolution d'une Science.** — **La Chimie,** traduction du Docteur DUFOUR, *Professeur agrégé à la Faculté de Médecine de Nancy).*

Ce livre est une pierre apportée à l'histoire de la chimie, et c'est aussi une contribution à l'histoire générale de la science. — Un vol.

PICARD (Émile), *Membre de l'Institut, Professeur à la Sorbonne.* — **La Science moderne et son État actuel.**

M. PICARD s'est proposé de donner, dans ce volume, une idée d'ensemble sur l'état des sciences mathématiques, physiques et naturelles dans les premières années du xx° siècle. — Un vol.

POINCARÉ (H.), *de l'Académie Française.* — **La Science et l'Hypothèse.**

M. POINCARÉ a réuni sous ce titre les résultats de ses réflexions sur la logique des sciences mathématiques et physiques. — Un vol.

— La Valeur de la Science.

Cet ouvrage a pour but de rechercher quelle est la véritable valeur objective de la science. — Un vol.

— Science et Méthode.

M. POINCARÉ a réuni dans cet ouvrage diverses études se rapportant à des questions de méthodologie scientifique. — Un vol.

POINCARÉ (Lucien), *Inspecteur général de l'Instruction publique.* — **La Physique moderne.** — **Son Évolution.**
Ouvrage couronné par l'Académie des Sciences.

L'auteur a pensé qu'il serait utile d'écrire un livre où, tout en évitant d'insister sur les détails techniques, il ferait connaître, d'une façon aussi précise que possible, les résultats si remarquables qui, depuis une dizaine d'années, sont venus enrichir le domaine de la physique et modifier profondément les idées des philosophes aussi bien que celles des savants. — Un vol.

— L'Électricité.

Dans ce volume, M. LUCIEN POINCARÉ étudie les modes de production et d'utilisation des courants électriques et les principales applications qui appartiennent au domaine de l'électrotechnique. — Un vol.

RENARD (Commandant Paul). — **L'Aéronautique.**

Ce volume embrasse l'aéronautique tout entière et bien qu'un tel sujet comporte nécessairement des parties abstraites, l'auteur a su exposer avec clarté les questions les plus arides sans rien sacrifier de la précision nécessaire et en se mettant à la portée de tous les lecteurs. — Un vol. illustré.

2ᵉ Série. — Psychologie et Histoire.

AVENEL (Vicomte Georges d'). — **Découvertes d'Histoire Sociale.**

L'idée maîtresse de ce livre est que les évolutions économiques, en bien ou en mal, ne dépendent pas des changements politiques ou sociaux. — Un vol.

BINET (Alfred), *Directeur de Laboratoire à la Sorbonne.* — **Les Idées Modernes sur les Enfants.**

Depuis une trentaine d'années, en Allemagne, en Amérique, en Italie, en France, des médecins, des physiologistes et des psychologues ont cherché à introduire les méthodes scientifiques dans les choses de l'éducation. Voilà ce que l'auteur examine en toute impartialité. Son livre s'adresse aux pères de famille, aux éducateurs, aux hommes politiques et à tous ceux qui s'intéressent au problème de l'enfance. — Un vol.

— L'Ame et le Corps.

M. Binet a voulu montrer que les progrès récents de la psychologie expérimentale ont eu un retentissement sur les spéculations les plus hautes et les plus abstraites de la philosophie. — Un vol.

BIOTTOT (Colonel). — **Les Grands Inspirés devant la Science.** — JEANNE D'ARC.

Cette œuvre s'adresse également aux penseurs et aux simples curieux d'une explication scientifique de Jeanne d'Arc, l'héroïne du patriotisme. — Un vol.

BORN (Georges). — **La Naissance de l'Intelligence.**

Ce volume est un exposé de l'état actuel des problèmes de la psychologie animale. — Un vol.

BOUTROUX (Émile), *Membre de l'Institut.* — **Science et Religion** DANS LA PHILOSOPHIE CONTEMPORAINE.

Étude critique des principales solutions que reçoit actuellement, parmi les hommes qui réfléchissent, le problème des rapports de la religion et de la science. — Un vol.

BRUYSSEL (Ernest van), *Consul général de Belgique.* — **La Vie Sociale. — Ses Évolutions.**

Ce livre expose dans son ensemble toute l'histoire de l'humanité. Il a pour but l'étude des idées sociales dès leur origine et à travers leurs évolutions, durant la ccession des siècles. — Un vol.

CHARRIAUT (Henri), *Chargé de mission par le Gouvernement Français.* — **La Belgique Moderne**, TERRE D'EXPÉRIENCES.

La plus haute leçon qui se dégage de la Belgique moderne est celle de la puissance de la volonté réfléchie et de la grandeur que peut atteindre un pays, si étroites que soient ses frontières, lorsque chaque citoyen constitue un foyer d'énergie. — Un vol.

CROISET (Alfred), *Membre de l'Institut, Doyen de la Faculté des Lettres de l'Université de Paris.* — **Les Démocraties Antiques.**

Faire connaître, par un exposé rapide, non seulement les traits saillants des institutions démocratiques de l'antiquité, mais aussi les grandes lignes de leur évolution et, autant que possible, les causes économiques, politiques, morales qui en ont réglé le développement ou déterminé le caractère, tel est l'objet du présent ouvrage. — Un vol.

CRUET (Jean), *Docteur en droit, Avocat à la Cour d'appel.* — **La Vie du Droit ET L'IMPUISSANCE DES LOIS.**

Cet ouvrage examine s'il n'y a pas, contre le droit du législateur et à côté de lui, un droit du juge et un droit des mœurs. Il convient d'apporter au moule dans lequel doit être coulée la pensée législative, certaines retouches ou corrections. Le législateur ne doit pas promettre ce qu'il ne saurait tenir. — Un vol.

DUBUFE (Guillaume). — **La Valeur de l'Art.**

Ce que représente l'art chez les divers peuples, les aspirations dont il est la synthèse, les besoins qu'il traduit, les éléments qu'il fournit à l'étude des civilisations, telles sont les questions abordées dans cet ouvrage.

GENNEP (A. van), *Directeur de la « Revue des Études Ethnographiques ».* — **La Formation des Légendes.**

C'est à tous ceux qui s'intéressent aux problèmes de la production littéraire en général que s'adresse l'auteur dans ce livre original, bien documenté, agréable à lire et souvent amusant. — Un vol.

GUIGNEBERT (Charles), *Chargé du Cours d'Histoire ancienne du Christianisme à la Faculté des Lettres de Paris.* — **L'Évolution des Dogmes.**

Dans cet ouvrage, l'auteur s'est proposé d'établir que tout dogme naît, se développe, se transforme, vieillit et meurt, ainsi qu'il arrive à tous les organismes de la nature.

HANOTAUX (Gabriel), *de l'Académie Française.* — **La Démocratie et le Travail.**

Dans ce livre, d'un intérêt si actuel, M. Gabriel HANOTAUX apporte sa solution de [la question sociale, mais, c'est la plus simple, la plus naturelle, la plus unic, la plus conforme à la marche des choses : la solution par le travail. — Un vol.

JAMES (William), *Professeur à l'Université de Harvard, Membre associé de l'Institut.* — **La Philosophie de l'Expérience,** traduit par E. LE BRUN et M. PARIS.

D'après M. W. JAMES, pour être un philosophe, il faut d'abord « une vision » portant sur « la nature intime du réel, » et ensuite une méthode par laquelle interpréter cette vision. — Un vol.

JANET (Dr Pierre), *Professeur de Psychologie au Collège de France. —* **Les Névroses.**

Cet ouvrage présente un résumé rapide d'un grand nombre d'études que l'auteur a publiées depuis vingt ans sur la plupart des troubles névropathiques. — Un vol.

LE BON (Dr Gustave). — Psychologie de l'Éducation.

Ce livre a été écrit pour tous les membres de l'enseignement, et au moins autant pour les pères de famille, soucieux de l'avenir de leurs fils. — Un vol.

— La Psychologie Politique et la Défense Sociale.

Sous ce titre, l'auteur de la Psychologie des foules fait voir que la plupart des grands mouvements populaires sont généralement une révolte de l'instinctif contre le rationnel. — Un vol.

LE DANTEC (Félix). — L'Athéisme.

Voici, nous dit l'auteur, un livre de bonne foi; et, réellement, le ton de l'ouvrage est tel qu'on pourrait se demander, le plus souvent, si l'on est en présence d'un plaidoyer pour l'athéisme ou pour la nécessité d'une foi religieuse. — Un vol.

LICHTENBERGER (Henri), *Maître de Conférences à la Sorbonne. —* **L'Allemagne moderne. — Son Evolution.**

Dans cet ouvrage on a essayé de donner, en quatre livres, un tableau sommaire de l'évolution économique, politique, intellectuelle, artistique de l'Allemagne moderne. — Un vol.

MACH (H.), *Professeur à l'Université de Vienne. —* **La Connaissance et l'Erreur,** traduction du Dr Dufour, *Professeur à la Faculté de Nancy.*

M. Mach est un physicien dont la pensée a été fortement influencée par la théorie de l'évolution. Selon lui, le but de la science est de mettre de l'ordre dans les données sensibles, et de chercher avec toute *l'économie de pensée* possible les relations de dépendance qui existent entre nos sensations. — Un vol.

MAXWELL (G.), *Docteur en médecine, Substitut du Procureur général près la Cour d'appel de Paris. —* **Le Crime et la Société.**

M. Maxwell expose dans cet ouvrage les idées actuelles sur la nature et les causes de la criminalité qui lui paraît être un phénomène social normal. Il analyse l'acte criminel et son auteur dans les différentes variétés; la responsabilité pénale, l'aliéné criminel, la classification des criminels, l'évolution contemporaine de la criminalité politique, sont ensuite étudiés. — Un vol.

NAUDEAU (Ludovic). — Le Japon moderne, son Évolution.

L'auteur, capturé sur le champ de bataille de Moukden par les vainqueurs, et amené par eux au Japon, s'y attarda plus d'un an, car il sentait le désir intense de pénétrer leur mentalité. Aussi doit-on lire cet ouvrage si l'on veut connaître le Japon. — Un vol.

PICARD (Edmond), *Avocat à la Cour de Cassation de Belgique*. — **Le Droit pur.**

Ce livre est en quelque sorte un « Testament juridique », le legs d'un opulent patrimoine intellectuel accumulé au cours de l'existence prolongée de lutte et de travail du célèbre avocat et professeur à l'Université Nouvelle de Bruxelles. — Un vol.

PIÉRON (Henri). *Maître de Conférences à l'Ecole des Hautes Etudes*. — **L'Evolution de la Mémoire.**

Sous quelles formes se présente la mémoire ?

Quels sont les aspects et les limites de la mémoire humaine, en quoi consistent ses troubles et quels peuvent être ses progrès ?

C'est à ces diverses questions que le lecteur trouvera en ce livre une réponse, basée sur l'ensemble des faits actuellement établis par la psychologie objective, humaine et comparée. — Un vol.

PIRENNE (H.), *Professeur à l'Université de Gand*. — **Les Anciennes Démocraties des Pays-Bas.**

On verra dans ce livre comment furent résolus, jadis, des problèmes presque identiques à ceux qui s'agitent aujourd'hui. — Un vol.

REY (Abel), *Professeur agrégé de Philosophie*. — **La Philosophie moderne.**

Dans ce livre, l'auteur renouvelle les vieilles questions philosophiques de la matière et de la vie, de l'esprit et de la raison, du vrai et du bien, et les résultats déjà obtenus. — Un vol.

ROZ (Firmin). — **L'Énergie Américaine**, ÉVOLUTION DES ÉTATS-UNIS.

Ce livre essaie d'ordonner en une philosophie de leur histoire les études et les témoignages de toute sorte dont les Etats-Unis ont été l'objet depuis quelques années. — Un vol.

DERNIERS VOLUMES PARUS

COLSON (Albert), *Professeur de Chimie à l'Ecole Polytechnique*. — **L'Essor de la Chimie appliquée.**

En lisant cet ouvrage chacun peut tirer profit d'exposés concis qui embrassent la reproduction des pierres précieuses, les grandes industries chimiques, agricoles, métallurgiques et électriques, les chaux et ciments, les propriétés du radium, les pétroles et l'évaluation de leur puissance mécanique, la poudre sans fumée, l'industrie des couleurs et des parfums, l'hygiène moderne, etc.

OLLIVIER (Émile), *de l'Académie Française*. — **Philosophie d'une Guerre (1870).**

Ce livre a l'intérêt du plus passionnant roman. Nulle lecture ne saurait être plus instructive et prouver plus clairement aux pacifistes que les peuples ne sont pas libres d'éviter les guerres qu'un adversaire leur impose.

www.ingramcontent.com/pod-product-compliance
Lightning Source LLC
LaVergne TN
LVHW050832060726

842527LV00001BA/194